티베트 풍토지

西藏風土誌

此书的出版受到中华社会科学基金(Chinese Fund for the Humanities and Social Sciences)资助

일러두기

1. 이 책은 츠레취자(赤烈曲紮)의 중국어 저작 『티베트 풍토지(西藏風土誌)』의 한국어 번역판이다.
2. 인명, 지명 등 고유명사는 외래어 표기법을 따르지 않고 중국어 또는 티베트어 발음대로 적거나 의역하였으며 한자를 병기하였다.
3. 특별히 강조해야 할 단어 또는 문구는 ' '로 표기하였고, 대화나 인용은 " ", 짧은 글이나 예술작품의 제목은 「 」, 책 제목은 『 』로 표기하였다.

티베트 풍토지

西藏風土誌

츠레취자(赤烈曲紮) 지음
김향덕(金向德) 옮김

태학사

옮긴이 서문

『티베트 풍토지』는 중국의 저명한 티베트학자 츠레취자 선생이 1980년대에 티베트 풍토에 관해 쓴 '백과사전'이다. 티베트는 자고로 '세계의 용마루'라는 별칭이 있었고, 웅위한 자연경관과 성스러운 인문환경으로 늘 사람들이 마음속으로 갈망해왔던 정토였다.

이 책은 역사자료를 바탕으로 제목 그대로 티베트족의 유래, 세시풍속, 민간문화, 사찰, 불교 등을 포함한 여러 가지 풍토를 조명하고 있다. 독자들은 황량한 불모지로 여겨졌던 티베트의 인상을 버리고 그 진면모를 만날 수 있다. 또한 이 책에는 중요한 학술적, 인문적 가치가 있다. 예컨대, 「사람이 된 원숭이와 티베트족의 기원」이라는 절에서는 민간설화로부터 티베트족의 유래를 해석하고 있다. 사료에 근거한 엄밀함에 문화적 감성을 재치 있게 결합한 저자의 글을 통해 독자들은 티베트 문화의 매력에 푹 빠질 것이다.

이 책의 한국어판은 중국사회과학기금의 후원으로 번역, 출판되었다. 역자는 번역 과정에서 원문의 뜻을 최대한 정확하고 완벽하게 전하면서도 독자들의 흥미를 돋우는 데 초점을 두었다.

이 책의 번역과 출판에 많은 분의 도움을 받았다. 저자 츠레취자 선생과 중국 티베트인민출판사, 중국 중앙민족대학교 김명숙 교수님, 한국 아주대학교 송현호 교수님, 한국 태학사 지현구 사장님 및 여러 편집자께 깊은 감사의 뜻을 표한다.

2019년 11월

김향덕

차례

1장 티베트, 마음속으로 갈망하는 정토

상전벽해의 전설

티베트고원, 사람들이 그곳을 '세계의 용마루'라고 부르는 것은 평균 해발고도가 4000미터 이상인 데다 세상에서 가장 높은 산맥을 갖고 있기 때문이다. 비행기를 타고 티베트고원을 지날 때면, 누구나 창밖의 고원 경관을 굽어보며 마음속에서 솟아나는 감탄을 금치 못할 것이다. 자연스럽게 뻗어나간 산맥들 사이에 겹쳐진 구렁, 그 위를 뒤덮은 새하얀 눈은 은빛을 뿌리며 황홀한 은세계를 방불케 한다. 빙하와 협곡들이 서로 겹쳐져 갈기갈기 뻗어나가며 마치 장인이 깎아놓은 예술 조각처럼 우아하고 매혹적인 자태로 빛을 뿌리는데, 마침 만리장천과 어울려 독특한 경관을 이룬다.

그러나 '세계의 용마루'인 이곳도 옛날에는 가없이 넓은 바다였다. 과연 그랬을까? 만약 현대적인 과학기술의 측정이 없었다면 그 누구도 믿기 어려웠을 것이다. 티베트족의 민간설화에는 히말라야 산악지대에 관한 전설이 있다.

아득히 먼 옛날 옛적에 티베트고원은 가없이 넓은 바다였고, 파도

11

가 요란하게 울부짖으며 솔송나무와 종려나무가 줄지어 선 해안에 세차게 부딪쳤다고 한다. 울창한 삼림 속에 산들이 겹치고 운무가 한없이 자욱하였다. 삼림 속에는 여러 가지 기이한 화초들이 자랐고 꽃사슴과 영양(羚羊)들이 무리를 지어 뛰어다녔으며 코뿔소들도 삼삼오오 어정어정 걸어 다니며 호수를 찾아 물을 들이켰다. 게다가 두견, 개똥지빠귀, 종달새 등의 여러 새들이 나뭇가지에 앉아 쉴 새 없이 지저귀고 토끼들이 푸른 초지를 마음껏 누볐다……. 얼마나 아름답고 매혹적인 광경인가!

그러던 어느 날, 바닷속에서 갑자기 머리가 5개나 달린 거대한 용이 나타나 세찬 파도를 휘몰아치며 안일한 삼림의 고요함을 깨뜨리고 화초와 나무를 깡그리 파괴하였다. 삼림 속에서 생활하던 짐승들은 코앞에 들이닥친 재난을 예감하고 살길을 찾아 도망갔다. 짐승들이 동쪽으로 도망을 가니 삼림이 붕괴하고 바닷물이 초지를 삼켰으며, 서쪽에 이르니 광풍과 거센 파도로 그 무엇도 도망갈 수가 없었다. 짐승들이 궁지에 몰려 갈팡질팡할 찰나에 갑자기 바다 위로 오색구름이 몰려오더니 다섯 다키니(하늘을 나는 자, 선녀를 상징한다)로 변신하여 신통력으로 다섯 머리 괴물을 항복시켰다. 괴물이 항복하자 바다는 고요함을 되찾았고 노루, 영양, 원숭이, 토끼, 새 등 짐승들은 다섯 선녀에게 부복하여 절하며 생명의 은혜를 감사히 여겼다. 선녀들은 하늘 궁전으로 돌아가려 했지만 중생들은 그들이 남아서 함께 생활하기를 간절히 바랐다. 결국 다섯 선녀는 속세에 남아 중생들과 같이 살게 되었다. 다섯 선녀가 호령을 내리니 바닷물이 물러가고 동쪽의 무성한 삼림과 서쪽의 광활한 초지가 회복되었으며, 남쪽은 화초들이 만발하였고 북쪽은 일망무제의 목장으로 변하였다. 다섯 선녀는 각각 상수(祥壽)선녀봉, 취안(翠顏)선녀봉, 정혜(貞慧)선녀봉, 관영(冠詠)선녀봉, 시인(施仁)선녀봉으로 변신하여 히말라야산맥의 다섯 주봉을 이루었다. 그들은 티베트 서남부에 깎아지른 듯이 우뚝 솟아 행복한 낙토를 수호하였다. 그중 취안선녀봉이 곧 오늘날의 주무랑마봉(珠穆朗瑪峰)이며 세상에서 가장 높은 산봉우리로서 현지 사람들은 '신녀봉(神女峰)'이라는 미칭을 달았다.

위의 전설은 티베트고원이 가없이 넓은 바다로부터 점차 육지로 변모하였다는 사실을 생생하게 보여주고 있다.

근대에 들어서서 과학자들은 티베트고원의 형성에 관한 여러 가지 가설을 제기하였지만 최근 수십 년 전에 이르러서야 가설들이 하나둘씩 과학적 근거 앞에서 무너지기 시작하였다. 사람들은 과학적인 방법으로 티베트의 수수께끼를 풀어나가는 열쇠를 찾았다.

고지리학의 증명에 따르면, 4000만 년 전 칭장고원(靑藏高原)은 지세가 낮아 얕은 바다로 뒤덮였다고 한다. 그러나 제3기 지질시대 후기에 이르러 칭장고원의 지세가 높아지는 기미를 보이면서 그 후 수백만 년 사이에 급격히 상승하여 오늘날의 모습을 드러내게 되었다. 300~400만 년 전까지만 해도 칭장고원의 해발고도는 오늘날처럼 그리 높지 않았고 따뜻하고 습윤한 기후로 인류가 생활하기에 아주 적절하였다. 고고학적 발견에 의하면 5만 년 전부터 인류 활동이 칭장고원에서 이루어졌다고 한다.

수려하고 다채로운 지질 지형

오랫동안 티베트고원은 국내외 수없이 많은 관광객과 탐험가들의 발길을 끌어들였다. 구름을 뚫고 높이 치솟은 기이한 산봉우리, 드넓고 짙푸른 원시삼림, 한없이 광활한 짱베이(藏北)초원과 바둑알처럼 촘촘히 들어선 호수, 그리고 풍부한 자연자원 등, 고원의 비밀을 탐색하는 사람들에게 이런 것들은 더할 수 없는 매력이 아닌가 싶다. 물론 일부 사람들은 티베트라고 하면 곧바로 빙설, 황무지, 고지대의 추위와 산소 부족, 쓸쓸한 불모지 등의 느낌을 먼저 떠올릴 수 있다. 사실 티베트고원의 지질 지형은 아주 풍부하고 다채로우며 오색찬란한 빛깔을 선보인다.

티베트고원을 찾아 즐거운 여행을 시작할 때면 이곳 고산들의 웅장한 기세를 깊이 느낄 수 있다. 티베트고원 남부 변두리에 위치하여 인도, 네팔, 부탄 등의 나라들과 인접한 히말라야산맥은 총 길이 2400여 킬로미터로서 세계에서 가장 높은 산맥이며 주무랑마(珠穆朗瑪)와 시샤팡마(希夏邦瑪) 같은 유명한 산봉우리를 갖고 있다. 평균 해발고도가 6000미터인 강디스(岡底斯)산맥은 티베트 서남부를 가로지른다. 칭하이(青海)와 티베트를 잇는 탕구라(唐古拉)산맥은 평균 해발고도가 4500미터이고, 티베트 북부에 위치하여 수많은 웅위롭고 기이한 빙하를 한 몸에 지니며 혹독한 추위를 고수한다. 티베트 동부의 헝돤(橫斷)산맥은 남북 주향이며 독특한 산세 구조는 세계적으로 인정을 받고 있다.

티베트고원에는 푸르른 초원이 융단처럼 깔려 있다. 평탄한 초원

위에서 무수한 소와 양들이 떼를 지어 구름처럼 산언덕을 걷는다. 짱베이의 광활한 토지에서는 수백만 마리의 소와 양을 사육한다. 따라서 티베트는 중국 5대 목축지대 중의 하나로 꼽힌다. 초원에서 생활하는 용감한 유목민들이 가죽 두루마기 차림에 허리에는 칼과 검을 차고 커다란 말 등에 올라타서 유유히 방목하는 모습이 품위 있고 용맹스러워 보인다. 알록달록한 빵진화(邦錦花)들은 어여쁜 자태로 초원에 아름다움을 한층 더 보태준다.

'티베트 강남'이라 불리는 모퉈(墨脫), 차위(察隅), 러부(勒布) 및 장무(樟木) 등은 또 다른 아름다움을 뽐낸다. 온화한 기후에 사계절이 분명하고 곳곳에 만발하는 화초들은 강남 지역과 흡사하다.

또한 티베트고원에는 세계에서 해발고도가 가장 높은 하천이 흐르고 있다. 유명한 야루짱부강(雅魯藏布江)은 총 1787킬로미터로서 은빛을 뿌리는 큰 용처럼 굽이굽이 흐른다. 야루짱부강은 히말라야산맥 북쪽 기슭 해발고도 5300미터인 곳에서 발원하여 벵골만을 통해 인도양으로 흘러든다. 야루짱부강은 모퉈 지방에서 90도로 된 굽이돌이를 이루니 그 장엄한 경관은 세상에서 가장 보기 드물다. 동부의 란창강(瀾滄江)은 총 4500킬로미터이고 급격한 물살로 심산유곡을 파고들어 강변에 평탄한 석탄(石灘)을 만들어낸다. 누강(怒江), 진사강(金沙江), 라싸하(拉薩河), 녠추하(年楚河), 니양하(尼洋河) 등이 티베트 각지에 분포해 있고 그 잠재한 수력자원은 전체 중국 대륙에서도 으뜸이다.

나무춰(納木措), 얌드록초(羊卓雍措), 써린춰(色林措)와 마팡융춰(瑪旁雍措) 등은 티베트고원의 4대 호수로 꼽힌다. 호수에는 어류가 풍부하고 호수 주변은 곧바로 푸르싱싱한 초원이라 훌륭한 목장이 된다. 사시장철 빙설에 뒤덮인 하늘 높이 치솟은 설산은 기기묘묘한 수정궁, 빙탑, 고드름 등을 갖고 있어 다채로운 자태를 뽐낸다.

짱베이초원, 짱난곡지(藏南谷地), 히말라야산지, 서부고원과 동부의 3강 유역은 티베트의 자연분포구역을 형성한다. 역사전통에 따르면, 티베트는 상, 중, 하 3개 지방으로 나뉘고, 상부는 아리 3부(阿裏三部), 중부는 위장 4익(衛藏四翼), 하부는 청강 6강(青康六崗)으로 되어 있다.

상부 아리 3부: 오늘날 남부 아리는 푸란현(普蘭縣)으로부터 앙런현(昂仁縣)까지의 일대를 가리키고 중부 아리는 자다현(劄達縣) 일대, 그리고 북부 아리는 신장(新疆)과 티베트의 서부 접경지대 및 카슈미르와 닿는 일대를 가리킨다. 이곳의 서남쪽은 강디스산맥이고 동북쪽은 쿤룬(昆侖)산맥이며, 서부는 인도와 인접하여 '세계의 용마루 중의 용마루'라 불린다.

중부 위장 4익: 위(衛)는 첸짱(前藏)이라고도 부르며 물줄기에 따라 우루(烏茹)와 웨루(約茹)로 나뉘고, 장(藏)은 허우짱(後藏)이라고도 하며 동은 예루(也茹), 서는 엽루(葉茹)라고 한다. 이것은 최초의 분법이고 17세기에 이르러서는 차례로 부루(布茹), 쿵루(孔茹), 예루(也茹), 윈루(運茹)로 개칭하여 위장 4익이라 통칭하였는데, 각기 오늘날의 라싸(拉薩), 산남(山南), 르카쩌(日喀則), 짱베이 지역을 가리킨다. 이곳은 동으로 창두(昌都), 서로 네팔, 남으로 부탄과 인도, 북으로 아리, 칭하이와 인접하고, 서남쪽의 야둥현(亞東縣) 일부는 부탄과 인도를 연결하여 인도와 티베트 사이의 교통 요충지로 자리매김한다.

하부 청강 6강: 진사강과 야룽강(雅礱江) 사이의 북쪽 지역은 써무강(色姆崗), 누강과 란창강 사이는 차와강(擦瓦崗), 란창강과 진사강 사이의 북쪽 지역은 마캉강(麻康崗), 야룽강 상류의 동쪽은 마얼자강(瑪爾雜崗), 야룽강 중류의 동쪽은 무야러강(木雅惹崗)이라 각각 부른다. 청강 6강은 동으로 쓰촨(四川), 남으로 윈난(雲南), 북으로 간쑤(甘肅)와 인접한다.

풍부한 자연자원

다채로운 지질 지형에 걸맞게 티베트에는 아주 풍부한 동식물, 수력, 지열 및 광물 등의 자원이 있다.

티베트 지역 곳곳마다 원시림이 분포되어 있으며, 동부 삼림지대는 윈구이고원(雲貴高原)의 삼림과 하나가 되어 티베트 목재의 주요 생산지를 이룬다. 그리고 남부의 차위, 미린(米林), 모퉈 등 현의 삼림 비율은 90퍼센트 이상에 달한다. 따라서 티베트는 중국 3대 삼림지대 중 하나로 꼽힌다. 티베트의 삼림에는 흔히 대왕오엽송, 고산송, 화산송, 히말라야가문비나무, 솔송나무, 티베트낙엽송, 티베트측백나무 및 전나무 등의 수종들이 있다. 게다가 짱난의 온대림에는 수화삼, 윈난주목, 인도비자나무, 백일청 등 진귀한 침엽수종들이 있어 나라의 발전에 풍족한 자원을 제공하였다.

히말라야산맥 남쪽 비탈의 아열대 상록활엽수림에는 북부평원회색랑구르, 아삼마카크, 히말라야원숭이, 문착, 붉은고랄, 표범, 구름무늬표범, 흑곰, 날담비 등의 동물들이 서식하고 있다. 짱베이초원에는 티베트영양, 사향노루, 여우 등 동물들이 흔히 뛰놀고, 해발고도가 5000 미터 이상인 설선 부근에는 눈표범, 야생야크, 히말라야들양 등 동물들이 있다. 이와 같은 고원지대 특유의 희귀동물들은 아주 높은 경제적 가치를 창출하기도 한다. 야생동물들로부터 얻어낸 사향, 녹용, 웅담 등은 티베트의 진귀한 약재로 명성이 높았으며, 티베트 목장에서는 대량의 양털, 소털과 가죽이 생산된다. 광범한 원시림은 아직 미개발지역에 속하지만 그곳에서 사람들은 이미 동충하초, 패모, 당귀, 황련, 천궁, 대황, 목향, 마황 및 박하 등의 약재를 채집하여 사용하고 있다.

짱난 야루짱부강과 진사강, 란창강, 누강 등의 유역은 티베트의 주요 농업지역이다. 이곳의 농산물로는 쌀보리, 밀, 완두, 옥수수, 기장, 감자, 유채씨 등이 있다. 모퉈와 차위 지역에서는 쌀과 땅콩을 생산하기도 한다. 그리고 곳곳에서 차, 연초, 호두, 고추 등의 경제작물을 재배할 수 있다. 근 20년간 재배한 사과, 복숭아, 감귤, 파초, 배, 수박 등의 과일류는 해마다 생산량이 늘어나고 있다. 라싸, 창두, 산남과 르카쩌 등의 지역에서는 40여 종의 채소들이 생산된다.

중국과학원과 티베트 지질 기관에서 대략적으로 탐사한 결과, 티베트에는 철금속, 비철금속, 비금속 등 여러 종류의 광물들이 아주 풍부하게 매장되어 있음이 밝혀졌다. 아시아에서 가장 큰 동광이 티베트에 있고, 철, 망간, 크롬, 아연, 구리, 안티몬, 수은, 석탄, 유혈암, 비소, 명반, 알칼리, 붕사, 운모, 망초, 유황, 수정, 석묵, 남동석, 중정석, 자토, 활석 등 온갖 다양한 광물들이 갖추어져 있다. 수력자원은 티베트의 또 하나의 중요한 재산이다. 고원에는 산맥들이 줄느런히 들어섰고 험준한 지세로 인해 하천들은 거대한 낙차를 일으키는데, 야루짱부강의 총 낙차는 5000미터가 넘는다. 게다가 무성한 밀림을 가로질러 형성된 숱한 폭포들과 바둑알처럼 촘촘히 들어선 호수들까지 있어 티베트의 수력자원 총 보유량은 전국의 5분의 1을 차지한다. 티베트의 농촌을 유람할 때면 흔히 크고 작은 수력발전소들을 볼 수 있다.

지열은 티베트에서 볼 수 있는 특수한 자원이다. 양바징(羊八井)지열발전소는 이미 수증기 발전의 단계에 들어섰다. 지열 온천은 대자연이 고랭지대에 속한 티베트에 선사한 천연 선물이다. 사람들은 온천에서 목욕하고 병을 고치며 온천수로 밭에 물을 대는가 하면 난방 및 기타 용도로도 많이 사용한다. 지열은 티베트 곳곳에 분포되어 있고 아리 지역만 보아도 45곳이나 된다.

아름답고 풍요로운 티베트는 땅이 넓고 자원이 풍부하며 중국의 '행운의 땅'으로 명성이 높다.

2장 유구한 역사를 자랑하는 민족

티베트족은 위대한 중화민족 가운데 유구한 역사와 찬란한 문화를 자랑하는 민족 중 하나이다. 예로부터 근면과 용맹, 지혜와 소박함 등의 특성을 쌓아온 티베트족은 중국 서남부에 자리 잡은 칭장고원에서 기타 여러 형제민족과 함께 광활한 땅을 개척하면서 살아왔다. 티베트족은 자체의 형성 과정을 갖고 있으며 찬란한 역사를 자랑한다.

사람이 된 원숭이와 티베트족의 기원

티베트족은 어떻게 형성되었을까? 그동안 티베트족의 기원에 관한 여러 학설이 유행하였다.

티베트족은 천축에서 건너온 석가의 후예라는 주장이 있는가 하면, 강인(羌人)인 토번의 선조였다는 설이 있고, 또한 황제(黃帝)가 중원에 들어가기 전 쿤룬에 도읍을 쌓다가 중원으로 옮기면서 남겨둔 후손이 대를 이어 발전하면서 오늘날의 티베트족이 되었다는 말이 있다. 현재 고고학 및 문화유적지 발굴에 의하여 많은 티베트 전문가들은 논저에서 티베트족의 기원을 담론하면서 비교적 통일된 주장을 내놓았다. 『왕통세계명감(王統世系明鑒)』처럼 티베트어로 기록된 여러 역사 서적들을 찾아보면 다음과 같이 흥미로운 전설이 나온다.

푸퉈산(普陀山)의 관음보살이 신내림을 받은 히말라야원숭이에게 계율을 전하고 남해로부터 설역고원으로 와서 수행하도록 하였다. 히말라야원숭이는 야룽하곡의 어느 산굴에 이르러 전심전력으로 자비로운 보리심(불도에 들어가는 마음)을 수행하였다. 그러던 어느 날, 산속에서 한 마녀가 내려와 온갖 음욕을 부리면서 노골적으로 히말라야원숭이에게 결합하자고 요구하였다. 이런 상황을 앞두고 히말라야원숭이는 단호하게 "관음보살의 명을 받고 이곳에서 수행하는 이 몸이 어찌 너랑 결합하겠는가? 수행자가 계율을 깨뜨려서야 되겠는가?"라며 질책하였다. 그러자 마녀는 계속하여 음란한 교태를 부리며 "내가 마녀로 태어난 것은 전생에 이미 정해진 운명이니 금생에 당신과 인연이 되어 금슬을 맺으련다. 만약 당신과 부부가 되지 못한다면 나중에 필연코 악마와 결혼하고 무고한 생령들을 살해하며 수많은 마귀들을 낳을 것이다. 그때 가서 설역고원은 온통 마귀들의 세상이 될 것이며 더욱더 많은 생령들이 죽게 된다"고 말했다. 마녀의 해석을 듣고 히말라야원숭이는 마음속으로 '내가 만약 그녀의 청을 듣고 그녀와 결혼한다면 계율을 깨뜨리게 되고, 청을 들어주지 않는다면 또한 큰 악을 저지르게 된다'고 생각하였다. 그래서 그는 푸퉈산으로 찾아가 관음보살에게 도움을 간청하였다. 관음보살은 생각 끝에 "이것은 하늘의 뜻이니 길운인지라. 그녀와 결합하여 이곳에 인류를 번식하면 커다란 선행이 될 테니 어서 찾아가서 부부의 인연을 맺어라" 하고 지시하였다. 그리하여 히말라야원숭이는 결국 마녀와 부부가 되었다. 얼마 후 그들은 여섯 원숭이를 낳았는데, 제각기 성격이 다르고 취미도 달랐다. 히말라야원숭이는 여섯 자식을 숲으로 보내어 각자의 힘으로 살아남기를 바랐다.

　3년 후, 자식들을 만난 히말라야원숭이는 그들이 이미 500마리의 후손을 거느리고 생활하는 모습을 보았다. 후손들이 부쩍 늘어남에 따라 숲속의 먹이는 점차 줄어들어 거의 고갈 상태였다. 자식들은 히말라야원숭이를 만나자 앞으로 무엇을 먹고 살아갈 것인지 고민을 털어놓았다. 먹이 때문에 고민하는 자식들을 본 히말라야원숭이는 속으로 몹시 안타까워했다. 그는 "애초에 관음보살이 나더러 후손을 번식하라 했으니 아무래도 관음보살을 찾아 해결책을 알아보아야겠군"이라고 하면서 푸퉈산으로 줄달음쳤다. 관음보살은 히말라야원숭이에게 아무 걱정도 하지 말라고 위로하였다. 히말라야원숭이는 관음보살의 지시대로 쉬미산(須彌山)을 찾아 오곡 종자를 얻어 대지에 뿌렸는데, 얼마 지나지 않아 신통하게도 각종 곡물들이 저절로 가득 자라났다. 그제야 히말라야원숭이는 안도의 숨을 내쉬며 자식들과 작별하고 산굴로 돌아왔다. 충분한 양식을 얻은 원숭이들은 날이 갈수록 꼬리가 점점 짧아졌고 나중에는 말로 대화를 나누었으며 인간으로 변모하였다. 그로부터 티베트고원에는 인류의 선민이 나타났다.

　히말라야원숭이가 사람이 되었다는 전설은 티베트 민간에 널리 알려졌고 예로부터 전해 내려오는 경전에도 기록되었다. 뿐만 아니라 포탈라궁과 노블링카의 벽화에도 이 전설을 담은 내용이 고스란히 새겨져 있다. 민간전설에 의하면 히말라야원숭이가 살았던 산굴은 체탕

(澤當) 부근에 위치한 궁부산(貢布山)에 있는데, '체탕'이라는 명칭은 '원숭이가 뛰어놀던 곳'이라는 뜻을 담고 있다. 체탕에서 5~6리 길 되는 싸라촌(撒拉村)에는 티베트 전설에 나오는, 처음으로 쌀보리를 재배한 곳이 있다. 파종의 계절이 다가오면 사람들은 흔히 이곳을 찾아 한 줌의 '신토(神土)'를 가져다 조상들에게 풍년을 기원한다.

원숭이가 사람이 된 후, 그들은 짐승들이 드나드는 하곡과 산림 속에서 채집생활을 시작하였고 야생 과실로 끼니를 때우면서 나뭇잎으로 몸을 가렸다. 이렇게 수만 년을 설역고원에서 생활하면서 원시인들은 생존을 위해 대자연에 과감히 맞서 맹수들을 물리치는 활과 도끼 등 간단한 무기를 만들어냈다.

원시인들이 설역고원에서 생활하는 동안 티베트에는 피부색과 생김새가 서로 다른 4대 씨족, 즉 색(色), 목(穆), 동(董), 동(冬)이 형성되었다. 그 후 4대 씨족이 점차 여러 갈래로 흩어지면서 더욱더 많은 부족들이 나타났다. 『티베트간명통사(西藏簡明通史)』의 기록에 따르면, '색'은 4개 성씨로, '목'은 8개 성씨로, '동(董)'은 18개 성씨로, 그리고 '동(冬)'은 4개 큰 성씨와 8개 작은 성씨로 각각 갈라졌는데, 이것이 바로 티베트 최초의 42개 성씨였다. 당시의 고인류를 가리켜 티베트어로 된 사서에서는 '식육적면인(食肉赤面人)'이라 형상화하였다. 그들은 초기의 씨족 단계에 있었다.

설역고원의 티베트족 선민들은 수만 년이라는 오랜 세월 속에서 원시인으로부터 씨족 공동체를 거쳐 부락 공동체로 발전하였고, 몽매와 야만의 단계로부터 문명의 단계로 진입하였다. 사회경제생활도 채집-수렵-도자기-농업-철기 등 생산발전의 시기를 거쳤다. 신석기 시대 중후반에 이르러 부락 공동체는 산간이나 하곡분지를 찾아 정착생활을 하였다. 이런 곳은 기후가 온화하고 강우량이 풍부하며 지세가 평탄하여 농사를 짓기에 적절한 조건이 되었다. 정착생활을 유지하려면 일정한 생산발전 수준과 고정된 생산방식이 없어서는 안 된다. 카뉘(卡若)와 취궁(曲貢) 등 유적지에서 출토한 대량의 생산도구를 놓고 볼 때, 농업은 그들의 중요한 생산 부문이었다. 취궁 유적지에서 출토된 동물 유해를 분석해본 결과 이곳 사람들은 농경생활을 하는 동시에 가축을 기르기도 했다.

구체적인 자연환경과 지리조건이 서로 다름에 따라 각 부락의 생산도구 및 생산능력에 차이가 생겼다. 결국 불균형적인 발전은 잉여가치를 창출해냈고, 그것을 둘러싼 약탈과 싸움이 빈발했다. 원시 부족들 사이의 복수 및 사유재산의 출현은 끝내 전쟁을 초래하였고, 그 전쟁을 거쳐 패배자는 어쩔 수 없이 쫓겨나 새로운 영역을 개척하여야 했다. 그리하여 씨족부락은 날로 늘어났고 거주 영역도 점점 넓어졌다.

티베트어로 된 사서의 기록에 의하면, 지금으로부터 약 1만 년 전 티베트고원의 서부 아리지역으로부터 동부 창두지역까지 12개의 방국(邦國)과 40개의 작은 방국이 나타났다. 이런 방국들은 농업지역, 목축지역, 또는 반농반목(半農半牧)지역에 분포되었고, 방국마다 국왕과 대신들이 있었다. 열두 방국을 놓고 본다면 구체적으로 샹슝리녜쉬부(象雄利涅旭部), 친무위니우부(秦木域尼烏部), 숭위외지망루디(松域唯吉芒茹底), 워위선장차(臥域森章擦), 스위장제뉘랑(斯域章結諾朗), 냥위장지투이커얼(娘域藏吉推喀爾), 누위누지스바(努域努吉斯巴), 지뉘망부지(吉若芒布吉), 앙부차숭위구지선부지(昂布查松域估智森布吉), 예뉘카얼와(耶若喀爾瓦), 궁워가부두(工域嘎布杜), 타위망부제(塔域芒布結) 등이었다. 사서에 따르면 열두 방국 중 상숑왕국의 실력이 제일 강하였고 차지하는 지역도 가장 넓었다. 그 당시 상숑왕국은 내부, 중부, 외부 모두 세 부분으로 구성되었고, 오늘날의 아리로부터 쨍베이창탕(羌塘) 지역까지, 그리고 라다크(拉達克)와 우전(於闐)을 포함하여 동서 1000리가 되는 관할구역을 갖추었다. 상숑의 경제는 목축업이 위주였고 농업이 버금이었다. 상숑왕국은 역사적으로 야룽부락보다 수백 년을 앞서 설역고원에서 흥성하였다. 토번 제1대 찬보(贊普)인 네츠(聶赤)가 즉위할 때 상숑은 이미 10여 대의 국왕을 거쳤다. 아리 워머룽런(沃莫隆仁)에서 태어난 신라우미워치(辛饒米沃齊)가 기원전 5세기경에 원시종교를 기초로 '융중본교(雍仲苯教)'를 창립하였는데, 그것이 바로 티베트족들의 최초의 본토 종교였다. 그리고 약 4000년 전 신라우미워치는 상숑문자를 만들어냈다. 전하는 바에 의하면, 상숑문자로 적은 본교 경문은 오늘날에도 본교 사원에 보관되어 있으며 일부 티베트 학자들의 논저에서도 상숑문자의 흔적을 찾아볼 수 있다.

융중본교의 창립과 상숑문자의 창제는 상숑왕국의 세력을 확장하는 데 아주 중요한 작용을 일으켰다. 기원전 2세기에 이르러 본교는 야룽샹파(雅隆香波) 유역까지 전파되었고, 토번왕조의 제1대 찬보 네츠도 본교 신도들이 옹립한 것이다. 네츠찬보 때부터 31대를 거쳐 낭르숭찬(囊日松贊) 때까지 거의 모든 찬보가 본교를 신봉하였다. 게다가 본교 신도들로부터 국사를 선발하여 국정을 보좌시켰고 상숑문자를 사용하였으며 본교 경전을 번역 전파한 결과 본교를 중심으로 하는 티베트의 전통문화가 형성되었다.

야룽(雅隆)의 굴기와 초대 '국왕'의 탄생

기원전 1세기에 이르러 야룽부락은 자연조건의 우세로 농업과 목축업을 주도로 경제를 신속히 발전시켜 튼튼한 실력을 갖추었다. 따라서 야룽씨족의 각 부락 군중들이 선거한 초대 '국왕'이 탄생하였다.

그렇다면 티베트 초대 '국왕'이 어떻게 탄생하였을까? 민간에서는 그에 관한 생생한 전설이 전해진다. 전하는 바에 의하면, 야룽하곡에서 유목생활을 하던 사람들이 어느 날 찬탕궈시(贊唐廓西)에서 위풍당당한 젊은이를 발견하였다. 그 젊은이의 언행은 그곳 토박이들과 선명히 구별되었다. 목축민들은 이 젊은이가 어디서 왔는지, 어찌 된 영문인지를 몰라 망설이다가 부락의 어르신께 고발하였다. 어르신은 지혜를 상징하는 12명의 본교 신도를 파견하여 젊은이를 조사하게 하였다. 본교 신도들이 젊은이에게 어디서 왔느냐고 묻자, 그는 아무말 없이 손가락으로 하늘을 가리켰다. 그제야 본교 신도들은 이는 분명 하늘에서 내려보낸 '천신의 아들'이라 믿으며 몹시 기뻐하였다. 그리고 본교 신도 중의 한 대표는 고개를 숙이고 목을 내밀어 '천신의 아들'의 의자가 되었고, 나머지 신도들은 그를 호위하여 산으로 올라갔다. 부락 군중들은 모두 산에 모여 '천신의 아들'을 참배하였고 위풍당당한 모습에 반해 그를 부락 수령으로 적극 떠받들었다. 이로써

'토번'부락의 최초의 왕이 탄생하였다. 기원전 360년 전후에 탄생한 이 왕을 사람들은 '네츠찬보'라고 존칭하였는데, 그 뜻은 '목을 보좌로 삼은 영웅'이었다. 티베트어로 '네'는 '목'이고 '츠'는 보좌이며 '찬보'는 '용맹한 왕'이었다. 이로부터 역사상 티베트의 왕은 모두 '찬보'라 존칭하였다. 네츠찬보는 토번부락의 최초의 수령이 된 셈이다. 또한 본교의 경전에서는 네츠찬보는 '색계(色界) 제13일째에 광명천자가 하늘에서 내려온' 것이라 밝혔고 그로부터 씨족부락과 본교 신도들이 그를 왕으로 추대하였다고 한다. 네츠찬보로부터 토번왕국이 건립될 때까지 모두 32대 왕이 전해졌다.

네츠찬보가 하늘에서 내려와 인간의 왕이 되었다는 이야기는 티베트족들이 스스로 긍지를 느끼는 전설이었다. 사실 네츠찬보는 역사상 실제로 존재했던 인물이며 티베트 보위(波域, 지금의 린즈 보미현 경내)에서 태어났다. 『융부라강지(雍布拉崗誌)』, 『디우종교원류(迪烏宗教源流)』 및 『냥러종교원류(娘熱宗教源流)』 등 티베트어로 된 사서에서는 모두 네츠찬보의 출신에 대하여 기록하고 있다. 네츠찬보의 본명은 '마네우비르(瑪涅烏比日)'이고 그의 모친은 '모모존(姆姆尊)'이며, 네츠찬보는 9명의 형제 가운데 가장 어렸다. 그는 생김새가 흉하고 천성이 강직하며 재주가 뛰어나 홀로 토번 지역을 찾았다. 그는 보위에서 라르챵둬(拉日強多, 오늘날 린즈의 관광명소인 뻔르)에 왔다가 아라야마쿵(阿拉雅瑪孔, 오늘날 린즈의 랑현 진둥 일대)을 거쳐 찬탕궈시에 이르렀다. 마네우비르가 야룽의 찬탕궈시에 도착했을 때 마침 왕위에 오를 사람을 찾고 있던 12명의 본교 신도들을 만나게 되었다. 그들은 마네우비르의 위력에 반해 그를 어깨에 떠받들고 왕위에 앉히며 '네츠찬보'라고 존칭하였다. 당나라의 문헌에도 "시조 찬보는 천신의 명을 받고 태어났으며 호가 후티시부예(鶻提悉補野)이므로 이를 성으로 정했다"는 기록이 나온다. 이로부터 야룽에 최초의 왕이 생겼다.

물론 야룽 지역에 처음으로 나타난 '왕' 네츠찬보는 단지 야룽소카 여섯 야크부락연맹(雅隆索卡六牦牛部聯盟)의 수령에 불과했다. 그러나 '왕'의 출현은 인류사회의 진보로서 야룽 지역의 여러 씨족부락에 사회조직이 형성되었음을 설명해준다. 게다가 이때의 야룽후티시부예부락은 혈연으로 맺어진 씨족관계의 장애를 타파하고 지역으로 소속을 분간하였다. 민족의 형성은 종국적으로 각 부락연맹들이 하나로 통일되면서 실현된다. 그 과정에는 반드시 사회적 진보를 이끌어나갈 정치세력이나 지도자가 필요하다. 그런 의미에서 볼 때, 야룽후티시부예부락의 굴기와 최초의 '왕'의 출현은 티베트족 역사상 획기적인 의의를 가진다.

네츠찬보가 야룽후티시부예부락의 초대 찬보가 된 후, 주위의 누제스바(努傑司巴) 등 작은 부락들을 합병하였고 신분제도를 정하였으며, 본교를 선양하고 티베트 최초의 궁전인 융부라캉(雍布拉康)을 세웠다.

제8대 찬보는 지굼찬보(止貢贊普)였다. 그의 이름은 유모가 지어주었는데 '칼 맞아 죽는다'는 뜻이 있다. 정말로 지굼찬보는 '뤄앙다즈(羅昻達孜)'라는 신하에게 살해되었다. 그의 죽음에 대하여 『왕통세계명감』 티베트어판에는 다음과 같은 전설이 기록되어 있다. 악마에 시달린 지굼찬보가 신하 뤄앙다즈를 찾아 무예를 겨루기로 했다. 비록 뤄앙다즈는 "신하로서 어찌 감히 왕과 무예를 겨루겠는가"라고 하면서 재삼 거절하였지만 지굼찬보의 강박으로 하는 수 없이 4월의 항수일(亢宿日)에 무예를 겨루기로 응했다. 지굼찬보 옆에는 '녠지나쌍마(年幾那桑瑪)'라는 신견(神犬)이 있었는데 그를 파견하여 뤄앙다즈를 정찰하도록 하였다. 이를 알아차린 뤄앙다즈는 일부러 "만약 시합 당일 국왕께서 머리에 검은 띠를 두르고 이마에 거울을 달며 오른쪽 어깨에는 여우 시체를, 왼쪽 어깨에는 개 시체를 얹은 채 검을 머리 높이 휘두르며 짐 실은 소를 끌고 오면 나는 꼭 참패하고 말 것이다"라고 말했다. 신견이 이를 찬보에게 고하자 찬보는 그대로 시행하라고 지시하였다. 시합 당일 관중들의 고함 소리에 놀란 소는 그만 몸에 싣고 있던 짐을 떨어뜨려 찬보의 눈을 가렸고 찬보 오른쪽 어깨에 있던 여우 시체는 전신(戰神)을, 왼쪽 어깨에 있던 개 시체는 양신(陽神)을 도망가게 했다. 이때 허둥지둥하던 찬보가 수중의 검을 마구 휘두르자 하늘로 올라가는 밧줄이 끊어지고 말았다. 그러자 뤄앙다즈는 찬보의 이마 위에서 반짝이는 거울을 향해 활을 쏠 기회를 잡았다. 지굼찬보가 죽자 그의 두 아들 샤츠(夏赤)와 챠츠(恰赤)는 각각 궁부(工布)와 낭부(娘布)로 도망쳤다.

뤄앙다즈는 지굼찬보를 죽이고 정권을 빼앗았다. 그리고 지굼찬보의 공주를 아내로 삼았고 왕후는 평민 신분으로 낮춘 뒤 추방하였다. 어느 날, 왕후는 말을 방목하던 중 저도 모르게 잠이 들었고 꿈에서 흰옷을 입은 사람과 교합하였다. 꿈에서 깨어나 보니 곁에 흰색 야크 한 마리가 서 있었다. 8개월이 지나서 왕후는 주먹만 한 핏덩이를 낳았고 몸 둘 바를 몰랐다. 그래서 그 핏덩이를 조심스레 감싸서 소뿔에 넣어 옷으로 따뜻하게 했더니 얼마 지나지 않아 그 속에서 한 아이가 태어났다. 왕후는 그 아이를 '루라이지(茹來吉)'라 불렀다. 루라이지가 열 살 때, 부친과 형제들의 행방을 묻자 왕후는 가족이 겪은 수난사를 낱낱이 알려주었다. 그 후, 루라이지는 온갖 방법을 다해 결국에는 냥취쟈무(娘曲賈姆)에서 부친의 유해를 찾아 친위다탕(秦域達塘)에 능묘를 지어 추모하였다. 그것이 바로 티베트족 역사상 최초의 능묘이다. 루라이지는 뤄앙다즈와 그 신하들을 살해하여 복수하고 두 형제를 찾았다. 샤츠는 이미 궁부에서 국왕이 되었고 챠츠는 야룽으로 돌아왔다. 전하는 바에 의하면, 왕후가 아들 챠츠를 보자 천신을 향해 주문을 외우며 간절히 기도하니 하늘에서 "네 아들이 일체를 전승할 것이다"라는 소리가 들려왔다고 한다. 그래서 챠츠 왕자를 '부더굼제(布德貢傑)'라고도 부른다.

지굼찬보가 살해된 진실한 원인에 대하여 본교의 『구사음석(俱舍音釋)』에는 다음과 같은 기록이 있다. 지굼의 조상들은 본교의 법신(法身) 고신(古辛)을 섬겼고 지굼찬보도 그렇게 하였다. 특히 고신의 의견이 없이 국왕은 교지를 내리지 못했고 대신들도 공무를 의논하지 못했으며, 고신이 오락을 즐기지 않으면 왕신들도 가무를 감상할 수 없었다. 아무튼 고신의 권력이 국왕을 능가한 것은 사실이었다. 그리하여 리찬시(利贊西) 등 대신들은 찬보에게 "고신의 권한이 왕의 권한을 앞지르고 있으니 앞으로 찬보의 자손이 왕위를 계승하게 되면 국정의 대권이 필연코 본교 신도들의 손에 넘어갈 것입니다"라고 간언하였다. 지굼찬보는 대신들의 간언을 받아들여 호신을 책임지는 본교사를 제외한 모든 본교 신도들을 변경으로 추방하고 본교를 대대적으로 타격하였다. 이에 불만을 품은 부락 수령 뤄앙은 본교 신도들의 지지로 찬보를 살해하고 국권을 장악하였다. 이러한 기록들은 당시 본교 고신과 군신 사이의 권력 쟁탈이 아주 첨예했음을 말해준다.

챠츠는 야롱에 돌아온 후 정권을 장악하고 부더굼제라 개명했으며 칭와다즈궁(青瓦達孜宮)을 건설하였다. 이로써 10여 년간 중단되었던 찬보의 야롱시부예(雅隆悉補野)부락에 대한 통치를 회복하였고, 루라이지는 찬보의 대신이 되었다.(한문 사서 중에 기록된 '후티시부예'라는 칭호는 이때부터 시작되었다.) 찬보 부더굼제의 대신 루라이지는 티베트 역사상 '일곱 현신' 중 하나이다. 루라이지는 사람들에게 목재로 숯을 굽고 광석으로부터 금, 은, 동, 철 등을 제련해내는 방법을 가르쳤고, 고무를 제련하는 방법, 소달구지로 밭을 가는 방법, 경작지를 개간하는 방법, 수로를 개통하여 관개하는 방법, 수로 위에 다리를 놓는 방법 등도 일일이 전수하였다. 그로부터 야롱시부예부락의 농업생산은 급속히 발전하였다. 제14대 찬보 애쇼레(埃肖列) 시기에 이르러 야롱시부예부락의 농업과 축산업을 중심으로 하는 경제는 커다란 발전을 이루었다. 찬보 애쇼레의 대신 라부궈가(拉布郭嘎)는 소 2마리가 하루에 가는 토지 면적을 경작지 면적을 계산하는 기본단위로 정하였고, '퇴(堆)'를 가축을 헤아리는 기본단위로 정하여 단위 표기법을 확립하였다. 또한 그는 산골짜기에서 흘러내리는 시냇물을 밭으로 끌어들여 논을 개간하도록 하였다. 따라서 라부궈가 역시 '일곱 현신' 중의 하나로 꼽힌다. 찬보 다르넨스(達日年斯)의 대신 어랑찬망(鄂朗贊芒)은 또 다른 현신으로서 본격적으로 도량형 단위를 제정하여 물자의 유통을 촉진하였고 결과적으로 시부예부락의 상업 발전을 추동하였다.

찬보 부더굼제 시기, 고신이 왕실을 보좌하여 국정을 다스림에 있어서 '본(苯)'(본교의 각종 의궤를 전수), '중(仲)'(신화를 수집 정리), '디우(迪烏)'(수수께끼를 해설) 등 3가지 형식을 실시하였다. 민중들에게 '타라니더(陀羅尼德)' 등 신화를 전수하고 수수께끼로부터 사리를 깨치게끔 하기 위하여 그들은 신화, 우화, 수수께끼 등 민간예술의 형식으로 간단하고도 알기 쉽게 본교를 선전하였으며 왕실의 권위를 수호하였다. 사회적으로 신분의 존귀와 비천을 가르고 도덕규범과 예의범절을 지키기 시작한 것은 이때부터였다.

전하는 바에 의하면, 찬보 라퉈퉈르네찬(拉脫脫日聶贊) 시기에 야룽시부예는 자연재해를 빈번히 입어 사람들은 마음속으로 마귀에 대한 공포감이 생겼다고 한다. 민중들에게 신심을 주고 자연재해를 이겨내는 용기를 불어넣기 위해 찬보 라퉈퉈르네찬은 악귀를 쫓아내고 재앙을 없애는 내용으로 희극을 만들어 공연한 결과, 아주 좋은 효과를 거두었다.

티베트 역사문헌자료의 기록에 따르면, 일찍이 야룽시부예부락 시기에 야룽인들은 질병과 싸우는 과정에서 동식물과 광물의 일부 부위로 질병을 치료할 수 있다는 것을 알았다. "약에는 독이 있고 약과 독은 병존하며 약과 독은 서로 해소할 수 있다." 이는 야룽부락의 사람들이 질병과 투쟁하는 실천 과정에서 얻어낸 도리이다. 찬보 라퉈퉈르네찬 시기에 천축(天竺), 샹슝(象雄), 토욕혼(吐谷渾) 등으로부터 의학이 전해 들어왔고, 천축의 의학자 비가라즈(碧嘎拉孜)는 의술을 모조리 퉁지퉈죄젠(通吉妥覺堅) 등에게 전수하였다. 야룽시부예부락의 의약업은 커다란 발전을 이루었고, 사람들은 약의 한열(寒熱)에 대하여 알게 되었으며 약품 배합, 병독 치료, 음식 조절 등의 방법도 숙달하였다. 전하는 바에 의하면, 명의 퉁지퉈쬐젠은 야룽시부예부락의 제31대 찬보 다르녠스의 어의를 맡았다고 한다. 다르녠스는 선천적인 시각장애인이었는데 토욕혼으로부터 명의를 청하여 눈병을 고쳤다. 그리하여 찬보 다르녠스는 눈을 뜨자마자 눈앞에 놓여 있는 다르산의 큰뿔양을 보았고 그로부터 이름을 얻었다. '다르'는 산의 이름이고 '녠스'는 큰뿔양을 보았다는 뜻을 담고 있다.

　야룽시부예부락은 최초의 '왕' 네츠로부터 시작하여 칠천좌왕(七天座王), 상이정왕(上二丁王), 육지선열(六地善列), 팔덕통왕(八德統王), 오찬왕(五贊王) 등을 거쳤다. 제31대 찬보 다르녠스에 이르러서 야룽시부예부락의 경제는 번영하였고 사회가 발달하였다. 동을 생산도구로 사용하다가 철을 사용하게 되면서 금속도구의 사용이 확대되었고 이는 생산력의 진보와 생산효율의 제고를 촉진하였다. 농업과 목축업을 제외한 수공업의 분업이 이루어지면서 야룽시부예부락은 다른 부락이 갖추지 못한 견실한 경제기반을 닦았다. 찬보의 혼인은 고정된 씨족 혈연관계로부터 발전하여 기타 형제부락과의 통혼이 가능해졌다. 찬보는 통치 지위를 공고히 하기 위하여 전문적인 관리를 두고 다스렸다. 당시 노예와 재산을 약탈하는 전쟁이 자주 벌어졌는데, 민병을 조직하고 칼, 창, 활 등 무기를 나누어 대처하기도 하였다. 부더굼제와 그 이후의 여러 찬보들은 야룽장부(雅隆藏布) 이남의 각 부락을 정복했고 야룽장부 이북지역까지 영향을 미쳤다. 외부와의 교섭이 날로 빈번해지면서 야룽시부예부락 제32대 찬보 낭르송찬(囊日松贊) 시기에 야룽 사회는 상당히 문명한 역사단계로 진입했다.

토번왕조의 흥망성쇠

야룽시부예부락 제32대 찬보 낭르송찬 시기, 야생 야크를 순화시켜 가축으로 길렀고, 가축 교배 기술이 보급되면서 편우(황소와 야크의 잡종)가 농경에서 중요한 역할을 하였으며, 산지의 잡초들을 축적하는 등의 현상이 나타났다. 이런 것들은 모두 야룽시부예부락의 경제사회가 아주 큰 발전을 이루었음을 말해준다.

젊고 혈기 왕성한 낭르송찬은 항상 속으로 큰 뜻을 품고 있었다. 귀순한 좀바(松巴) 신하 냥씨(娘氏)와 위씨(韋氏)의 도움으로 낭르송찬은 친히 천군만마를 거느리고 기세를 드높이며 북방으로 출정하였다. 그 결과 위나보채(宇那堡寨)를 함락하여 괴수 선부제(森布傑)를 멸하였으며 '위나'의 소재지 '옌부(巖布)'를 '평위(彭域)'로 고쳤다. 계속하여 그는 선구미친(森古米欽)에게 타부(塔布)를 토벌하게 하였다. 선구미친은 군사를 거느리고 신속히 타부를 정복하고 돌아왔다. 그리하여 사람들이 찬보의 공적이 하늘보다 높고 덕망이 태산 같다고 칭송하자 그는 이름을 낭(하늘) 르(산) 찬보라고 지었다.

낭르송찬이 즉위할 때, '츙부방서수즈(瓊布邦色蘇孜)'는 '장박왕마얼면(藏博王㰒爾門)'을 살해하고 장박(藏博) 지방과 그에 속한 수만 호의 노예들을 낭르송찬에게 바쳤다. 이로써 야룽장부 중하류 및 라싸하 유역은 모두 낭르송찬이 통치하게 되었다. 이때 야룽시부예부락의 권력 중심은 점차 야룽장부 이북으로 옮겨졌고, 오늘날의 모주궁카현(墨竹工卡縣)에 챵바밍쥬린궁(強巴明久林宮)을 비롯한 여러 궁전을 세웠다. 낭르송찬은 차례로 각 부락을 정복했고 더욱더 큰 부락연맹을 건립하였다. 이는 당시 사람들의 염원과 역사발전의 조류에 부합되었으며 통일이라는 필연적인 추세를 보여주었다.

낭르송찬 때부터 중원문화를 받아들이기 시작하여 중원으로부터 의학과 역법, 그리고 북방 '라춰(拉措)'로부터 식염을 수입하였다. 그리고 수많은 왕궁과 보채를 건설하여 토번 사회의 발전을 추진하고 통일대업을 이루는 기반을 마련해놓았다. 그러나 낭르송찬이 외부 확장을 추진하며 거듭 승리를 거두고 있을 때, 정치권력과 경제적 이익을 둘러싸고 신구 귀족 사이에 커다란 갈등이 폭발하였다. 따라서 첨예한 계급투쟁을 겪던 중 낭르송찬은 결국 보수파 대신들에게 독살당하고 말았다. 티베트고원을 통일하는 위업은 그의 아들 송첸감포에게 넘겨졌다.

송첸감포는 기원후 617년 모주쟈마(墨竹甲瑪)의 챵바밍쥬린궁에서 태어났다. 그의 부친 낭르송찬이 신하들에게 독살되었으므로 629년 송첸감포는 열세 살밖에 되지 않은 나이에 왕위를 계승하고 야룽시부예부락의 제33대 찬보가 되었다. 왕위에 오른 후, 송첸감포는 낭망부제상랑(娘芒布傑尚郎)과 가얼망상숭랑(嘎爾芒響松朗) 등 몇몇 대신들의 보좌로 역신들을 척결하고 내란을 평정함으로써 평온한 국면을 되찾았으며 왕권을 공고히 하였다. 그리고 잇따라 다부(達布), 궁부(工布), 냥부(娘布), 송파(松巴) 등의 지역을 합병하였다. 이를 기초로 송첸감포는 정치 중심지를 뤄세(邏些, 오늘날의 라싸)로 옮겼다. 편벽한 야룽보다 뤄세는 전략적 우위에 있어 토번 사회의 발전에 더욱 유리했으므로 도읍을 이곳으로 옮긴 것은 아주 적절한 결정이었다. 비교적 안정된 새로운 환경을 기반으로 토번의 사회 생산력은 커다란 발전을 이루었다. 당시 라싸하 유역에는 소 떼와 양 떼가 무리 지어 다녔고 곳곳에 농토가 널려 있었다. 게다가 지세가 높은 곳에는 물을 비축하여 저수지를 만들었고 지세가 낮은 지역에는 하천을 끌어들여 가뭄과 홍수에 모두 대처할 수 있게 하였다. 이때 토번의 농업생산은 이미 비교적 높은 수준에 이르렀다.

뛰어난 재능과 위대한 계략을 겸비한 송첸감포는 부친 낭르송찬이 생전에 못다 이룬 뜻을 따라 탁월한 정치적 통찰력과 군사적 재능을 선보이며 티베트고원을 통일하는 위업을 이루었으며 토번왕조를 건립하였다. 그리고 송첸감포는 일련의 정책을 내놓았다.

송첸감포가 집권하던 시기에 토번 역사상 넷째 가는 현자 톤미삼보타(呑彌桑布紮)라는 대신이 있었다. 그는 한 무리의 식견이 높은 학자들을 거느리고 천축에 가서 학문을 닦았으며 티베트로 돌아온 후 티베트어를 규범화하였다. 송첸감포 시기의 또 다른 대신 네허쌍양둔(涅赤桑羊頓)은 민가를 고산지대에서 평지로 옮길 것을 제안하고 사람들이 농업생산에 종사하도록 권장하여 오늘날까지 지속되어온 티베트 하곡평지의 촌락 형태를 다져놓았다. 그는 토번의 다섯 번째 현자이다.

송첸감포가 당나라 왕실과 통혼한 것은 티베트족과 한족의 민족관계사상 큰 사건이었다. 송첸감포는 가얼둥짠(噶爾東贊)을 대표로 하는 사절단을 당나라 장안에 파견하여 통혼할 것을 청했다. 당태종은 가얼둥짠에게 다섯 문제를 제출할 테니 정답을 맞힌다면 당나라 공주를 송첸감포에게 시집보내겠다고 말했다. 가얼둥짠을 대표로 하는 토번 사절단은 탁월한 지혜로 모든 문제의 답을 맞혀 통혼을 성사시켰다. 이것이 바로 역사상 유명한 '오난혼사(五難婚使)' 일화이다. 당태종이 제출한 다섯 문제를 토번 사절들은 지혜롭게 풀어나갔다. 첫째는 말갈기의 양쪽 끝을 각각 두 마리 개미의 허리에 감고 개미에게 옥에 있는 작은 구멍을 통과하게 해서 말갈기를 옥에 끼웠고, 둘째는 어미 말과 망아지를 따로 가두고 망아지에게 풀만 먹이고 물은 주지 않았다가 이튿날 목마른 망아지들이 각자 자신의 어미를 찾아 젖을 먹게 하는 방법으로 친자식을 가려냈으며, 셋째는 굵기가 균등한 원목 백 개를 물 위에 띄우고 가라앉는 상황에 따라 뿌리와 꼭대기를 분별하였고, 넷째는 당태종이 초대한 연회에 참석하러 입궁하는 도중 지나갔던 문과 골목마다 표기를 해놓았다가 늦은 밤에 연회가 끝나자 표기를 따라 순조롭게 황궁에서 빠져나왔으며, 다섯째는 황금으로 공주의 시중을 들었던 유모를 매수하여 공주의 형체 특징을 모두 파악했다가 이튿날 3백 명의 궁녀들 중에서 재빠르게 공주를 찾아냈다. 이토록 난제를 모두 해결한 토번 사절들은 청혼의 임무를 원만하게 완수했다. 티베트족 사신들의 지혜를 보여주는 동시에 문성공주에 대한 중시를 알려주는 '오난혼사'는 티베트족과 한족 사이의 관계에 획기적인 영향을 일으킨 사건이다.

문성공주가 토번으로 시집가면서 석가모니 12세 등신불상과 경서, 경전 360권, 그리고 당시 중원 지역에서 유행하던 농기구, 방직, 건축, 제지, 주조, 연마, 야금 방면의 생산기술 및 의약, 역법 등 과학지식도 함께 가져갔다. 이러한 물질문명과 정신문명은 토번 사회 발전에 지극히 유리한 조건을 마련해주었다.

송첸감포는 식견이 높고 정치적 포부가 큰 인물로서 외래의 선진적인 경제와 문화를 과감히 받아들이고 적극적으로 모방하거나 학습하는 태도를 취하였다. 이는 토번 사회의 생산력을 대대적으로 발전시키는 데 유리하였다.

송첸감포와 문성공주가 통혼한 후, 토번과 당나라 사이의 정치관계는 아주 큰 발전을 이루었다. 648년 당나라 사신으로 천축에 파견되었던 왕현책(王玄策)이 물품을 빼앗기고 토번으로 피신하러 왔다가 송첸감포에게 도움을 요청하였다. 송첸감포는 즉시 출병하여 천축에서의 전란을 평정하였다. 649년 당태종 이세민(李世民)이 세상을 뜨고 당고종 이치(李治)가 즉위하면서 당나라는 토번으로 사신을 보내고애(告哀)하였고 송첸감포를 '부마도위(駙馬都尉)', '서해군왕(西海郡王)'으로 봉하였다. 또한 당고종은 송첸감포를 '종왕(賓王)'으로 진봉하였으며 그의 석상을 만들어서 소릉(昭陵)에 세웠다.

민족관계를 소중히 여겼던 송첸감포는 티베트족과 한족 사이의 우호관계를 매우 중시하였다. 그의 노력으로 두 민족은 서로의 발전을 촉진하고 떼려야 뗄 수 없는 친밀한 관계를 맺어 중화민족 관계사상 황홀한 한 페이지를 남겼다.

문성공주와 통혼하기에 앞서 송첸감포는 네팔의 적존(赤尊)공주를 아내로 맞이하였다. 불교도인 적존공주는 석가모니 8세 등신불상을 가져왔다. 2개의 석가모니 불상이 라싸에 유입되면서 불교가 정식으로 토번에서 흥성하기 시작하였다. 그리고 적존공주도 시집을 오면서 숱한 이색적인 물품들과 솜씨 좋은 기술자들을 데려왔다. 그들은 천축의 문명을 토번에 가져왔고 토번의 공예미술, 의학과 역법, 종교문화 등에 중요한 영향을 미쳤다.

송첸감포가 집정하는 동안 토번은 주변 선진국의 영향을 현저히 받아왔다. 주변 국가들은 대체로 불(佛), 법(法), 승(僧) 등 삼보(三寶)를 숭상하면서 신권(神權)통치, 불교교의 및 엄밀한 조직을 모두 갖추었다. 동시에 적존공주와 문성공주도 모두 불교를 신앙하였고, 그들이 가져온 석가모니 불상과 대량의 불교경전들은 송첸감포에게 커다란 영향을 끼쳤다. 따라서 송첸감포는 왕실의 통치적 지위를 공고히 하기 위해 의연히 여러 가지 걸림돌을 제거하고 최초로 불교를 토번에 도입하였다. 이때의 토번에는 이미 새롭게 규범화된 티베트 문자가 통용되었다. 그리하여 천축과 중원에서 초청해 온 학자들의 협조로 『보운경(寶雲經)』, 『보집예경(寶集預經)』, 『반야바라밀다십만송(般若波羅蜜多十萬頌)』 등을 번역해냈다. 그리고 적존공주의 주도 아래 네팔의 번역 대가 시라먼주(西拉門足)가 『백배경(百拜經)』을, 문성공주의 주도로 한족 승려 대무수(大無壽)가 중원에서 건너온 의약, 처방, 의료 및 역법 등을 제각기 번역하였다. 외부문화의 수입은 토번 문화의 발전을 대대로 촉진하였다.

멀리 내다보는 송첸감포의 탁월한 식견이 있었기에 토번은 정치, 경제, 문화 등 다방면에서 전면적으로 발전하였고 번영의 시기에 들어섰다. 송첸감포 집권 이후 100여 년간 토번왕조는 전성기에 들어섰고, 사회제도가 노예사회로부터 봉건사회로 넘어가는 단계에 이르렀다. 토번의 통치계급은 영토를 확장하고 재산과 노예를 약탈하기 위해 엄격한 군사제도를 수립하였다. 『당서(唐書)』의 기록에 따르면, 당시의 토번 사회에는 건장한 젊은이들을 귀하게 여기고 노약자들을 업신여기는 기풍이 형성되었다고 한다. 또한 사람들은 전쟁터에서 전사하는 것을 영광으로 생각했고, 한 가문에 몇 대를 거쳐 전사하는 영웅이 나오면 '영예갑문(榮譽甲門)'이라는 칭호를 받기도 했다. 반면에 나약한 모습으로 전쟁에서 패한다면 치욕을 느끼게끔 여우 꼬리를 머리 위에 얹고 사람들로부터 질타를 받게 했다. 토번의 병법은 아주 엄격했는데 전쟁이 발발할 때면 길이가 7치나 되는 검을 휘둘러 동원령을 내리고 전사들을 소집했다. 100리 거리마다 역참을 하나씩 설치하였으며 긴급 상황이 발생하면 역인(驛人, 사역병)은 가슴에 은골(銀鶻, 긴급령)을 달았다. 전사들의 갑옷은 아주 탄탄하여 강력한 화살이나 날카로운 칼날도 모두 막을 수 있었으며 전신무장한 전사들은 눈구멍만 2개 내놓았다. 전투에서 앞의 대오가 전사하면 곧이어 뒤따른 대오들이 빈자리를 채워 용맹하게 싸웠다.

영토 확장의 야심을 품은 송첸감포는 막강한 무력에 의지하여 부단히 외부로 확장하였는데, 동쪽으로는 남조(南詔)에 잇닿았고 북쪽으로는 토욕혼을 점령하였으며 서쪽으로는 서역의 구자(龜玆), 소륵(疏勒), 우전(於闐), 언기(焉耆) 등 나라들을 정복하였다. 이는 당나라에 커다란 충격을 주었으며, 특히 토번은 안서 4국을 점령하면서 당나라가 서북지방 및 중앙아시아로 나아가는 교통 요충인 실크로드를 차단했다. 이를 두고 당나라와 토번은 여러 해에 걸쳐 전쟁을 치렀다. 토번은 당나라와 안서 4국을 쟁탈하는 동시에 계속하여 윈난(雲南) 이해(洱海) 지방과 쓰촨(四川) 옌위안(鹽源) 지방을 점령하였다.

기원후 704년, 찬보 두송망부제(都松芒布傑)가 친히 군사를 거느리고 남조국의 반란을 진압하다가 전사하였다. 705년, 그의 아들 츠더주찬(赤德祖贊)이 즉위하였지만 나이가 어린 탓으로 그의 할머니 줘싸츠마뤼(卓薩赤瑪呂)가 청정하였다.

707년에는 토번의 상찬뒤르라친(尚贊奪日拉欽) 등 대신들이 사신으로 당나라에 파견되어 찬보 츠더주찬을 위해 청혼하였다. 그리하여 당중종(唐中宗)은 옹왕(雍王)의 딸 금성공주를 토번으로 시집보냈다. 710년, 당나라 금성공주는 수백 필의 비단과 여러 가지 의약서 및 각종 기물들을 갖고 토번으로 갔으며, 갖가지 잡기(雜技)와 구자악(龜茲樂)을 토번에 전파시켰다.

금성공주와 츠더주찬의 통혼은 문성공주와 송첸감포가 통혼한 이래 한족과 티베트족, 두 민족관계 역사상 또 하나의 중요한 사건이었다. 금성공주는 온갖 재능이 출중한 데다 대의명분을 잘 아는 사람이었다. 그는 당나라 조정에 상서하여 토번이 당나라와 맹약을 맺고 우호적 관계를 회복하려 한다는 의지를 적극 표명하였다. 출가하여 죽기 전까지 금성공주는 토번에서 32년간 생활하였다. 그는 시종 당과 토번이 화목한 관계를 유지하기를 바랐으며 이를 위해 있는 힘껏 노력하였다. 토번에 시집온 후, 금성공주는 우전 등의 승려들을 토번으로 불러들여 사원을 세워주고 경전을 번역하게 하였다. 게다가 그는 당나라에서 『모시(毛詩)』, 『예기(禮記)』, 『좌전(左傳)』 등 한문 전적들을 가져왔고, 그중 『예기』, 『전국책(戰國策)』 등을 티베트어로 번역하여 세상에 남겼으며, 토번 문화의 발전에 커다란 영향을 미쳤다. 금성공주와 츠더주찬의 통혼은 당나라와 토번의 정치적 관계를 더욱 밀접하게 하였으며 한족과 티베트족이 우호적인 관계를 회복하려는 공동의 염원과 정감에도 부합되었다. 츠더주찬은 당현종 이융기(李隆基)에게 보내는 편지에서 "외생(外甥)은 선황제의 조카이고 또 금성공주를 아내로 맞이하였으니 한 집안과 같다. 이에 천하백성들이 기뻐한다"라며 통혼의 중대한 의의를 밝혔다.

8세기 중엽, 토번 찬보 츠송더찬(赤松德贊)이 왕위를 이어받은 지 얼마 지나지 않은 756년 당나라에서 '안사의 난'이 일어났다. 토번은 당나라를 도와 안록산(安祿山)이 일으킨 반란을 평정하겠다는 구실로 다자루궁(達紮路恭), 상제스(尚傑司)와 상동찬(尚東贊) 등 장수들이 이끄는 10만 명의 군대를 내지로 파견하였다. 763년, 토번군은 당나라가 혼란에 빠진 틈을 타 수도 장안을 점령하였다가 20일 만에 철수하였다.

츠송더찬은 티베트족 역사상 또 하나의 저명한 찬보였다. 츠송더찬으로부터 몇 대에 걸쳐 찬보들은 불교를 대대적으로 선양하여 본교를 신봉하는 귀족세력을 억압하면서 계급갈등을 완화시키고 통치를 확고히 하기에 이르렀다. 불교는 송첸감포 시기에 토번에 도입되었는데, 그 당시 사회에서는 여전히 본교 세력이 우위를 차지하였다. 츠송더찬 시기에 이르러 찬보는 쌈예사를 세우고 부잣집 자식 7명을 출가시켜 이곳에서 수행하도록 했는데, 이들이 바로 티베트 역사상 유명한 '칠시인(七試人)'이다. 동시에 츠송더찬은 중원과 천축의 고승들을 차례로 초청하여 쌈예사에서 경전을 강론하고 법도를 전수하며 불경을 번역하게 하였다. 그리하여 불교는 날로 흥성하고 토번에서 뿌리내렸으며, 츠송더찬이 실행한 일련의 '흥불억본(興佛抑苯, 불교를 선양하고 본교를 억제)' 정책은 전반적인 사회형세를 근본적으로 바꾸어 놓았다. 이때 토번 역사상 여섯 번째 현신인 귀츠쌍요라(郭赤桑堯拉)가 나타났다. 그는 살인자는 목숨값을 치러야 하고 남을 상해할 경우는 의료비를 물어야 한다는 등의 18조목에 이르는 법규를 제정하여 토번의 법률제도를 보완하였다. 츠송더찬의 또 다른 대신인 다짠둥스(達贊冬司)는 토번 내의 농가들은 집집마다 반드시 말, 편우, 젖소, 황소를 각각 한 마리씩 길러야 한다고 규정했고, 여름철에 풀을 베어 말려 저장해두었다가 겨울철에 가축들의 먹이로 사용하는 선례를 개척하였다. 이런 조치는 가축 사육의 발전을 크게 촉진하였다. 다짠둥스가 바로 토번 역사상 일곱 번째 현신이다.

츠송더찬의 아들 모니찬보(牟尼贊普) 이후의 두 찬보, 즉 츠더송찬(赤德松贊)과 츠주더찬(赤祖德贊)은 불교를 극력으로 추앙하였다. 그들은 불교의 교리를 널리 전파하기 위해 고승들을 초청하여 수많은 불경을 번역하게 했다. 츠더송찬 시기에는 승려들의 사회적 지위가 날로 높아졌고 조정에서도 높이 떠받들었으며, 심지어 냥딩애증(娘定埃增)이라는 승려는 직접 국정에 참여하면서 찬보의 유능한 조력자가 되었다. 츠주더찬 시기에 이르러 왕실의 불교에 대한 숭상은 절정에 도달할 정도였다. 당시 일반인이 출가하여 승려가 되면 7호의 평민이 하나의 승려를 공양해야 된다는 제도를 만들었다. 그리고 모두가 승려를 존경해야 했고, 사원을 많이 세웠으며, 승려에게 손짓하거나 승려를 노려보는 자는 엄격한 처벌을 받아야만 했다. 그리하여 사회적인 불만이 부단히 높아갔고 사회갈등이 날로 첨예해졌으며, 특히 승려를 공양하는 제도는 민중들의 경제 부담을 가중하였기에 이는 결국 찬보에 대한 불만으로 돌아갔다. 게다가 장기적인 전쟁이 사람들에게 가져다주는 고통은 늘어나기만 할 뿐 전혀 줄어들지 않았다. 결국 통치계급 내부에서 세속귀족과 승려귀족들 사이의 투쟁이 끊이지 않았고, 찬보와 불교를 반대하는 권신들 간의 대립도 나날이 치열해졌다. 이는 찬보의 친형제가 추방되고 왕비가 독살당하며 찬보도 죠루라뤼(角如拉呂)와 같은 간신들에 의해 죽게 되는 국면을 초래하였다.

841년, 찬보 츠주더찬이 시해되고 그의 형 랑다마우둥찬(朗達瑪烏東贊)이 왕위에 올랐다. 티베트 역사의 기록에 따르면, 마음속에 악마가 자리 잡은 랑다마는 똑같이 악마를 섬기는 대신 제둬르지궈(傑多日知郭) 등 사람들의 조종을 받아 금불(禁佛) 정책을 실시하였다. 그들은 불상을 강물에 처넣었고 사원을 도살장으로 만들어놓았으며 승려들을 강박하여 환속하게 하였다. 뿐만 아니라 불탑을 허물고 수많은 불교경전들을 불태워버렸으며 불교가 토번에서 종적을 감추게끔 행패를 저질렀다. 불교를 억압하는 랑다마의 정책은 이미 토번에서 깊이 뿌리내린 불교세력들의 강렬한 반박을 촉발하였다. 843년, 랑다마가 거사 라룽바이지둬제(拉龍白吉多傑)의 화살을 맞고 목숨을 거두면서 토번 사회는 아주 혼란한 상태에 빠져버렸다. 당시의 상황을 『신당서(新唐書)』에서는 "지진이 일어나고 샘물이 솟구치며 산이 붕괴되었다. 강물이 사흘간 역류하였고 쥐들이 곡식을 모조리 먹어치웠으며 굶주림에 죽은 자가 많았다"고 기록하고 있다. 이는 당시 토번 국내의 혼란과 빈곤, 질병에 시달리는 상황을 제대로 보여준다. 이때 지방 군벌세력들은 각자 왕이라 자칭하고 서로 혼전을 벌였으며 농민과 노예들도 도처에서 폭동을 일으켰다. 통일된 강성대국이었던 토번은 이로써 붕괴되었다. 토번왕조 멸망 이후의 역사를 티베트 사서에서는 봉건분열할거 시기라 부른다.

기원후 618년 송첸감포가 왕위를 계승하고 티베트고원의 통일을 이루어 토번왕조를 건립한 때부터 842년 멸망하기까지 토번왕조는 220여 년의 역사를 거쳤다. 그 과정에서 토번의 사회형태는 커다란 변화를 겪었고 초보적인 봉건경제가 성립되었으며 봉건농노제도가 형성되었다. 그리고 중원지방과 맺은 정치, 경제적으로 밀접한 관계는 토번의 생산력을 발전시키는 데 현저한 추진력을 발휘했다.

불교가 통치적 지위를 독차지하는 의식형태로 등극하면서 토번 사회의 모든 정신문화 생활은 승려들에게 장악되었다. 종교는 정치의 버팀목이 되었고 세속적 권력이 신권의 지배를 받으며 발전하였다. 신권과 세속적 권력이 결합하여 민중을 통치하는 역할을 실행하는 것은 토번 봉건사회 초기 정치제도의 특징이다.

토번왕조가 건립된 후, 주변의 여러 부족들을 합병하였는데 그들은 300여 년 동안 차츰 토번 문화에 동화되었다. 토번은 칭장고원을 통일하고 토번 문화를 정치적 영향력이 미치는 지역 전반에 확장하였고, 이는 칭장고원 문화의 중요한 연원이 되었다. 동시에 칭장고원 기타 부족들의 문화를 흡수하여 더욱더 찬란한 토번 문화로 융합시켰다. 장기적인 융합과 발전을 거쳐 티베트족의 문화는 공통성과 개성을 겸비한 다원화의 특징을 선보인다. 티베트족은 4대 씨족과 여러 씨족부락을 기초로 하고 번인(蕃人)을 주체로 하여 여러 부족들을 융합시켜 형성한 다원일체의 유구한 민족이다.

3장 송첸감포(松贊幹布)와 문성공주의 역사 공적

송첸감포의 일련의 치국 조치

송첸감포는 도읍을 라싸로 옮겼는데, 『왕통세계명감』의 기록에 따르면 송첸감포의 선조 라퇴퇴르네찬은 보현보살의 화신으로서 홍산(紅山, 지금의 포탈라궁)에 궁전을 세우고 은거생활을 하며 수행했으므로 토번의 역대 자손들은 이곳을 복지(福地)라 여겼다. 때문에 송첸감포는 도읍을 홍산으로 옮기고 궁실을 지었다. 사실 송첸감포가 라싸로 도읍을 옮긴 데는 적어도 2가지 원인이 있었다. 하나는 산남 지방을 송첸감포의 부친을 모해한 토번의 낡은 귀족세력들이 점거하고 있었던 것이다. 송첸감포는 이들에 대한 경계심을 놓지 않았다. 도읍을 옮기면서 낡은 귀족세력들과 멀어지는 것이 그의 염원이었다. 그리고 다른 하나는 티베트고원을 통일하려는 송첸감포의 원대한 포부였다. 토번의 북부는 토욕혼, 서부는 샹슝이 각각 차지하고 있었으므로 토번의 도읍을 야루짱부강 이북으로 옮긴다면 이들을 상대로 전투를 펼치는 데 유리하였다. 더구나 당시 토번과 토번에 투항한 숨파(蘇毗)의 장군들이 거느린 군사력이 주로 라싸하 유역에 집중되어 있었기에 정치 중심지가 산남에 있고 군사 중심지는 라싸하 유역에 놓인다면 송첸감포의 통일적인 배치와 지휘에 불리했다. 이 밖에 라싸하 유역은 지세가 평탄하고 광활했으며 사면이 산으로 둘러싸여 있는 데다가 먼 곳의 산마루와 협곡이 험준한 지세로 천연적 방어벽을 형성하여 공격과 방어에서 모두 우세를 차지할 수 있었다. 따라서 송첸감포는 삼상 일륜(三尙一倫, 토번의 내각제도)과 토론한 끝에 633년부터 도읍을 옮기는 작업을 시작하였다.

송첸감포는 지쇠워탕(吉雪臥塘)에 도읍을 옮겼고, 거기서 오늘날의 라싸로 발전하였다. 이는 그의 크나큰 공적이다. 지리적 위치와 기후 등 자연조건, 그리고 지형 등 여러 방면의 요소를 종합적으로 고려해 볼 때 라싸를 티베트의 도읍으로 정한 것은 아주 적절한 선택이었다.

도읍을 옮긴 후, 송첸감포는 일련의 치국 조치를 실시하였다. 이런 조치들 가운데 주요한 것으로는, 내부를 안정시키고, 왕권을 공고히 하며, 관제와 병제를 통일하고, 경제를 발전시키며, 법률을 제정하고, 언어를 규범화하며, 주변국과의 우호적인 관계를 유지하는 것 등이 있었다.

송첸감포가 실행한 첫 번째 조치는 바로 정권 내부를 안정시키는 것이었다. 송첸감포는 영명하고 재능이 뛰어난 찬보로서 역신들을 과감하게 제거하는 동시에 상륜(尙倫) 등 관원들을 굴복시키는 데도 능했다. 토번 왕족을 '윤(倫)'이라 하고 환족들을 '상(尙)'이라 하였는데, 그들이 토번의 통치계급을 구성하였다. 이러한 관리들은 각 부락과 씨족의 수령으로서 관직을 대대로 물려받을 수 있었으며 각자의 지방에서 백성들을 다스렸다. 송첸감포는 도읍을 옮긴 후 개혁에 착수하여 위에서부터 아래로 각종 관직제도를 설치하였다. 새롭게 설치한 관직제도는 여전히 과거의 체제를 계승하여 지위의 높낮이에 따라 땅을 분배하고 그들의 종속관계를 승인하였다. 그러나 씨족이 왕의 신하로 변하면서 양자의 관계는 확연히 달라졌다. 한편으로 신하는 왕에게 충성하고 왕의 명령에 따라야 했으며, 다른 한편으로 왕의 권력이 확대되어 대장, 부장, 부락사, 천부장 등의 관직은 왕실에서 직접 임명하거나 파면하였다. 그리하여 중앙집권이 확대되고 찬보가 생사대권을 한 손에 넣게 되어 신구 귀족과 대신들 사이의 권력쟁탈과 왕위에 대한 위협이 크게 감소했으며, 결과적으로 정권 내부의 안정을 유지할 수 있었다.

송첸감포가 채택한 두 번째 조치는 왕권을 공고히 하는 것이었다. 송첸감포는 그의 부친 낭르송찬이 실행하던 방법을 이어받아 새롭게 받아들인 신하들을 중용하였다. 낡은 귀족들의 반란을 진압하면서 송첸감포는 송파의 귀순한 신하들에게 반란을 일으킨 낡은 귀족세력을 정복시켰다. 그러나 새로운 신하들이 공적을 쌓으면서 그 세력이 낡은 귀족들을 능가하였고 왕권을 위협하는 존재가 되는 문제를 초래하기도 했다. 따라서 새롭게 등극한 귀족들은 실제로 왕권을 위협하는 주요 세력이 되었다. 송첸감포는 재상에 해당하는 대륜(大倫) 직위의 관원을 빈번하게 교체하면서 교묘한 수단으로 신귀족들의 세력을 부단히 약화시켰다. 따라서 대륜은 종국적으로 왕이 지배하는 관직이 되어 왕권이 확고해졌다.

송첸감포는 관직제도와 병역제도를 수립하는 것을 세 번째 조치로 내세웠다. 티베트어로 된 사료에 따르면, 송첸감포는 지방행정과 군사조직을 통일하여 전국적인 군사제도를 실시하였다. 당시 토번은 모두 4개의 '여(茹)'로 나뉘었고, 각 '여'는 2개의 '분여(分茹)'로, 그리고 각 '분여'는 또 4개의 '천호(千戶)'로 구성되었다. 그리하여 전국에는 모두 32개의 '천호'가 있었고, '천호'마다 1만 명의 병사가 있었다. 그리고 '분여'마다 원수, 부장, 판관이 각각 1명씩 있었다. 이러한 군관들은 평소에는 지방관리의 역할을 맡아 한 지방의 영도자와 같았다. 그들은 손에 병권과 행정권력을 동시에 틀어쥐었다. 송첸감포가 제정한 병역제도와 지방관제는 그 후로 변화를 겪기는 했지만 기본적인 틀은 변함없이 계속하여 사용되었다. 지방관제와 병역제도를 결합시키는 것 외에 중앙의 관직에는 대상(大相), 부상(副相), 병마도원수(兵馬都元帥), 부원수 등을 두었다. 대상의 아래에는 내정, 농업, 형부, 외무 및 재정을 관리하는 여러 대신들이 있었는데, 그들은 크고 작은 일들을 모두 대상을 통해 결정할 수 있었다. 보다시피, 송첸감포 시기의 중앙관제는 이미 아주 잘 갖추어졌다.

송첸감포가 실행한 네 번째 조치는 법률을 제정하는 것이었다. 그는 모두 6개의 총칙을 내놓았다. 첫째는 육육대계(六六大計)라 하여 기초육제(基礎六制), 육대정요(六大政要), 육장(六壯), 육종표치(六種標幟), 육류상사(六類賞賜) 및 영웅육정(英雄六征)이 포함되었다. 둘째는 티베트의 도량형 표준을 통일하는 것이었다. 셋째는 윤리도덕으로서 그 주요 내용은 불교의 오계에 따른 표준과 세속 16조의 도덕규범이었다. 그중 세속 16조의 도덕규범은 구체적으로, 일은 불교 삼보를 공경하고 믿을 것, 이는 정법을 수련할 것, 삼은 부모의 은덕에 보답할 것, 사는 덕망이 높은 자를 존중할 것, 오는 윗사람과 노인을 공경할 것, 육은 이웃 사이에 서로 도울 것, 칠은 말을 조심할 것, 팔은 벗과 화목하게 사귈 것, 구는 우수한 자를 따르고 부단히 식견을 높일 것, 십은 탐욕을 버리고 정당한 방법으로 재물을 쌓을 것, 십일은 은혜를 잊지 말고 보답할 것, 십이는 빚은 제때에 갚고 사람을 속이지 말 것, 십삼은 질투심을 버릴 것, 십사는 사설(邪說)을 듣지 말고 자기 생각을 갖출 것, 십오는 친절한 태도로 말을 하고 상관없는 일에는 함부로 입을 열지 말 것, 십육은 과감히 중임을 떠받들고 아량이 넓어야 함이다. 넷째는 민사판결 원칙을 명확히 하여 분쟁 쌍방의 신분이 대등하지 않을 경우, 높은 자에게 굴욕감을 주지 않고 낮은 자에게 실망을 주지 않도록 하였다. 다섯째는 소송판결 원칙을 정하고 유죄인이 처벌을 이행하지 않을 경우, 소송 쌍방의 과실로 모두 처벌을 받게 하였다. 여섯째는 집안 법도를 제정하여 논쟁이 있는 양측은 시비를 똑똑히 가리고 잘못을 제대로 시정해야 하며, 양측 주장이 모두 일리가 있을 경우 조정을 거쳐 모두가 만족스러워하는 결과를 얻게 하였다. 토번의 법률에서 잘 체현되었듯이 사유제를 명확히 보호하고 사회 각 계층의 지위와 농노주의 통치적 특권을 규정하였다. 송첸감포가 제정한 법률 및 도덕규범은 권선징악의 작용이 뚜렷했다. 물론 죄를 범한 자에게는 법적으로 구체적인 형벌이 가해졌다. 특히 법을 심각하게 어기고 극악무도의 경지에 이른 자에게는 눈알 파내기, 손목 자르기, 살가죽 벗기기, 태형 등 혹독한 형벌이 실시되었다. 송첸감포가 제정한 형법은 대부분 봉건농노제 사회에까지 답습되었다.

다섯 번째 조치로서 송첸감포는 생산력을 대대적으로 발전시켰다. 송첸감포는 즉위한 후, 세대에 따라 경작지 면적을 등기하였고 여러 부락을 정복하여 얻은 농토를 백성들에게 나누어주었다. 과거에 토지가 없었던 노예들도 경작지를 분배받아 농민이 되었으며, 백성들의 생산에 대한 적극성은 전례 없이 고조되었다. 『티베트 왕신기(西藏王臣記)』에는 송첸감포가 라싸로 도읍을 옮긴 후 라싸하곡평원과 야루짱부강 양측은 온통 소와 양 떼들이 줄지어 다녔고 농토들이 즐비하게 개간되었다는 기록이 있다. 그리고 지세가 높은 지역에는 물을 비축하여 저수지를 만들고 지세가 낮은 지역에는 하천을 끌어들여 관개를 하였다. 그 결과 가뭄과 장마에 유연하게 대처할 수 있었다. 게다가 농경지와 목축장을 갈라놓아 농업생산은 날로 발전하였다. 송첸감포는 사회재화를 균등하게 나누는 정책을 실시하여 농토를 백성들에게 나누어주고 일부 가축들도 분배하였으며, 왕실은 백성으로부터 세금을 받았다. 이러한 조치들은 봉건소유제가 싹트기 시작했음을 보여준다. 또한 봉건소유제의 형성은 귀족과 백성들 사이의 갈등을 완화시켜 생산력의 발전을 촉진한 중요한 조치로 평가된다.

티베트 언어문자를 규범화한 것은 송첸감포의 여섯 번째 조치였다. 송첸감포는 톤미삼보타를 비롯한 10여 명의 청년 지식인들을 천축으로 파견하여 브라만(婆羅門), 반디다(班智達) 등 유명인사들을 스승으로 삼아 범문과 불학, 언어지식 등을 배우게 하였다. 톤미삼보타는 티베트로 돌아온 후 대중들의 실제적인 언어 사용 습관과 수요에 따라 30개 자모와 4개의 운모, 5개의 전접자, 10개의 후접자, 2개의 재접자 그리고 3개의 유두자와 4개의 첨족자를 제정하였다. 규범화한 티베트어를 널리 보급시키기 위해 그는 또 『삼십송(三十頌)』, 『음세론(音勢論)』 등 8부의 음운학 저서를 저술하였다. 톤미삼보타가 규범화한 새로운 티베트어는 오늘날까지 사용되어오면서 티베트 문화의 발전과 번영 그리고 문명사회 건설에 지극히 중요한 작용을 했다. 톤미삼보타의 공헌은 가히 가늠할 수 없을 정도였다. 송첸감포는 새롭게 규범화한 티베트어를 배우는 데 앞장서고 장려 방식을 채택하여 일반 백성들이 익히도록 권유하였으며 적극적으로 제창하였다. 한편 그는 여러 차례에 걸쳐 수많은 청년들을 천축과 중원으로 파견하여 선진문화를 배우게 함과 동시에 천축과 중원의 대학자들을 티베트(당시 토번)로 초청하여 경전을 번역하고 저술하도록 하였다. 이로부터 티베트족의 역사는 새로운 문명단계로 진입하였고 송첸감포의 공적은 대대손손 전해지면서 칭송받았다.

위에서 나열한 조치들을 실시하는 동시에 송첸감포는 남쪽에 위치한 이웃나라 니파라(泥婆羅, 지금의 네팔)로부터 적존공주를, 그리고 당나라에 사절을 파견하여 문성공주를 아내로 맞아들였다. 이는 송첸감포가 통혼으로 대외관계를 강화하려는 정치적 책략으로 보이며, 문성공주와 통혼을 이루면서 티베트족과 한족의 관계는 사적에 기록되기 시작하였다.

결과적으로 송첸감포가 집정하는 동안 정치, 경제, 군사, 문화, 외교 등 여러 방면에서 일련의 효과적인 조치를 채택하여 대내로 정권을 공고히 하였고, 대외로는 통혼정책으로 안정된 외부환경을 조성하여 토번 사회는 신속히 발전하였다. 당시에 제정한 여러 가지 제도와 규범, 조치들은 역사상 오랫동안 답습되어 전해 내려왔다. 이 모든 것은 티베트 발전을 위한 송첸감포의 커다란 공적을 설명해준다. 그는 원대한 정치적 안목과 뛰어난 재능으로 티베트 역사에 찬란한 흔적을 남겼다.

티베트로 시집온 문성공주 및 그의 공적

당나라와 토번의 우호적인 관계를 유지하기 위하여 당태종은 문성 공주를 송첸감포에게 시집보내기로 결정했다. 그리하여 문성공주는 티베트족과 한족 사이의 친선을 돈독히 하는 우호사절로서 강하왕(江 夏王) 이도종(李道宗)의 호위로 641년에 장안을 떠나 간난신고를 겪 으며 티베트로 향했다. 송첸감포는 루둥짠(祿東贊)을 특사로 당나라 에 파견하여 문성공주를 영접하도록 하였으며 티베트로 오는 도중 숱 한 성채(城寨)를 만들어 기념하였다. 티베트로 향하면서 문성공주는 민족 우의를 다지는 씨앗을 수두룩이 뿌려놓았다. 문성공주는 티베트 족들에게 경작지를 개간하는 법과 곡식을 심는 법, 그리고 맷돌을 설 치하는 법 등을 가르쳤다. 티베트로 향하는 도중에 남겨놓은 문성공 주의 공적은 칭장고원에서 널리 칭송되고 있다.

2년 넘는 여정을 거쳐 문성공주는 643년에 토번의 수도 지쇠워탕 에 도착하였다. 토번의 백성들은 그를 맞이하여 커다란 축제를 벌 였다.

당시 토번의 수도 주변은 도처에 잡초가 깔리고 소택지와 사막이 널린 불모지였다. 워탕의 중심에는 워쉬(臥措)라는 호수가 있었다. 당 시 홍산에 위치한 석굴을 기초로 궁실을 세웠는데 적존공주를 맞이하 여 일부 건물을 새롭게 지었다. 이처럼 몇 안 되는 건물들이 당시 라 싸의 전부였다. 라싸의 진정한 발전은 문성공주가 입주한 후부터 시 작되었다. 사서의 기록에 따르면, 불교를 신앙하는 문성공주는 티베 트로 오면서 석가모니 불상을 가져왔다고 한다. 라싸에 도착한 후 불상을 세워놓을 마땅한 장소가 없어서 장막으로 가려 나무숲에 놓았다는 것이다. 이는 당시 라싸의 황량함을 제대로 설명해주고 있다.

문성공주가 티베트로 시집온 후, 송첸감포와 적존공주의 부탁으로 문성공주는 워춰 부근에서 적존공주를 위한 사원을 건설하기로 했는데 그것이 바로 오늘날의 대소사(大昭寺)이다. 그 후, 문성공주는 워춰의 서북쪽에 전통 한족식 사원을 세웠으며 그것은 오늘날의 소소사(小昭寺)이다. 대소사와 소소사의 건설 과정에서 문성공주의 넓은 학식과 뛰어난 재주가 체현되었다. 사원의 설계에서부터 시공까지 모두 문성공주의 지시에 따라 진행되었는데, 그녀는 특히 당나라에서 수많은 뛰어난 장인들을 데려와 건설에 참여하도록 하였다. 사서에 따르면 적존공주도 니파라에서 우수한 공예가들을 불러와 시공에 참여하게끔 하였다. 때문에 라싸의 건설에는 한족과 티베트족의 우의뿐만 아니라 중국과 네팔 인민의 우의도 응결되었다고 볼 수 있다.

대소사의 건설에는 문성공주의 지혜가 충분히 깃들어 있었다. 천문지리에 능통한 문성공주는 성상학과 금·목·수·화·토를 따지는 오행설을 응용하여 라싸의 지형과 지세에 따라 풍수를 보았다. 라싸의 지형은 마치 모야차(母夜叉, 기가 센 여자)가 반듯이 누워 있는 것처럼 흉상이 드러나 나라의 발전에 불리하므로 반드시 사원을 지어 나쁜 기운을 억눌러야 했다. 워춰는 모야차의 심장 부위이고 호수는 그의 혈액과 마찬가지이므로 심장 부위에 사원을 세워 억누를 것을 문성공주는 주장했다. 또한 오행의 상생과 상극의 원리에 따라 문성공주는 사원을 지을 때 흰산양을 동원하여 흙을 날라 호수를 메우고 그 위에다 짓게 하였다. 송첸감포는 문성공주의 의견을 모조리 받아들이고 그대로 집행하였다. 그리하여 646년에 대소사는 정식으로 공사를 시작하였다. 호수를 메워 사원을 짓는 이 공정은 라싸 역사상 최대 건축 규모를 자랑하고 있다. 2년간의 시공을 거쳐 워춰 땅에는 드디어 웅위한 사원이 우뚝 세워졌으며, 그것이 바로 오늘날까지 참배객을 맞이하고 있는 대소사였다. 여러 사서의 기록에 따르면 대소사를 건축하는 동시에 문성공주가 장안에서 데려온 장인들은 워춰의 서북쪽에 석가모니 불상을 안치하기 위한 당나라풍 사원을 지었는데 그것이 바로 소소사였다고 한다. 산양으로 흙을 옮겨 규모가 웅장한 대소사를 지었으므로, 산양은 '러', 흙은 '싸'라 하는 티베트어의 음을 따서 대소사를 '러싸'라고도 불렀다. 그리고 워춰 땅에 우뚝 솟은 이 거대한 건축물이 도읍 전반의 상징이 되었기 때문에 사람들은 '러싸'로 도읍의 명칭을 대체하였다. 한어에서 티베트어 '러싸'를 '뤄세'로 음역하였으므로 사서에서는 라싸를 '뤄세'라고 적었다.

648년, 웅위한 대소사와 소소사가 모두 준공되었고, 적존공주와 문성공주가 가져온 불상은 제각기 사원에 안치되었다.

문성공주는 불교신도로서 간난신고를 마다하지 않고 당나라에서 티베트까지 불상을 가져왔는데, 이 사실만으로도 불교에 대한 그의 경건함을 제대로 알 수 있다. 송첸감포는 티베트에 불교신앙을 널리 보급시켰다. 왜냐하면 불교 교리가 토번 고유의 본교보다 정치적으로 통치를 강화하는 데 더욱 유리했기 때문이다. 송첸감포는 불교의 군권신수(君權神授) 사상을 이용하여 왕권을 공고히 하고 찬보의 절대적 통치권을 확립하였다. 따라서 송첸감포는 불법 숭신을 대대적으로 제창하려는 문성공주의 주장을 적극적으로 지지하고 나섰다. 불교의 윤회응보, 인과응보, 빈부귀천, 전생 등의 주장은, 군신과 백성의 신분격차는 전생에 쌓은 덕의 많고 적음에 따라 형성된 것으로 인간의 의지에 의해 개변할 수 없음을 대변하였다. 이는 통치자들이 신분등급은 마음대로 넘나들지 못함을 주장하는 이론적인 근거가 되었다.

불교신앙이 정권통치에 유리했으므로 문성공주가 티베트로 온 후 송첸감포는 사원을 건설하는 공사를 적극적으로 벌여 400여 채를 지었다. 그중 대소사와 소소사의 건설은 라싸에서 으뜸으로 꼽히는 불당 건축이었다.

대소사가 준공된 후 송첸감포는 당나라와 천축, 니파라 등에서 공예가들을 데려와 불상을 조각하고 벽화를 그리게 하였다. 동시에 그는 고승들을 라싸에 모셔와 재를 올렸으며 불경 번역을 대대적으로 제창하였다. 승려들의 왕래, 그리고 불경 번역으로 인한 빈번한 대외교류는 토번과 당나라, 니파라, 천축의 관계를 밀접히 하였고 무역의 활성화를 촉진하였다. 이러한 것들은 모두 불교의 성행으로 인한 객관적인 작용이었다.

문성공주는 라싸로 시집옴과 동시에 당나라의 선진적인 생산기술과 문화 등을 형제민족인 티베트족들에게 가르쳐 전반적인 토번 사회의 발전을 촉진하는 데 중요한 역할을 하였다.

티베트는 고원지대인 만큼 물살이 급격한 개천들이 많이 흘러 지나갔다. 문성공주는 이와 같은 자연적인 우세를 이용해 개천에 맷돌을 설치하고 수력으로 쌀보리를 쉽게 갈았다. 이는 손으로 맷돌을 돌리는 것보다 시간과 노동력을 모두 절약할 수 있었다. 따라서 개천에 맷돌을 설치하여 수력으로 쌀보리를 가는 방법은 토번 백성들의 대환영을 받으며 즉시 보급되었다. 송첸감포는 당나라에 사신을 파견하여 기술자들을 데려와 기술을 한층 더 개량하였으며 더욱더 널리 보급시켰다.

또한 문성공주는 시녀들과 함께 선진적인 방직기술 및 자수공예를 티베트 여자들에게 전수하여 그들의 방직기술을 크게 발전시켰다.

『현자희연(賢者喜宴)』의 기록에 따르면, 문성공주는 티베트로 오면서 노새, 말, 낙타 등 가축들을 동원하여 100여 가지나 되는 물품을 혼수로 가져왔다고 한다. 그중에는 수많은 문학 및 역사 자료, 의학, 역법 등의 서적들과 대량의 불경이 포함되었다. 동시에 야채와 곡류의 씨앗, 그리고 건축기술, 주조기술 및 당나라의 음악과 무용 등 예술문화도 함께 가져왔다. 이러한 선진적인 과학기술과 문화의 전파는 토번 사회의 경제와 문화 발전을 촉진하고 한족과 티베트족의 우호관계를 강화하는 데 적극적인 작용을 했다. 때문에 문성공주는 티베트 백성들의 마음속에 깊이 아로새겨졌다. 650년 송첸감포가 세상을 떠난 후 문성공주는 계속하여 토번에서 생활하였다. 그 당시 토번과 당나라의 관계는 한동안 긴장 상태에 놓여 있었지만 문성공주는 여전히 토번 백성들과 우호적으로 지냈다. 그러다가 680년에 문성공주도 별세하였다. 당시 당나라와 토번은 전쟁 중이었지만 토번은 문성공주의 장례식을 크게 치르고 송첸감포와 함께 총게(瓊結)의 장왕묘에 합장했다. 사서에는 "야룽경보, 건조삼릉(雅隆瓊堡, 建造三陵)"이라는 기록이 나오는데, 송첸감포와 문성공주 그리고 적존공주의 합릉(合陵)을 가리킨다. 문성공주는 토번 백성들과 두터운 정을 쌓아왔기 때문에 그의 사적에 대한 기록이 유독 상세히 남아 있다. 티베트어로 된 사서에는 후비들의 장례에 대한 기록이 전혀 없지만 문성공주만 예외로 기록에 남아 있다. 이는 티베트 백성들의 그에 대한 존경을 재조명해 주는 것이라 볼 수 있다. 문성공주의 사적은 민요, 티베트 전통극 등 여러 가지 예술형식에 편입되어 예로부터 오늘날까지 민간에서 광범위하게 전파되었다. 문성공주는 한족과 티베트족의 우의의 상징으로 간주되며 티베트 경제와 문화 발전에 불멸의 공헌을 쌓은 만큼 티베트 백성들은 그에 대한 숭고한 영예를 무한히 바쳤다. 이는 문성공주의 사적이 티베트고원에서 널리 전파되면서 그가 티베트 백성들의 마음속에 진정으로 자리 잡았음을 말해준다.

4장 '박'과 '토번'이라는 칭호

티베트족들은 자신을 '박일(博日)'이라 부른다. '박(博)'은 '티베트 (藏)'라는 뜻이고 '일(日)'은 '족(族)'을 의미한다. 티베트에 거주하는 티베트족들은 물론이고 칭하이, 간쑤, 쓰촨, 윈난 등에서 생활하는 티 베트족들도 모두 이를 따른다. '박'의 발상지는 야루짱부강 중류에 위 치한 위장(衛藏) 지대이다. 고서의 기록에 따르면, 야차(원시인을 지칭 한다)들이 무리 지어 살던 상고시기 제7대 마쌍구씨(瑪桑九氏)가 티베 트족들의 집거구역을 통치하였는데 그 지역을 '버카녜주(博卡聶珠)' 라고 불렀다. 이로부터 알 수 있다시피, '박'이라는 칭호는 일찍이 상 고시기부터 있었다. 한 민족의 자칭 또는 족칭은 아주 강한 역사적 안 정성이 있다. 상고시기, 티베트고원에서 생활하던 선민들은 자신들의 생존지역을 '박역(博域)' 또는 '박길역(博吉域)'이라 하였다. 오늘날에 이르러서도 그 칭호는 여전히 변함없이 사용되고 있다.

'박'자의 의미에 대하여 여러 학자들이 견해를 내놓았고, 민간전 설에도 그에 관한 여러 뜻풀이가 존재한다. 저명한 티베트 학자 경둔 천페이(更敦群培)는 『백사(白史)』라는 저서에서 '박'에 대한 해제를 내놓았다. 최초에 티베트족들은 자신을 '박길역'이라 지칭하였고 인도 사람들은 그들을 '박찰(博紮)'이라 불렀는데, 이런 것들은 모두 옛날 독법이었다. 그들이 '박' 자를 발음할 때 접미사를 강하게 표현하여 점차 '박탑(博塔)'으로 음이 변하였다. 사실 이는 '박' 자를 범어로 변화시킨 것이지 범어로 티베트 지역 명칭을 명명한 것이 아니라고 볼 수 있다. 융중 본교 학자의 해설에 따르면 티베트 지역을 최초에는 '본길역'이라 하였고 나중에 점차 '박역'으로 고쳤다고 한다. 따라서 '본'과 '박'은 같은 의미로 사용되고 있음을 알 수 있다. 낭르송찬 이전의 티베트 지역에는 오직 융중 본교가 성행하였으므로 '본길역'이라 부른 것은 쉽게 이해가 된다. 그리고 예로부터 명사 '탑'과 '납(納)' 뒤에 붙는 접미사 '찬포(贊布)', '저포(則布)', '취포(曲布)', '췬포(群布)' 등은 서로 통용하는 관계를 가졌다. 따라서 '본'과 '박'도 서로 통용되는 것으로 볼 수 있다.

지명 '박'의 함의에 대해 민간에는 대대로 전해 내려오는 몇 가지 설이 있었다. 그중에는 유목생활에서 나온 것이라는 설이 있다. 옛날 티베트에서 아직 농업생산이 이루어지기 전 사람들은 주로 수렵생활을 하다가 동물을 가축으로 순화하여 유목생활을 하게 되었다고 한다. 물과 초지를 찾아다니며 방목을 하다 보니 흩어진 채 떠돌이 생활을 하기 마련이었다. 따라서 자연재해나 절도 및 야수들의 공격을 당했을 때 서로의 교류를 강화하기 위해 사람들은 큰 소리로 고함을 지르며 도움을 요청하였는데, 그것을 '박파(博巴)'라고 하였다. 시간이 흐름에 따라 사람들의 목축지역을 '박'이라 부르게 되었다.

또 다른 설에 의하면, 상고시기 사회생산력이 날로 발전하면서 사람들은 구체적인 자연조건을 기반으로 대체로 3가지 맞춤형 산업을 발전시켰다고 한다. 지세가 상대적으로 높은 지역에서는 가축만을 길러 '탁(卓)'이라 불렀고, 지세가 낮은 곳에서는 주로 임업을 발전시켰는데 '영(榮)'이라 하였으며, 양 지역 사이는 기후가 적절하고 농업생산에 유리한 하곡지대로서 '박'이라 하였다. 역사상 찬보 가문은 농업생산의 중심지역인 야룽에서 나타났으므로 그곳을 '박역'이라 불렀다. 부제찬보(布傑贊普)의 후예는 지명을 왕의 이름으로 고쳐 그를 '박'의 찬보라고 부르기도 했다. '박' 자는 농업이란 뜻으로 옛날의 공문이나 민간 서신에서 자주 찾아볼 수 있다. '박탁(博卓)'이라는 용어는 위장 방언으로서 20세기 50년대 초반까지 사용되었다.

'박'은 티베트족을 지칭하는 이름으로서 그 유래와 그 속에 숨어 있는 의미를 고찰하는 것은 필수적인 일이다. '박'과 '박파'를 티베트족들이 스스로 지었다는 사실은 의심할 바가 없다. 지명 '박'의 유래에 대해서 그것이 마음대로 명명된 것인지, 아니면 어떠한 의미를 품고 지어진 것인지 자료 수집에 근거하여 더 고증해볼 필요가 있다.

'토번(吐蕃)'은 당나라 때 중원 사람들이 티베트고원의 야룽박역(雅隆博域) 정권 및 그 관할지역을 지칭하던 이름이다. 당나라 때 '번(蕃)' 자는 '파(播)'와 '번(翻)'으로 2가지 발음이 있었다. '토번'의 '번' 자는 티베트어에서 나온 것으로 '박' 자와 비슷한 음이라는 견해는 이미 학계에서도 인증을 받았다. 그렇다면 '토번'의 '토(吐)' 자의 유래는 어떠할까? 학계에서는 여러 가지 가설이 제출되었는데 그중 하나를 언급하자면, '토' 자는 티베트어를 어원으로 하고 있으며, '토번'은 토욕혼 사람들이 미개한 땅을 지칭하는 것으로 알려졌는데 당나라에 전해지면서 티베트를 가리키게 되었다고 한다. 이는 주로 토욕혼이 당나라와 토번 사이에 놓여 있다는 지리적 상황에 근거하여 제기한 가설이다. 또한 수나라 말기, 당나라 초기 때 토욕혼이 강성하고 토번은 국세가 날로 약화되는 처지에 있었으므로 토번은 '토욕혼에 속한 미개한 지역'의 약칭이라는 가설도 제기되었다. 한편 토번의 '토' 자는 크다와 같은 발음으로 '두(杜)'라 읽었고 '번' 자는 '박'이라 발음하여 티베트족들이 자신을 지칭할 때와 같은 독음이었다. 당나라는 토번을 상대로 '대당(大唐)'이라 자칭하였고, 당시 토번도 국세가 강한 만큼 당나라를 상대로 '대번(大蕃)'이라 자칭하였다. 일례로 821년에 채택한 당나라와 토번 사이의 장경회맹(長慶會盟)에는 "서쪽은 대번이고 동쪽은 거당인지라"라는 서술이 나온다. 그러나 토번과의 문서 교류에서 당나라는 크다는 '대' 자를 토번에 사용하기를 꺼렸다. 따라서 '대' 자와 음이 같은 '토' 자를 붙여 '토번(혹은 두박)'이라 지칭하였다. 물론 그 명칭 뒤에는 숨겨져 있는 파생적 의미가 있었다. '토' 자를 '번' 앞에 놓음으로 '번'이 중원으로부터 나온 것임을 의미할지도 모른다. 당나라가 '번' 자를 선택하여 사용하는 태도로 미루어 '토'의 선택에도 특별한 의미가 없지 않을 것이다.

아무튼 티베트 명칭의 유래에 관해 상술한 핵심적 칭호를 자세히 고증하는 것은 한 민족의 역사를 제대로 이해하는 데 큰 도움이 된다.

5장 한족과 티베트족의 역사적 연원

　청장고원에서 생활해온 티베트족들은 상고시기 때부터 중원 지방
의 민족과 교류하고 왕래하였다. 1978년부터 발굴하기 시작한 창두
의 카뉘 유적지에서는 대량의 문물과 원시촌락의 유적이 발굴되었다.
거기에서 출토한 돌도끼, 돌자귀, 돌대패, 돌호미, 돌칼 등 생산도구들
은 신석기시대 황하(黃河) 유역의 문화와 매우 가까웠다. 민족학자와
고고학자들의 분석에 의하면, 카뉘 유적지에서 출토한 문물들은 일찍
이 4000여 년 전에 티베트 토착민들과 황하 유역의 한족 사이에 교류
가 있었으며 이러한 교류는 결코 중단된 적이 없었음을 말해준다.

　641년, 당태종은 종친의 딸 문성공주를 토번왕조 찬보 송첸감포에
게 시집보냈다. 당나라의 이러한 화친정책은 민족단결을 촉진하고 민
족교류를 확대하며 민족우의를 증진하는 수단으로서 당과 토번의 관
계를 개선하는 데 아주 긍정적인 작용을 일으켰다. 화친을 거쳐 송첸
감포 및 그 이후의 찬보들은 모두 당나라 황제와 구생(舅甥)관계를 유
지하였다.

　649년, 당태종이 붕어하고 당고종이 즉위하자 송첸감포를 부마도
위로 임명하고 서해군왕이라 책봉하였다. 송첸감포는 당나라에 사절

을 파견하여 조문하였고, 상서하여 당나라에 충성할 것을 표명하였다. 이에 당고종은 추가로 그를 빈왕(賓王)이라 책봉하였으며 석상을 세워주었다. 710년, 당중종은 금성공주를 토번의 찬보 츠더주찬에게 시집보냈다.

문학과 예술을 즐겼던 금성공주는 토번으로 시집오면서 각종 공예 전적과 장인들을 함께 데리고 왔다. 토번의 찬보는 크게 잔치를 벌이며 금성공주를 환영하였고 라싸에 궁실을 지어주었다. 금성공주의 토번 입주는 한족과 티베트족의 우호관계를 발전시키는 데 커다란 도움이 되었고 이로부터 당과 토번의 우호왕래도 한층 강화되어 중원 문화는 더욱더 광범위하게 토번으로 수출되었다. 츠더주찬은 당현종에게 올리는 상주문에서 "생질은 선황제와 친 구생관계를 맺었고 또 금성공주를 얻어 한 집안이 되니 천하백성들이 모두 기뻐하니라"(『신당서』「토번전」)라고 하였다. 이는 한 집안처럼 가까운 당과 토번의 정치적 관계를 생생하게 보여주었다.

821년, 당목종이 즉위하자 토번은 사신을 파견하여 당나라와 회맹할 것을 제안하였다. 822년 당나라는 유문정(劉文鼎) 등을 라싸에 보내 토번과 회맹을 하고 이듬해에 라싸에 '당번회맹비'(구생회맹비라고도 한다)를 세웠다. 오늘날 이 회맹비는 라싸의 대소사에 보존되어 있다. 비문의 곳곳에서 한족과 티베트족 사이의 우정과 친밀한 관계를 나타내는 표현들을 찾아볼 수 있다.

당과 토번은 평균 매년 1회씩 사신을 파견하였으며 빈번한 교류를 유지하였다. 1000여 년 전 교통이 발달하지 못한 그 당시에 빈번한 교류를 유지한다는 것은 쉽지 않은 일이었다. 당과 토번의 우호 역사는 한족과 티베트족들의 마음속에 깊이 새겨졌다.

13세기 중엽에 이르러 원나라가 중국을 통일하고 티베트 내부의 전란을 평정하자, 티베트의 여러 지방 세력은 원나라 중앙정권의 직접 통치를 받았다. 원나라는 티베트족들의 거주지역에 대한 통일적인 관할을 실시하였는데, 이는 당나라 때부터 중원과 의존관계를 갖고 발전하여온 필연적인 결과로 볼 수 있다.

명조와 청조 시기 황제가 직접 티베트 지방 영도자를 책봉한 사례가 여러 차례 있었고, 티베트 지방정부는 조공을 바치거나 책봉을 받으러 자주 사신을 도성에 파견하였다. 5세 달라이는 친히 상경하여 청나라 순치황제의 접견을 받았으며, 이로부터 달라이 라마의 지위는 청나라 중앙정부의 정식 승인을 받게 되었다. 또한 청나라는 18세기 초부터 티베트에 주재 대신을 파견하였다.

아편전쟁 이후, 청나라 조정은 날로 부패하였고 국세가 기울었다. 이런 상황에서 제국주의 세력과 결탁한 티베트의 일부 반란자들은 1000여 년간 유지해온 중원과의 우호적인 역사를 무시하고 분열을 강행하였다. 그러나 그들의 음모는 티베트 인민의 강렬한 반대를 받았다. 쨩즈(江孜) 지방에서 벌어진 영국 식민주의자에 대한 투쟁활동이 그 전형적인 사례이다.

중화인민공화국이 성립된 후, 1951년 5월에 중앙 인민정부와 티베트 지방정부 대표는 북경에서 「티베트를 평화적 방식으로 해방하는 것에 관한 협의(關於和平解放西藏辦法的協議)」, 즉 '17조 협의'를 체결하였다. 이로써 티베트 인민은 제국주의의 침략과 속박에서 철저히 해방되었고 중화민족 대가정에 합류하여 새로운 생활을 시작하게 되었다. 1956년 당중앙과 국무원은 티베트자치구 성립 준비위원회의 설립을 비준하였고, 1965년 티베트자치구가 정식으로 성립되면서 민족구역자치제도를 실시하였다.

토번과 중원의 교류는 비교적 일찍부터 시작되었는데, 『통전(通典)』에는 수나라 개황(開皇, 581~600년) 시기에 토번의 낭르송찬이 총게의 청와성(靑哇城), 즉 필파성(匹播城)에서 50년 동안 살았다는 기록이 나온다. 보다시피, 수조 때 중원 왕조는 이미 토번 야룽부락의 존재를 알고 있었다. 송첸감포가 돌궐과의 전쟁을 치를 때도 중원과의 교섭이 있었으며 토번을 통일한 후에는 중원으로부터 역법과 의약 등의 지식을 습득하였다.

토번은 칭장고원의 여러 부락을 통일함과 동시에 그들과 함께 티베트족을 주도 민족으로 하는 정권을 이루고 공동으로 칭장고원을 개발하였다.

7세기 초, 송첸감포는 부친 낭르송찬이 야루짱부강 남북의 여러 부락을 통일한 기초 위에서 토번왕조를 건립하였다. 새롭게 건립된 토번왕조는 급속히 발전하였고 정치적 식견이 높은 송첸감포는 그에 상응한 개명(開明)정책을 실시하였다. 그중 그의 최대 공적으로 꼽히는 것은 바로 당나라와 우호적인 정치관계를 맺고 오랫동안 친선을 유지할 수 있도록 튼튼한 기반을 마련해놓은 것이다.

당과 토번의 우호적인 정치관계는 통혼으로부터 시작되었다. 토번왕조를 건립한 후, 송첸감포는 동쪽으로 세력을 확장하여 영토를 넓히고 경제 면에서도 한자리를 차지하리라 다짐했다. 동부 확장의 첫걸음으로 송주(松州)를 공격하기 전에 송첸감포는 이미 당태종이 모두가 섬기는 천가한(天可汗)이라는 것을 알았다. 그리하여 634년(정관 8년)에 당나라에 사신을 파견하여 우호적 관계를 맺을 뜻을 표시하였다. 이는 당과 토번의 정치적 관계가 시작되었음과 아울러 토번의 찬보가 당나라에 우의를 표현했음을 말해준다. 토번이 주동적으로 내디딘 발걸음은 아주 중요한 의의를 가진다.

송첸감포는 문성공주와 통혼하고 함께 토번을 다스렸다. 토번은 경제, 종교, 문화 등 여러 방면에서 당나라와 밀접한 교류를 가졌으며, 이러한 교류는 아주 신속하고도 광범위하게 이어졌다. 특히 정치적으로 당과 토번은 거의 10년간 아무런 마찰도 없이 평화로움을 유지했다. 따라서 토번은 신속히 발전하였고 당나라와 더욱더 밀접하게 한 집안과 같은 관계를 맺도록 견실한 기초를 마련해놓았다. 역사의 발전에는 다소 굴곡이 있었지만, 친밀한 우호관계는 시종 당과 토번의 발전을 좌지우지하는 중요한 요소가 되었다.

당나라의 정책에 대하여 송첸감포는 면밀히 주목하면서 지지하는 태도를 보였다. 당태종이 요동(遼東)을 공격할 때 송첸감포는 루둥짠을 파견하여 글월을 올리고 지지의 뜻을 전달하였다. 그리고 648년(정관 22년) 당사(唐使) 왕현책이 서역으로 출사하는 도중 중천축(中天竺)에서 노략질을 당하였는데, 소식을 접한 송첸감포는 즉시 파병하여 중천축을 물리쳤으며 승리의 소식을 장안에까지 알렸다.

당고종이 즉위하자 송첸감포는 즉각 표를 올리고 "천자가 즉위함에 어느 신하가 충심을 보이지 않는다면 병사를 파견하여 토벌할 것이다"라고 하면서 온갖 충성을 표시하였다. 또한 송첸감포는 당나라에 사신을 파견하여 태종의 영좌(靈座)에 15가지 보물을 올려바쳤다.

이처럼 당나라 황제의 붕어와 새로운 황제의 등극에 대한 예의 표시, 즉 '조례(吊禮)'와 '상서(上書)' 조하(朝賀)제도는 후세에까지 줄곧 이어졌다. 토번의 찬보가 별세하거나 새로운 찬보가 등극할 때 당나라도 마찬가지로 예의를 표시하였다. 650년(영휘 원년) 송첸감포가 별세하자 당나라 고종은 우무위장군(右武衛將軍) 선우광제(鮮於匡濟)에게 조서를 지니고 조문하게 하였다.

당나라에는 영전에 조각상을 세워두는 제도가 있었는데, 태종의 소릉 앞에 세워진 조각상들 중에는 송첸감포의 상이 포함되었다. 이는 역사의 증거로 오늘날까지 의연히 남아 있다.

토번에 대한 당나라의 분봉제도는 송첸감포 때부터 시작되었다. 당고종이 즉위할 때 송첸감포를 '부마도위 서해군왕'으로 봉하였고, 그후에 또 '종왕'이라 책봉하였다.

토번과 당나라의 정치관계를 역사적으로 놓고 본다면 시작부터 결말까지 모두 우호적임을 알 수 있다. 송첸감포와 문성공주의 통혼에서부터 츠주더찬 때 당나라와의 장경회맹까지 모두 우호적인 관계를 상징한다. 물론 그 사이에 가끔씩 대립과 충돌이 발생하였지만 그래도 전반적으로 우호적인 관계를 유지하는 태세였다. 당나라와 토번은 도합 290차례의 사신 왕래가 있었고, 그중 당나라는 토번으로 100여 차례 사신을 파견한 적이 있다. 사신 왕래의 주요 목적은 화친, 고애(告哀), 조문, 우호, 의맹(議盟), 회맹, 봉증(封贈), 조공, 청구, 답례, 강화, 위문, 담판 및 책망 등 여러 가지가 있었다. 따라서 우의를 다지는 것이 쌍방교류의 주류를 이루었고 설사 일시적인 무력충돌이 있더라도 사신 왕래는 끊이지 않았다. 이러한 특수 현상이 나타난 것은 쌍방이 근본적으로 서로를 적으로 여기지 않았고 우의를 저버리지 않는 것을 원칙으로 삼았기 때문이다.

1240년 보르지긴 쿼단(孛兒只斤·闊端)은 뒤다나파(多達那波)에게 군사를 거느리고 티베트를 공격하게 하였다. 그러나 그 목적은 약탈에 있지 않았다. 그저 티베트를 굴복시켜 원나라에 귀속시키려는 것이었다. 뒤다나파가 량저우(涼州)로 돌아와 쿼단에게 올린 보고에서 그 의도가 명확히 드러난다. 뒤다나파는 보고에서 "변방인 티베트 지방에서 승가단체 중 가당파(噶當派)가 제일 크고, 다룽법왕(達隆法王)의 지혜가 가장 높으며, 지궁징어(止貢京俄)대사의 덕망이 제일 높고, 샤카반디다(薩迦班智達)가 불법에 가장 능통하다"고 설명하였다. 뒤다나파는 당시 티베트의 실제 상황을 그대로 보고하였는데, 가당파가 실력이 제일 컸고 가쥐파(噶擧派)의 다룽과 지궁 등 지파들도 확실히 어느 정도 실력을 갖추었다. 허우짱을 통치하는 사캬파(薩迦派)의 세력도 비교적 컸다. 사캬파 수령 사반 궁가젠찬은 범문에 능통했고 대소오명(大小五明)을 통달하여 '샤카반디다'라는 존칭이 붙었으며 티베트에서 아주 높은 성망을 갖고 있었다. 뒤다나파는 쿼단에게 이들 중에서 티베트 귀순 문제를 담판할 대표를 선정할 것을 건의하였다.

1244년 쿼단은 샤카반디다를 초청하라는 영을 내리고 뒤다나파와 제먼(傑門)을 허우짱 사캬로 파견하여 샤카반디다에게 량저우에서 회담할 것을 전달하도록 하였다. 당시 원나라 황제 우구데이칸(窩闊臺汗)이 병사하였고, 그의 맏아들 귀위크칸은 바투(拔都)를 따라 원정 중이었다. 그리하여 나이마전(乃馬真)황후가 섭정하였고, 쿼단은 국내에 남아 있는 황제의 아들로서 영을 내려 샤카반디다를 량저우로 초청할 수 있었다. 따라서 티베트에서는 쿼단을 원나라를 대표하는 수령으로 인식하였다.

쿼단은 티베트로 보내는 편지에서 "내가 원나라의 대권을 장악하였고 서방의 중생들을 이끌 것"이라고 하면서 만약 응하지 않는다면 무력으로 진압할 것을 암시하였다. 당시 63세 고령이던 샤카반디다는 쿼단의 요청을 받아들여 사캬파의 계승자와 그의 두 조카—열 살인 파스파(八思巴)와 여섯 살인 챠나둬지(恰那多吉)를 데리고 사캬에서 출발하여 량저우로 향했다.

샤카반디다는 허우짱을 떠나 첸짱에 이르는 도중에 각 지방세력들과 원나라에 귀순하는 문제를 두고 논의하였으며, 그들의 이익을 대표할 것을 승낙하고 그들의 지지를 얻었다. 『현자희연』에 의하면, 지굼징어대사는 샤카반디다에게 토번 전체의 이익을 대표하여 량저우로 갈 것을 부탁했다고 한다. 동시에 그는 샤카반디다와 파스파, 챠나둬지, 세 사람을 지굼사(止貢寺)로 청하여 예물을 증정하였고 그들이 순조롭게 량저우로 향하도록 도움을 주었다고 한다. 이때 티베트의 여러 주요 교파들은 원나라와 관계를 맺고 원나라에 귀속하는 것이 불가피하다는 것을 충분히 느꼈다. 2년이 지난 1246년 8월에 샤카반디다는 파스파, 챠나둬지와 함께 량저우에 도착하였다.

샤카반디다 일행이 량저우에 도착하였을 때, 마침 쿼단이 화림(和林)에서 거행된 귀위크칸의 즉위식에 참석하러 가 있었으므로 그들은 량저우에서 기다리기로 했다. 1247년 초, 화림에서 량저우로 돌아온 쿼단은 샤카반디다와 중요한 역사적 의의가 있는 회담을 가졌다.

쿼단과 샤카반디다는 회담에서 티베트를 원나라에 귀속시키는 문제를 둘러싸고 구체적인 조건을 협의하여 결정하였다. 회담에서 합의를 본 결과에 따라 샤카반디다는 친우와 제자 그리고 티베트 각 지방의 수령에게 편지를 보내 원나라에 귀순한다는 사실을 알리고 그 요구에 따라 납공하기를 바랐다. 그 당시 보냈던 가장 유명한 편지라면 「샤카반디다 궁가젠찬께서 우스짱(烏思藏) 각지에 보내는 편지」였다.

이 편지는 샤카반디다가 량저우에서 쿼단과 합의한 결과를 담은 내용으로서 첸짱과 허우짱, 그리고 아리 각 수령들에게 보내는 공개장이었다. 그 내용에 따르면, 티베트 지방은 원나라에 귀속되고 티베트의 관리, 승려와 백성들은 모두 원나라의 관리, 승려, 백성과 동등한 지위를 가지며 원나라 사람들이 이행해야 할 의무를 준수해야 했다. 또한 원나라는 귀순한 티베트 각 지방 수령들의 지위를 보존하고 사캬파에게 티베트 전 지역을 통솔하는 권리를 부여하였다.

1368년 명나라가 원나라의 중앙정권을 대체하고 통치적 지위를 차지하였다. 명나라는 중앙에서 티베트 지방의 정치와 종교 수령을 분봉하는 방침을 채택하였다. 1639년 청태종 황태극은 몽골 왕공의 의견을 받아들이고 티베트에 사람을 파견하여 디시장바칸(第悉藏巴汗)과 불법을 관장하는 대라마에게 내지로 고승을 보내서 선교할 것을 요구하였다. 당시 고시한(固始汗)이 칭하이, 시캉(西康) 등 여러 곳을 차지하고 티베트의 군사대권을 장악하여 어마어마한 실력을 갖추었으므로 청나라는 그를 몹시 중히 여겼다. 준가얼부(準噶爾部) 세력의 확장을 억제하기 위하여 청나라 정부는 현지 세력을 육성하여 다스리는 책략을 채택하였다. 고시한도 티베트 지역 전반에 대한 통치를 강구하는 데 청나라의 적극적인 도움이 필요하였다. 따라서 그는 달라이, 반첸이 청나라와 관계를 맺는 데 적극 나섰고, 이로써 청나라 정부로부터 정치적 지지를 얻었다.

달라이와 반첸은 통일된 다민족국가 역사발전의 규칙에 적극 순응하여 청나라가 티베트에 사신을 파견함과 거의 동시에 이라구크산후투커투(伊拉古克散呼圖克圖)를 어루터(厄魯特) 대표와 함께 성경(盛京, 오늘날의 선양)으로 파견하였다. 1642년 10월, 이라구크산후투커투 일행은 성경에 도착하여 청태종의 접견을 받았다. 청태종은 숭정전(崇政殿)에서 큰 연회를 열어 환영하였고, 팔기(八旗)제왕과 패러(貝勒)들이 각기 5일에 한 번씩 연회를 마련하여 이라구크산후투커투 일행을 대접하게 하였다. 이라구크산후투커투 일행은 성경에서 8개월간 머물다가 1643년 6월에 티베트로 돌아가는 길에 올랐다. 청태종은 친히 왕공귀족들을 인솔하여 그들을 바래다주면서 달라이, 반첸, 사캬법왕, 다룽법왕, 부탄법왕, 가마법왕, 고시한에게 보내는 편지를 전달하고 귀중한 예물을 증정하였다. 이로부터 청나라와 티베트 지방정부는 밀접한 관계를 맺었다.

1644년 청나라 황실이 관내(關內)에 입주하고 북경을 도읍으로 정하였다. 순치황제는 티베트로 특사를 파견하여 5세 달라이를 북경으로 초청하고 이 소식을 고시한에게 전달하였다. 1652년 5세 달라이라마 아왕뤄상가춰(阿旺羅桑嘉措)는 순치황제의 초청으로 몽골족과 티베트족 관리 및 부하 총 3000명을 거느리고 북경으로 향하였다. 순치황제는 5세 달라이가 오는 길 곳곳마다 신하를 파견하여 접대하게 하였으며, 친왕 쉬싸이(碩塞)에게 다이가(代噶)라는 곳에서 달라이 라마를 영접하도록 하였다. 달라이 라마 일행이 근세(根協)에 도착하자 순치황제는 그에게 금으로 만든 가마를 선사하여 그것을 타고 북경으로 들어오게 하였다. 그해 12월 16일 달라이 라마는 북경에 도착했다. 청나라 정부는 안정문(安定門) 밖에 사원을 짓고 달라이 라마의 침궁으로 사용하였다. 또한 순치황제는 호부에 지시를 내려 백은 9만 냥으로 태화전(太和殿)에서 연회를 베풀고 달라이 라마를 성대히 초대하였으며, 여러 왕공귀족들도 제각기 달라이 라마를 초대하도록 명령하였다.

5세 달라이 라마는 북경에서 2개월 동안 머물다가 1653년 2월에 티베트로 돌아가려는 의사를 순치황제에게 표명하였다. 출발을 앞두고 순치황제는 남원 덕수사(南苑德壽寺)에서 크게 연회를 베풀고 달라이 라마에게 황금 550냥, 백은 1만 1000냥, 비단 1000필 및 기타 보석과 옥그릇, 마필 등을 하사하였다. 그리고 친왕 쉬싸이에게 팔기병(八旗兵)을 거느리고 달라이 라마 일행을 다이가까지 호송하게 하였다. 몽골 외번의 왕공귀족들은 다이가에서 달라이 라마를 영접하였고, 예부상서 쮜뤄랑추(覺羅朗丘)와 이번원(理藩院) 시랑 시다리(席達禮)는 다이가로 쫓아와 순치황제가 5세 달라이 라마를 책봉하는 내용을 담은 만주어, 한어, 몽골어, 티베트어 4가지 문자로 된 금책과 금인을 전달하였다. 금책은 네 손가락 너비에 길이가 5치였고 도합 13쪽으로 되었으며, 금인의 내용은 '서천대선자재불소령천하석교보통와적나단나달라이라마지인(西天大善自在佛所領天下釋教普通瓦赤喇怛喇達賴喇嘛之印)'이었다.

5세 달라이 라마를 책봉하는 동시에 순치황제는 티베트의 실제 통치자 고시한에게도 만주어, 한어, 몽골어 3가지 문자로 된 금책과 금인을 선사하면서 책봉하였다. 그 금인에는 '준행문의민혜고시한지인(遵行文義敏慧顧實汗之印)'이라 적혀 있었다. 순치황제의 특사 낭누크(囊奴克)와 수세대(修世伐) 등이 5세 달라이 라마와 함께 라싸에 도착하여 고시한에 대한 책봉의식을 치렀다.

청나라 조정이 5세 달라이 라마를 책봉한 것은 천하의 불교를 이끄는 종교수령의 지위를 인식했기 때문이고, 고시한에 대한 책봉은 그가 티베트 행정구역의 실제 통치자였기 때문이다. 때문에 고시한을 책봉하는 문서에서는 그를 한왕이라 강조하면서 황제를 보좌하는 조력자로서 영유 지역을 잘 다스릴 것을 표명하였다. 5세 달라이 라마와 고시한을 책봉함으로써 청나라는 티베트에 대한 지배적 지위를 차지하였으며, 몽골족과 티베트족들의 지역에 '거루파(格魯派)를 흥성시켜 민중을 이끄는' 정책을 실시할 기반을 마련해놓았다. 그 후, 티베트에 대한 청나라 중앙정부의 통치권은 원나라와 명나라 시기 때처럼 종교와 정치 영역에 깊이 스며들었고 전대를 기초로 점차 완벽하게 발전하였다.

청나라 조정의 책봉을 받은 달라이 라마는 지위와 성망이 모두 크게 제고되었고 티베트 전역에서 그 영향력을 과시하였다. 달라이 라마는 정치적으로 청나라 중앙정부의 지지를 얻는 동시에 물질적으로도 아주 후한 대우를 받았다. 청나라는 매년 티베트로 백은 5000냥을 하사하여 승려들의 수행을 지원하였다. 그리하여 많은 사람들이 티베트로 찾아들어 수행에 참여하였다.

1654년 고시한이 72세를 일기로 병사하였다. 청세조는 각별히 관원을 라싸로 파견하여 추도의 뜻을 표하였다. 추도식에서 청나라 관원은 "숭고한 어루터 고시한, 당신은 변강을 다스린 공로가 있고 평생 조정을 위해 충심을 다하였으니 별세 소식을 듣고 특별히 사신을 파견하여 조문하는 바이다"라며 청세조의 뜻을 전달하였다. 고시한은 티베트에서 12년간 집정하였다. 그사이 그는 거루파의 협조하에 할거상태에 처해 있던 티베트를 통일시켰다. 동시에 그의 노력으로 달라이와 반첸은 청나라 정부와 우호적인 왕래를 하게 되었다. 그는 티베트 지방정부와 청나라 중앙정부 사이의 밀접한 관계를 강화하였으며, 국가통일의 위업을 완성하는 데 불멸의 공적을 남겨놓았다.

1912년 1월 1일, 손중산은 혁명당원들과 중화민국 임시정부를 세우고 수도를 남경으로 정하였다. 임시 대통령 취임식에서 손중산은 민족과 영토의 통일을 언급하면서 "국가의 근본은 인민에게 있고 한족, 만주족, 몽골족, 회족, 티베트족 등 여러 민족이 살고 있는 지역을 합쳐서 나라를 이루었으니 한족, 만주족, 몽골족, 회족, 티베트족 등 여러 민족은 한 집안과 같으며 이것이 곧 민족의 통일이다"라고 강조하였다. 손중산이 밝힌 민족통일은 중화민국은 티베트족을 포함한 통일된 다민족국가이고 티베트족은 다민족국가의 일원임을 말해준다. 그해 3월, 손중산은 「중화민국임시약법」을 제정하고 반포하였다. 헌법 성격을 갖고 있는 「중화민국임시약법」은 "중화민국 영토는 22개의 행정성으로 구성되고 그중에는 내몽고와 외몽고, 그리고 티베트와 칭하이가 포함된다"라고 명확히 밝혔다. 동시에 중화민국 참의원의 자리를 티베트도 기타 행정성과 마찬가지로 5개 차지하며 의원대표는 티베트 지방정부에서 자체적으로 선출한다고 규정하였다. 이로써 중화민국 헌법은 티베트가 중화민국의 영토라는 것을 명확히 기재하였다. 그리고 중앙정부의 교체, 즉 중화민국이 청나라를 대체한 후에 티베트는 새로운 중앙정부의 헌법으로부터 승인받고 새로운 중앙정부가 티베트의 주권을 행사함을 표명하였다.

1949년 중화인민공화국이 건립되면서 인민해방군 주덕 총사령관은 "국민당의 일체 잔여세력을 숙청하고 아직 해방하지 못한 영토를 해방하라"는 명령을 내렸다. 인민해방군은 중국 서남지방으로 진출하여 신속히 윈난, 구이저우, 쓰촨, 시캉 등 성을 해방시켰다. 그러자 티베트를 해방하는 임무가 중앙정부의 의사일정에 올랐다.

당시 티베트에서 집정을 시작한 지 얼마 되지 않은 14세 달라이 라마는 북경으로 대표를 파견하고 「티베트 평화해방에 관한 중앙인민정부와 티베트 지방정부의 협의서」를 채택하였다. 이로써 중국대륙은 통일을 실현하였다.

6장 불교를 숭상하는 설역(雪域)고원

예로부터 사람들은 티베트를 '소서천(小西天, 작은 극락세계)'이라 불렀다. 그것은 인도를 '서천(西天)'이라 부르는 것에 빗댄 것이다. 중국의 신화나 전설에서 '서천'은 부처와 보살들이 사는 곳을 가리킨다. '서천'으로 불교가 성행하는 인도를 비유하는 것은 아주 적절하다. 그렇다면 마찬가지로 불교가 널리 전파된 티베트에 '소서천'이라는 월계관을 씌운 것도 타당하기 그지없다.

라싸는 불교의 '성지'라 불린다. 오늘날에도 수많은 사람들이 대소사에 찾아들고 있다. 포탈라궁은 참배객들로 북적이고, 드레풍사(哲蚌寺), 세라사(色拉寺), 간덴사(甘丹寺) 등 사원은 남녀노소 불문하고 온통 경건한 신도들이 먼 길을 마다 않으며 쓰촨, 칭하이, 간쑤 등 여러 지방에서 찾아들고 있다. 거침없이 사원으로 몰려드는 사람들은 모두 부처에게 향을 올리고 보우를 간절히 기도한다.

설역고원은 곳곳에서 불교의 영향을 그대로 드러내고 있다. 티베트에 분포되어 있는 사원 수는 놀라울 정도로 많다고 한다. 200여 년 전인 1737년, 티베트 지방정부가 청나라 이번원에 보고한 불교 거루파의 사원만 해도 3477개였고 승려는 무려 30만여 명이었다. 그중 몇십 개의 사원은 오늘날까지 보존되어 사람들이 흔히 찾아드는 유명한 곳이 되었다. 티베트고원을 거닐다 보면 깊은 산속, 험악한 협곡, 무한한 초원 그리고 무성한 밀림, 그 어디에서나 고찰에서 울려 나오는 은은한 종소리를 들을 수 있다. 티베트가 해방되기 전에는 수행에만 전념하는 승려 외에도 거의 집집마다 출가하여 불법에 귀의한 사람이 있었다. 이는 불교가 티베트 백성들의 생활 속 깊이 스며들었음을 말해준다. 그들은 거의 모두가 불교 교리를 어느 정도 터득하고 있다.

오늘날 설역의 성지 곳곳에서 불교신앙에 대한 사람들의 충성심을 찾아볼 수 있다. 경건한 신도들은 아주 먼 곳에서부터 절을 올리며 라싸로 향한다. 라싸를 찾는 그들의 목적은 오직 불교의 시조 석가모니를 조배하고 석가모니 불상 앞에 놓여 있는 수유등에 한 뎨기의 수유를 보태어 부처님의 보우를 빌기 위함이다. 사람들은 애써 모아둔 재물을 성실하게 사원에 바치거나 승려들에게 베푼다. 불상 앞은 참배객들이 내놓은 재물로 가득 채워져 있고 이는 신앙에 대한 그들의 경건함을 표시한다.

라싸의 거리와 골목 어디에서나 불경 목각인본, 각종 석가모니 조각상과 보살 조각상 그리고 여러 보살을 주제로 그려진 탕카(唐卡, 티베트족의 두루마리 그림) 등을 손쉽게 찾아볼 수 있다. 뿐만 아니라 역사가 유구한 티베트 전통가극은 흔히 석가모니의 사적을 주요 내용으로 다룬다. 건축을 놓고 볼 때 하늘 높이 우뚝 솟아 찬란한 빛발을 뿌리는 포탈라궁은 사람들로 하여금 절묘한 경지에 빠져들게 한다. 그리고 드레풍사, 세라사, 타쉬룬포사, 사캬사, 쌈예사 등 불교 건축물들은 또 다른 풍격으로 사람들을 끌어들인다. 산세에 따라 세워진 이런 사원들은 서로 겹치면서 즐비하게 늘어서 있다. 사원의 본전은 높이 치솟아 웅장하기 그지없고 곳곳에서 향불 연기가 피어오르며 회랑에서는 경문을 읊조리는 소리가 은은히 울려 퍼지는데 신선들이 모여 사는 선경을 방불케 한다. 사람들이 손에 들고 있는 염주, 건물들 옥상에서 퍼덕이는 경번(經幡), 산간과 들판 곳곳에 널려 있는 마니퇴(瑪尼堆), 그리고 백성들이 자주 흥얼거리는 민요와 민간에서 흔히 전해지는 이야기들…… 티베트에서 보고 듣고 느낄 수 있는 모든 것이 불교와 관계된다고 해도 과언이 아니다.

처음으로 티베트에 온 사람들은 다양한 종교행사를 보고 이해가 잘 안 될지도 모른다. 특히 불교가 티베트 민중들의 마음속에서 차지하는 숭고한 지위 및 부처에 대한 그들의 확고부동한 숭배정신, 이런 것에 대해 몹시 의아해할 수도 있다.

일반적으로 불교가 티베트에 전파된 시기는 송첸감포의 증조할아버지인 찬보 라퇴퇴르네찬 때라고 본다. 라퇴퇴르네찬 시기, 불교학자 뤄슨춰(羅森措)와 경전 번역가 리티스(利堤司)는 『제불보살명칭경(諸佛菩薩名稱經)』과 『보협경(寶篋經)』 그리고 금불탑, 만타라인(曼茶羅印), 여의주인모(如意珠印模) 등을 야룽시부예부락으로 가져왔다. 그리하여 찬보는 그들을 융부라캉으로 모시고 그들이 불교 경전 번역에 전념하기를 원했지만 당시 본교 세력의 방해로 결국 실현하지 못했다. 본교 신도들은 그들이 가지고 온 물품들을 '신물(神物)'이라 여겼으며 반드시 궁전에 높이 모셔놓아야 한다고 믿었다.

송첸감포는 당나라 왕실의 문성공주, 니파라(네팔)의 적존공주와 통혼하였는데, 그들은 티베트로 오면서 모두 석가모니 등신불을 가지고 왔다. 여러 가지 종합적인 원인으로 송첸감포는 불교에 점차 관심을 가지게 되었고 몹시 중시하게 되었다. 천축에서 학문을 닦고 돌아온 톤미삼보타는 티베트 언어문자를 규범화하였고 여러 부의 불교 경전을 번역하였다. 그리고 천축과 니파라 등으로부터 여러 불교학자와 경전 번역가를 초대하여 대량의 불경 번역을 완수하였으며, 중원으로부터 고승을 청하여 천문역법과 의약 방면의 서적도 많이 번역하였다. 이로부터 불교사상이 티베트고원을 물들이기 시작하였다. 따라서 창주사, 대소사, 소소사 등 티베트 최초의 불교사원들이 하나하나씩 세워졌다. 수백 년이 지난 후, 토번 제38대 찬보 츠송더찬은 보리살타(菩提薩埵)와 패마쌍바와(貝瑪桑拔瓦)를 특별히 청하여 산남 쌈예에 쌈예사를 세웠고 부잣집 자제들을 데려와 승려 단체를 만들었다. 그리고 천축, 니파라, 중원지구로부터 불교학자, 경전 번역가 및 득도한 고승들을 청하여 경전을 번역하고 교의를 전파하도록 하였다. 8세기 말에서 9세기 초(798~815년)에 이르러 츠송더찬은 인도 범문과 티베트어에 능통한 번역가들을 한데 모아 옛날에 번역한 불교 경전에 대해 전면적인 수정을 하였다. 그들은 대량의 역서들을 정리하는 과정에서 불교 종파에 따른 구체적인 번역방법을 총결하고 범문 경전을 가장 알기 쉬운 티베트어로 표현할 수 있게 되었으며,『성명요령이권(聲明要領二卷)』이라는 번역이론 저작을 펴내기도 했다. 그 시기 많은 사람들이 출가하여 승려가 되었다. 토번의 찬보 츠주더찬은 앞장서서 불교를 숭상하였다. 그는 자신의 머리카락을 좌우로 가르고 끝머리에 비단을 묶은 후 승려들로 하여금 그 비단 위에 앉도록 하였다. 이는 불교에 대한 찬보의 무한한 존중을 나타낸다. 그 후, 사람들은 그를 '러파진(熱巴巾)'이라 불렀는데 그 뜻인즉 '긴 머리카락을 가진 사람'이다. 그리고 츠주더찬은 라싸하 남안에 유명한 우샹둬사(烏鄉多寺)를 세워 많은 승려들이 그곳에서 수행하도록 하였으며, 법적으로 7개 가정이 하나의 승려를 공양하도록 규정하였다. 사람들은 송첸감포로부터 츠주더찬 때까지의 티베트 불교 200여 년간의 역사를 '전홍기(前弘期)'라고 부른다. 불교신도들은 송첸감포, 츠송더찬과 츠주더찬, 세 찬보를 '조손삼법왕(祖孫三法王)'이라 하였다.

9세기 중엽, 랑다마가 찬보의 자리에 오른 후 멸불정책을 실시하였다. 그는 라싸의 대소사와 산남의 쌈예사를 봉쇄하였고, 심지어 소소사를 외양간으로 고쳐놓았으며, 사원 안의 벽화를 마구 파괴하면서 승려들의 이미지를 어지럽히는 그림을 그려 넣었다. 뿐만 아니라 불상을 강물에 처넣거나 선혈이 뚝뚝 떨어지는 동물가죽으로 불상을 뒤덮기도 하였다. 그리고 불교신도들을 강박하여 살생하게 하고 사원을 마구 파괴하거나 승려들을 강박하여 환속시키는 등 죄행을 저질렀다. 비록 멸불정책의 지속시간은 그리 길지 않았지만 그로 인한 타격은 어마어마하였다. 이 시기를 티베트 역사에서는 '훼법시기(毀法時期)'라고 부른다.

라룽바이지둬제라는 거사가 있었는데 랑다마가 불교를 압박하는 죄행을 더 이상 차마 볼 수가 없어서 그를 시살하였다. 그 후 그는 도망쳐서 불교신앙을 회복하는 활동을 펼쳤다.

11세기에 이르러 아리의 구거왕족 챵취위(強曲畏)가 선교를 목적으로 아디샤(阿底峽)를 티베트로 초청하였다. 이로부터 티베트의 불교역사는 '후홍기(後弘期)'로 접어들었다.

13세기에 사캬법왕 파스파뤄주이젠찬(八思巴洛追堅贊)이 원나라의 지지로 분열국면을 종결짓고 티베트를 통일하였다. 그로부터 티베트의 불교신앙은 신속히 회복되었고 사원과 승려들의 수가 급격히 증가했다.

총카파(宗喀巴)가 거루파를 창립하면서 티베트의 불교는 전성기에 들어섰다. 거루파는 장전불교(藏傳佛敎) 중에서 가장 늦게 형성된 교파로서 종법이 엄격하고 교리가 완비된 것으로 널리 알려졌다. 거루파의 창시자인 총카파는 칭하이성 황중현(湟中縣)에서 태어났고, 열여섯 살에 티베트로 와서 오론오명(五論五明)을 수행하면서 장전 현종밀승(顯宗密乘)을 전면 정돈하였다. 1409년 라싸의 대소사에서 창시대기원법회(創始大祈願法會)를 가지고 간덴사를 세우면서 거루파가 정식으로 형성되었다. 그 후, 총카파는 제자들로 하여금 드레풍사, 세라사와 밀종원을 짓도록 하였다. 그의 제자들 중에는 초대 간덴츠바(甘丹赤巴) 쟈초지(甲曹吉), 제1세 달라이 근돈주파(根敦珠巴)와 제1세 반첸 크주거러바이쌍(克珠格勒白桑) 등이 있었다.

불교문화가 유입되면서 티베트 본토문화와 서로 결합되어 문화융합의 힘을 선보였다. 특히 불교문화는 티베트 문화 발전을 대대적으로 촉진하였다. 세계에 명성을 떨친 티베트문으로 된 대장경, 그리고 여러 가지 전기, 도가(道歌), 극본, 찬시, 소설 등 문학작품들 및 의약, 역법, 건축 등과 관련된 공예서적, 이러한 것들은 모두 불교의 영향을 깊이 받으면서 민족문화의 소중한 유산이 되었다.

종교의 전파로 인하여 티베트에는 수많은 사원이 세워졌고 불상 또는 보살을 그린 그림과 조각상들도 수없이 나타났다. 따라서 불교의 성행은 티베트의 건축, 회화, 조각 등 예술영역의 발전을 촉진하였다. 백설로 뒤덮인 티베트고원의 산군과 들판에서 찬란한 누각과 우뚝 솟은 궁전을 흔하게 볼 수 있다. 이러한 건물들은 오색찬란한 빛발을 뿌리면서 티베트 노동인민들의 지혜의 결정을 상징한다. 사람들이 흔히 찾는 티베트의 벽화와 조각예술들도 석가모니, 관음보살 등 불교 인물들로부터 탄생하였다. 우리는 티베트의 사원과 궁전에서 형태가 다채롭고 모양이 생동하면서 구조가 기이한 벽화와 조각품들을 발견할 수 있고, 일반 민가에서도 불교교리의 속박을 벗어난 작품들을 쉽게 찾아볼 수 있다. 이런 예술작품들은 불교교리로부터 계발을 받아 창작된 것이며 동시에 정성 어린 조각술을 바탕으로 탄생한 것들이다. 오늘날 과거에 사원에서 회화나 조각에 종사하던 승려들이 그 예술전통을 이어받아 새로운 생활과 새로운 사회를 반영하는 숱한 예술작품들을 내놓고 있다.

티베트족 가운데는 슬기로운 인물들이 많았다. 예를 들면 저명한 장의(藏醫) 위뭐윈등굼부(宇妥雲登貢布)와 같은 인물은 불교교리로부터 의약, 역법 등 과학지식을 습득하고 풍격이 뚜렷한 티베트 전통의학과 전통 천문역법을 만들어냈다. 아무튼 불교의 전파는 티베트 인민들에게 소중한 문화유산을 남겨주었다. 티베트족들은 전통문화유산을 고스란히 이어받아 새롭게 발전시키고 있다.

중국공산당은 예로부터 종교 신앙의 자유를 제창하여왔고, 동시에 종교를 신앙하지 않을 권리도 존중하여왔다. 이는 인민군중들의 종교 신앙 문제를 해결하는 기본원칙이었다. 중화인민공화국이 창건된 후, 헌법과 각급 정부에서 제정한 법규에서는 모두 종교 신앙의 자유에

대해 명확히 규정하였다. 이는 나라의 통일을 수호하고 민족단결을
강화하며 사회주의의 조화로운 사회를 건설하는 데 있어서 인민들의
적극성을 불러일으키는 데 유리하였다. 동시에 이는 종교를 신앙하는
신도들과 여러 인민군중들의 가장 광범위한 이익과 염원에 부합되어
적극적인 옹호를 받았다.

7장 티베트의 불교

6세기 이후, 토번의 사회생산은 새롭게 번영을 맞이하였고, 야릉부락을 중심으로 여러 부락들은 서로 밀접한 관계를 유지하였다. 동시에 그들은 당나라와 니파라, 천축 등 이웃나라들과 정치, 경제, 문화 등 여러 방면에서 밀접한 교류를 진행하였다. 불교는 토번의 내부사회 변혁의 요구와 외부교류의 발전에 따라 도입되었다. 일반적으로 전설에 나오는 라퉈퉈르네찬 통치시기에 불교학자들이 외부로부터 불경, 보탑, 법기 등을 가져온 것을 불교가 티베트에 전파되기 시작한 때로 본다.

성스러운 원시신앙

티베트에 불교가 전파되기 전에 현지 사람들은 본교(苯敎)를 신앙하였다. 본교는 티베트족들의 원시신앙인 만큼 아주 오래전부터 형성되었고 최초에는 경전과 교리 같은 것이 없었으며 오직 신령을 숭배하고 귀신을 내쫓는 소박한 목적밖에 없었다.

지금으로부터 약 4000년 전 신로미워치(幸繞米沃齊)가 '융중본교'를 창설하였다. 신로미워치는 오늘날의 아리 지방 자다현(劄達縣)에 있는 워머룽런(沃莫隆仁)이라는 곳에서 태어났다. 쌍부청쿼(桑布程闊)의 저작 『세간총론(世間總論)』에도 "왕자 신로는 워머룽런에서 태어났고 그의 왕궁은 강린포체(岡仁波齊)의 산기슭, 마팡융춰(瑪旁雍錯)의 워머에 세워졌다"는 대목이 있다. 전설에 의하면, 신로는 아주 신통하고 덕성이 높은 사람으로서 티베트 방방곡곡을 떠돌아다니다가 '굼부 푸쥬라캉(工布蒲久拉康)' 동쪽의 본교 신산(神山)에서 '챠바라런(洽巴拉仁)' 등 요괴들을 제압하고 세상의 신령을 굴복시켰다. 본교 경전 『새미(賽米)』에는 "신로의 영원한 자비심의 조명 아래 중생은 속세에서 생사윤회의 고통 없이 항구한 행복을 누릴 수 있다"는 해석이 있다. 이런 항구불변의 의미를 본교를 상징하는 부호 '卍'으로 대표할 수 있다.

　기원전 2세기 이후, 본교는 야룽 지방에서 성행하였고 본교 신도들의 옹호로 네츠는 찬보의 자리에 올랐다. 네츠찬보는 본교에 충실하였고, 본교 교사 츠니머제(次彌莫傑)와 죄니챠가(覺彌恰嘎)를 '고신(古辛)'으로 책봉하여 교법을 주관하고 국정을 보좌하게끔 하였다. 네츠찬보는 '쉬커얼융중라즈(索略爾雍仲拉孜)'라는 본교 사원을 세웠다고 한다. 츠니머제는 본교 경전을 번역하였다. 그리고 네츠찬보의 아들 무츠찬보(穆赤贊普) 시기에는 샹슝으로부터 신랑커나와뒤젠(辛朗喀納瓦多堅)을 비롯한 108명의 본교 대사를 초청하여 48개의 도장(道場)을 설립하였다. 무츠찬보는 '지방쌍파(吉邦桑巴)'를 열심히 수행한 끝에 성과를 거두었다. 야룽시부예부락의 제8대 찬보인 지굼찬보 시기에 이르러 신로미워치의 제자들은 본교의 교리와 종법을 한층 더 보충하여 사문오고(四門五庫)와 같은 본교 이론을 이루었다.

본교는 티베트 본토에서 형성된 원시종교로서 아주 튼튼한 사회적 기반을 갖추었다. 특히 만물에 신령이 존재함을 강조하는 그 소박한 이론은 티베트 민중들에게 깊이 뿌리내렸다. 사람들은 본교를 신앙함으로써 마귀를 쫓아내고 재앙을 물리치며 안녕과 행복을 기원하고 망령을 제도할 수 있다고 믿었다. 때문에 본교는 티베트 사람들의 정신 신앙적 요구에 잘 들어맞았다. 본교의 전파는 사회의 안정과 왕권통치의 수호에 적극적인 작용을 했다. 왕궁귀족들의 숭상으로 본교를 신앙하는 사람들은 날로 늘어났다. 그리하여 본교는 한때 야룽 지역 모든 사람이 공동으로 신앙하는 종교가 되었고, 위로는 왕실 내부, 아래로는 사회 각 계층으로 스며들었다. 신령에게 제사를 지내거나 복을 빌고 재앙을 피하는 등의 행사 외에도 인간의 생로병사, 관혼상제, 농사와 방목, 심지어 전쟁과 회맹 그리고 국정토론 등 모든 분야에 본교 교사들의 참여가 필요하였다.

불교가 티베트에 전파된 후, 특히 츠송더찬 통치시기에 본교의 전파는 엄격한 통제를 받았다. 수많은 본교 신도들은 신앙을 바꾸기 싫어서 캉바(康巴) 지역으로 도망쳤다. 본교 사서의 기록에 따르면, 후기의 본교는 주로 캉바 지역에서 성행하였고, 더욱더 많은 본교 신도들이 이곳으로 몰려들어 부지런히 수련하면서 본교를 발양했다고 한다. 그 당시 금천 '융중라딩사(雍仲拉頂寺)'는 후기 본교의 중요한 거점 중 하나였다.

티베트에서의 불교 발전

비록 불교는 라퉈퉈르네찬이 통치하던 시기에 티베트로 유입되었다고 하지만 티베트에서 정식으로 전파되기 시작한 때는 송첸감포가 찬보 자리에 오른 후이다. 8세기 후기에 이르러 츠송더찬이 찬보가 되면서 불법을 대대로 선양하여 불교의 발전을 크게 촉진하였다. 9세기 초에 이르러서는 '조손삼법왕' 중의 하나로 꼽히는 츠주더찬이 즉위한 후 경전 번역가를 초청하여 불교경전들을 대량으로 번역하고 옛날에 번역한 경전들을 교정하게끔 하였다. 그 당시에 번역한 경전의 수량은 중원에서 1200년 동안 번역한 불교경전 수량을 훨씬 초과하였다. 동시에 그 시기에 7개 가정이 승려 한 명을 공양해야 한다는 제도를 만들었고, 라싸하 남안에 우샹둬사를 세웠다.

불교를 숭상하던 츠주더찬은 결국 불교 전파를 반대하던 대신들에게 살해되었다. 랑다마가 집정하던 6년 동안(841~846년) 불교는 탄압으로 인해 소멸의 위기에 직면하였으며 그 후 100여 년간 점차 쇠퇴의 길을 걸었다. 불교가 티베트에서 멸망의 위기에 처했을 때 둬마이(朵麥)로 이주했던 고승 라친굼바로서(拉欽貢巴繞色)는 불교신앙을 되살리기 위해 노력했다. 라라마챵츄위(拉喇嘛強秋畏)와 이시위(益西畏)는 간난신고를 무릅쓰고 나춰 대역사 츠청쟈와(那措大譯師慈誠佳瓦)를 파견하여 천축의 고승 아디샤를 모셔왔다. 아디샤는 티베트로 온 후 널리 제자를 받아들이고 경전을 강론하면서 빈번히 종교활동에 참여하였다. 그가 세상을 뜬 후, 중둔쟈위츙네(仲敦加唯瓊乃)라는 제자가 불교의 교리를 계승하여 1056년에 러천사(熱振寺)를 세우고 이를 기초로 가당파를 이루었다. 랑다마가 무너뜨렸던 불교는 10세기 후반에 다시 살아나는 과정을 거쳤으며, 11세기 중엽 이후에는 점차 여러 계파가 형성되었다. 이로부터 불교는 날로 흥성하게 되었다.

장전불교(藏傳佛教) 각 계파 소개

닝마파(寧瑪派)

장전불교 닝마파는 티베트에 가장 일찍 전입된 종교이다. 8세기 중엽, 토번 찬보 츠송더찬 때에 천축으로부터 티베트로 전해졌고 연화생(蓮花生)이 적극 발양시켰다.

찬보 츠송더찬은 아주 경건한 불교신도로서 방글라데시에서 정명(靜命)법사를, 그리고 천축의 우장(鄔仗)에서 연화생을 티베트로 초청하여 불교를 선양하게 하였다. 역사상 이 세 사람을 사군삼존(師君三尊)이라 부른다.

전하는 바에 의하면, 연화생법사가 티베트로 오면서 법술로 12명의 단마(丹瑪), 13명의 구라(古拉), 21명의 거사를 교화시켜 티베트고원을 수호하는 호법신이 되게 만들었다고 한다. 연화생법사는 자마원포채(紮瑪文布蔡)에서 찬보와 만났으며, 하이부르(亥布日)에서 모든 귀신들을 굴복시켜 그들로 하여금 사원을 세우는 것을 돕게 하였다. 정명법사는 7인의 출가를 처음으로 시행하고 그로부터 출가하는 사람들이 가사를 입는 전통을 형성하였다. 연화생법사는 불교 밀종을 적극 발전시켰다.

구밀종에는 구승지설(九乘之說)이 있다. 즉 성문(聲聞), 연각(緣覺), 보살(菩薩)은 삼승(三乘)이라 부르고 화불(化佛) 석가모니의 설이며, 사부(事部), 행부(行部), 유가부(瑜伽部)는 외삼승(外三乘)이라 부르고 보신불(報身佛) 금강살타(金剛薩埵)의 설이며, 생차대유가(生次大瑜伽), 원차무비유가(圓次無比瑜伽), 쌍운심점유가(雙運心點瑜伽)는 법신 보현무상승(法身普賢無上乘)이다.

위장 지역에서 닝마의 도장 둬지자사(多吉劄寺)는 티베트 산남 지방 자낭현(紮囊縣)의 야루짱부강 연안에 위치하고 있다. 이 사원은 17세기 초 닝마파의 활불 자시둬지(紮西多吉)가 세운 것으로 북전 닝마파의 조묘이다. 민주린사(敏珠林寺)도 자낭현에 위치해 있고, 1676년 5세 달라이의 경사 디다린파(迪達林巴)가 창건한 것으로서 남전 닝마파의 조묘이다. 그리고 산남 총계현(瓊結縣)에 위치한 백일사(白日寺)는 복장사(伏藏師) 시로외서(西繞唯色)가 세웠다. 이상의 3개 사원을 상부 닝마삼사라고 부른다.

캉바 지역에서는 주칭사(竹慶寺)가 쓰촨성 간쯔주(甘孜州) 더거현(德格縣)에 있는데, 1685년 증과자(證果者) 바이마런증(白瑪仁增)이 세운 것으로서 주로 현종과 밀종을 전파하는 장소로 한때 크게 유명했다. 간퉈사(甘陀寺)는 쓰촨 간쯔 백옥현(白玉縣)에 위치하고, 12세기 중엽 파모죽파의 동생 가당파더시(噶当巴德西)가 세운 것이다. 시칭사(西慶寺)는 금사강 동쪽의 더거현 주칭사 부근에 위치한 사원이다. 이상의 3개 사원을 하부 닝마삼사라고 통칭한다.

이 밖에도 수많은 닝마파의 작은 사원들이 티베트 각지에 분포되어 있다. 이런 사원들에서 수련하면 마치 법계의 근원으로 돌아간 듯 청

정함을 느낄 수 있다. 현재 닝마파의 승려들은 주로 경잠(經懺), 회공(會供), 염귀(厭鬼), 분마(焚魔), 포척(抛擲) 등 법사를 진행하고 있다.

가당파(噶當派)

'가당'이라는 뜻에 대하여 학자들의 해석은 서로 다르다. 젠어런칭패(堅俄仁青培)는 불교의 교훈을 한 글자도 빠뜨리지 않고 수행의 훈계로 삼는 것이라고 해석하였다. 이런 해석을 듣고 총카파는 아주 기뻐하며 이것이야말로 가장 적합한 해석이라고 했다. 풍격이 독특한 가당파를 창시한 자는 바로 아디샤이다.

아디샤가 티베트로 오기 전에 설역고원의 불교는 랑다마의 대대적인 멸불정책으로 70여 년 동안 정체 상태에 처했었다. 당시 사회에는 밀주(密呪)라는 이름 아래 암흑한 행태가 만연했다. 천축에서 온 뤼친반디다(綠裙班智達)와 같은 무리들은 부녀를 유린하는 짓을 수행이라 선양했고, 살인을 구도(救度)라고 하면서 '합도(合度)'라는 사법(邪法)까지 내놓아 한때는 사회기풍을 크게 어지럽혀놓았다. 이런 나쁜 사회기풍 때문에 깨끗한 마음으로 열심히 수행하는 사람들은 줄어들었고 사법에 매혹되어 그릇된 길로 빠져드는 사람들이 날로 늘어났다. 바로 이런 시점에 라친굼바로서(喇欽貢巴繞色)는 둬마이에서 불교의 불씨를 다시 지폈고, 라라마이시위(拉喇嘛益西畏)와 뤼친런칭쌍부(洛欽仁青桑布) 등은 아리에서부터 불교를 되살리기 시작하였다. 라라마이시위는 티베트 불교의 멸망을 차마 두고 볼 수가 없어서 천축으로부터 반디다를 티베트로 초청하여 오는 것 외에는 다른 방법이 없다고 판단했다. 그는 연달아 쟈준주증거(嘉尊珠僧格), 가취역사츠성제와

(那措譯師慈誠傑瓦) 등을 파견하여 아디샤를 청하였다. 라라마이시위는 간난신고를 겪으며 심지어 목숨을 내놓을 각오로 존자가 티베트로 오기를 간절히 바랐다. 아디샤대사의 전생의 발원(發願)과 관음 자비심의 인연으로 마침내 그는 라라마이시위 숙질의 요청을 받아들이고 티베트로 향했다. 그가 티베트로 오게 됨으로써 한때 멸망의 위기에 처했던 티베트의 불교는 되살아났으며 날로 흥성해갔다.

아디샤는 아리에서 약 3년간 생활하였고, 라싸 원교의 네탕(聶塘)에 9년간 있었으며, 위장의 기타 여러 곳에서 5년간 생활했다. 그사이에 그는 인연이 닿는 자들에게 현종과 밀종에 관한 지식을 아낌없이 가르쳤고, 교리와 학풍을 어지럽히는 자들이 바른길을 걷도록 교화시켰으며, 상당한 규범을 갖춘 자들을 대거 양성하였고, 악행에 젖어든 자들을 깨끗이 정화시켜주었다. 그리하여 불교는 문란한 것들과 점차 거리를 두었고, 수행을 구실로 사악한 짓을 저지르는 행위도 점차 줄어들었으며, 불교의 현종과 밀종에 대한 편견도 없어졌다. 아디샤는 1054년에 네탕에서 원적하였다.

불교 후홍기에 들어서서 아디샤 존자를 기반으로 기타 교파들이 나타났다.

르우거단교파(日烏格丹教派)는 아디샤가 시조인 가당파를 기초로 발전하였으며, 비록 중관(中觀)과 밀주 등 새로운 사상이 첨가되었지만 사실상 가당파의 범위를 벗어나지 못했다. 르우거단교파는 거루파 또는 신가당파라고도 한다. 불교경전의 모든 것을 가져다가 푸드갈라(補特伽羅, 중생)들이 불도를 닦는 필수조건으로 마련하는 것이 가당파의 교법이었다. 그러므로 가당파는 모든 법요를 포용하였다. 그러나 가당파의 대표적인 것은 교전(教典), 교수(教授), 요문(要門)의 삼설이다. 가당파의 6대 교전은 모두 아디샤가 정해놓은 것이다. 가당파의 특징이라면 승려의 계율과 수행 순서 등의 계율을 강조하는 것, 그리고 현종과 밀종의 관계를 조정하는 것이다.

유명한 러천사는 가당파의 조사(祖寺)로서 오늘날의 라싸시 린저우현(林周縣)에 있고, 아디샤의 제자 중둔쟈위충(仲敦嘉唯瓊)이 1056년에 세웠다. 그 후 중둔바(仲敦巴)의 세 번째 제자 버둬와(博朶瓦)가 중둔바가 원적한 후부터 오랫동안 열심히 수행에 전념하다가 50세 때 많은 제자들을 받아들여 가당파의 육론전적을 주로 강의하면서 가당파의 새로운 지파를 세웠다. 그의 제자 젠앙와(堅昻瓦)는 성공의(性空義)의 뜻을 깨닫고 가당교수일파를 개설하였다.

그리고 가당파의 또 하나의 유명한 사원 쌍푸나이퉈사(桑普奈托寺)는 라싸하의 남안에 위치하여 있다. 이는 아디샤의 지시로 그의 제자 어레바이시로(俄列白西繞)가 1073년에 창건하였으며 또 다른 제자 어뤄단시로(俄洛旦西繞)가 증축하였다.

나탕사는 장전불교사상 가장 유명한 가당파 사원으로서 르카쩌에 위치하였고, 버둬와런칭싸이(博朶瓦仁青賽)의 재전제자 둥둔뤄주이자바(冬敦羅追紮巴)가 1153년에 창건했다. 둥둔뤄주이자바는 홍전 가쥐파(弘傳噶舉派) 샤러와(夏熱瓦)의 경전교수법과 쟈스니뤄반친석가시르(迦濕彌羅班欽釋迦西日)가 정한 계율을 계승하였다. 13세기 때 나탕사의 칸부쥔단르바이러츠(堪布君丹日百熱赤)와 그의 제자 위파뤄서(唯巴洛色)는 당시 티베트어로 번역한 모든 삼장불경을 한데 모아 간주얼(甘珠爾)과 단주얼(丹珠爾)로 편찬하였는데, 즉 불설(佛說)과 논소(論疏) 두 부분으로 나누어 각판 인쇄하였다. 석가불탄생여의보수화축(釋迦佛誕生如意寶樹畫軸) 25권 각판과 총카파전기화축 25권 각판도 모두 나탕사에 소장되어 있다.

가당파의 교법은 아디샤의 『보리도등론(菩提道燈論)』을 기초로 하였다. 15세기에 이르러 총카파는 가당파의 교의를 기초로 거루파를 창립하였으며, 가당파도 나중에는 거루파로 변모하였다.

가쥐파(噶擧派)

'가'는 부처님의 말을 가리키고 '쥐'는 전승을 의미한다. 불조의 삼장(三藏)과 사속(四續)의 교의를 강연이나 수련 및 실천으로 발전시키는 자를 가쥐바(噶擧巴)라 불렀다. 또 다른 해석으로는 금강지(金剛持)의 4개 깨우침 기원설로서 디뤄바(迪洛巴)에 의해 세워진 법문을 가리키고 그 법문을 전승하고 발전하는 것을 '가쥐'라고 하였다.

가쥐파의 창시자 마얼바(瑪爾巴)는 1012년 뤄자취치(洛綦曲期)에서 태어났고, 경전 번역가 줘미(卓彌)의 문하에서 범문을 티베트문으로 번역하는 것을 배웠다. 그 후, 니파라의 지디얼(吉梯爾)의 문하에서 '4좌' 등 속부와 성명, 인명 및 약리학을 배웠다. 그리고 반친나루바(班欽那如巴)로부터 17년이라는 시간을 들여 대밀종의 4속부인 관정(灌頂), 강수(講授), 비결(秘訣), 실천 등을 통달하였다. 또한 미즈바(彌誌巴) 대사의 문하에서 공부를 할 때 불법 대수인을 깨달았다. 티베트로 돌아온 후, 그는 제자들에게 '승낙금강(勝樂金剛)', '희금강(喜金剛)', '집밀금강(集密金剛)' 등에 관한 관정수행법을 전수하였다. 게다가 속부학설(續部學說), 원만차제(圓滿次第), 생기차제(生起次第) 등을 가르

첬고, 불법수행은 한때 크게 성행하였다. 마얼바는 수많은 제자를 두었는데, 그중에서 가장 유명한 제자들은 4대주라 불리는 어둔취구둬지(俄敦曲古多吉), 추둔왕안(楚敦旺安), 메이둔춘부(梅敦村布), 밀라레파(米拉熱巴)였다. 마얼바는 어둔취구둬지, 추둔왕안, 메이둔춘부, 세 제자에게 부처의 깨달음을, 밀라레파에게는 불법수행을 전수하였다. 마얼바는 티베트에서 가쥐파를 창립하였고 88세에 원적하였다.

가쥐파는 형성될 때부터 샹바가쥐(香巴噶擧)와 다부가쥐(達布噶擧)라는 2대 전승계통을 갖고 있었다. 그중 샹바가쥐는 14~15세기에 이미 자취를 감추었고, 다부가쥐는 오늘날까지 전해지고 있다. 현재 사람들이 신앙하는 가쥐파는 곧 다부가쥐를 가리킨다.

타부라지쉬랑런칭(塔布拉吉索朗仁青)은 티베트 룽즈네지(隆子涅地)에서 태어났고, 어릴 적부터 의학에 전념하여 명의로 이름을 떨쳤다. 그는 최초에 거시샤러와(格西夏熱瓦) 등 대사들로부터 불법을 배우다가 밀라레파로부터 밀법을 전수받았으며, 가쥐파의 전통을 이어받아 가쥐파의 교리를 발양하여 타부가쥐(塔布噶擧) 체계를 이루었다. 그는 1121년에 다라간부(達拉幹布)에 강부사(崗布寺)를 세워 제자를 받아들이고 도를 닦았으며, 가쥐파의 도차제(道次第)와 밀라레파의 대수인을 융합시켜 새로운 타부가쥐 체계를 창립하였다. 그는 아주 많은 제자를 받아들였는데, 그중에서 가장 유명한 4대 제자들은 잇따라 사원을 세우고 제자를 받아들였다. 그리하여 타부가쥐교파의 4대 계열인 가마가쥐(噶瑪噶擧), 차이바가쥐(蔡巴噶擧), 바룽가쥐(拔絨噶擧), 파주가쥐(帕竹噶擧)가 형성되었다. 그중에서도 파주계열은 또다시 지굼가쥐(止貢噶擧), 다룽가쥐(達隆噶擧), 쥐푸가쥐(卓浦噶擧), 주파가쥐

(竹巴噶擧), 마창가쥐(瑪倉噶擧), 예파가쥐(葉巴噶擧), 야쌍가쥐(雅桑噶擧), 슝서가쥐(雄色噶擧) 등 8개 지파로 나누어졌다. 이로써 타부가쥐는 4대 지파와 8소 지파의 계통을 이루었다.

사캬파(薩迦派)

사캬파의 대표 사원은 사캬사로서 티베트 사캬 지방에 위치하여 있다. 사캬파도 지명으로부터 이름을 얻었다. 사캬파는 11세기부터 발전되었고 창시인은 곤(昆)씨 가족의 후예 곤 굼죄제부이다. 그는 어릴 적부터 부친을 따라 구밀법을 수행하다가 훗날 뉴구룽(紐古隆)이라는 곳에 이르러 쥐미 석가이시를 스승으로 모시고 신밀법을 수행하였다. 그리고 이를 토대로 자신의 교법을 창설하였고, 1073년에 중취하곡 사캬 지방에서 사원을 세우고 사캬파를 창설하였다. 사캬파 중에서 가장 이름난 것은 '사캬오조'이다. 그중 제4조 사반 궁가젠찬과 제5조 파스파뤄주이젠찬은 1247년에 원태조 우구데이의 둘째 아들 쿼단의 요청으로 량저우로 갔다. 사반이 1251년에 량저우에서 원적하자 그의 조카 파스파가 자리를 계승하였다. 1253년 쿠빌라이는 파스파를 소견하고 밀교의 세례를 받았다. 1260년 원세조 쿠빌라이는 즉위하자 파스파를 국사로 책봉하였다. 1264년 원나라 중앙정부는 총제원을 설치하여 전국의 불교사무와 티베트 지방행정사무를 관리하게 하였다. 그리고 파스파를 국사 겸 영총제원사로 임명하고 중앙정부를 도와 티베트를 다스리게 하였다. 1269년 파스파는 쿠빌라이의 지시에 따라 '몽고신문자'를 창제하였고, '대보법왕'으로 책봉받았다.

사캬파의 핵심 교법은 구전으로 전수하는 '도과법(道果法)'이다. 그러나 사캬파 내부에서도 '도과법'에 대한 해설이 서로 달랐다. 어얼와 궁쌍나이(俄爾瓦貢桑乃)는 중생을 위한 교법과 제자를 위한 교법으로 갈랐는데, 그 후로 계속 이어져 나아갔다.

거루파(格魯派)

티베트의 여러 교파들은 대부분 지명 또는 사원의 명칭을 따서 교명을 지었다. 그러나 유독 거루파는 지명 또는 사원 명칭에서 온 것이 아니라 '노란 승모'라는 뜻을 갖고 있다. 전하는 바에 의하면, 불교 '후홍기' 때 라친궁바로싸이(喇欽貢巴繞賽)가 티베트로 돌아온 제자 루메츠청시로(盧梅次誠西繞)를 맞이하여 노란 승모를 증정하였다고 한다. 그로부터 스승 또는 선배들이 제자들을 깨우치는 의미에서 노란 승모를 증정하게 되었다고 한다. 총카파 대사도 불교계율을 진흥하기 위해 선배 현자들의 교훈을 계승한다는 의미에서 노란 승모를 머리에 씌웠는데, 이로부터 노란 승모의 교파라는 이름이 생겼다. 거루파가 형성되기 전 티베트에는 사캬의 '명공무집(明空無執)', 닝마의 '대원만(大圓滿)', 가쥐의 '대수인(大手印)', 줴낭의 '타공(他空)' 등 다양한 법문이 있었다. 당시 여러 교파의 계율이 비교적 느슨하였다. 계율은 마치 토지처럼 모든 공덕을 쌓아갈 수 있는 근본이다. 그것은 곧 농작물이 땅에서 자라는 것과 같았다. 총카파는 불교의 기본법규를 파괴하거나 무시하는 행위들을 일일이 폭로하고 비평하였다. 불교 계율을 수복하기 위해 그는 산남 쌍르현 진제사(真齊寺)의 미륵불상을 수선하고 비구옷 한 벌을 선사하였다. 그리고 '찬미륵불범천정식(贊彌勒佛梵天頂飾)'을 짓고 삼법의(三法衣) 등 수선(修善) 도구 체계를 규정하였으며, 선정(禪定)의 한계를 아주 세밀하게 가르고 이런 것들을 실제 행동에 옮기도록 승려들을 독촉하였다. 동시에 잇따라 생기는 의혹들에 대해 총카파는 물러서지 않았다. 그는 티베트 각지를 답사하여 득도한 고승들을 찾아서 학문을 닦으며 많은 책들을 다독하면서 정확한 견해를 내놓아 의혹들을 풀어나갔다. 열심히 연구한 끝에 총카파는 부처 사상의 정수를 터득하고 '정견(正見)', '정수(正修)', '정행(淨行)' 등 수행방법을 제시하였다.

총카파 대사는 자신의 저작 『보리도차제광론(菩提道次第廣論)』과 『밀종도차제광론(密宗道次第廣論)』에서 수행자들에게 현종을 먼저 배우고 밀종을 배우도록 권하였다. 현종을 배우는 것은 불법에 귀의하기 위한 것으로 우선 먼저 보리심이 있어야 한다. 그리고 현종을 학습하는 것은 재빨리 깨달음을 얻어 중생들을 교화하기 위한 것이다. 밀종의 수련은 이론적으로 기(基), 도(道), 과(果) 등 3개 절차에 따라 진행된다. 그리고 실제 수련 과정은 생원이차제(生圓二次第)의 논설로 진행된다. 생원이차제의 수련은 거루파만의 독특한 법문이다.

시제파(希解派)

시제파는 파 탕바쌍제(帕·唐巴桑傑)로부터 시작되었다. 파 탕바쌍제는 남천축 자러선거(雜熱森格)의 춘패령(春貝嶺)에서 태어났다. 그는 제7대 전생활불로서 천성이 낙천적이고 선량하였으며, 피자마라시라사(毗紮瑪拉西拉寺)의 주지인 거와라(各瓦拉)의 밑에서 출가하였고, 아디샤의 스승인 이라마스링바(依拉瑪司玲巴)로부터 불법을 터득하였다. 또한 그는 연달아 여러 불법 대가들로부터 현밀교법을 습득하였고, 관정(灌頂), 호지삼종율의(護持三種律儀) 등을 터득하였다. 이 밖에 안약, 신행, 묘단, 지하생, 야차, 보검, 비행, 장수감로 등 8가지의 무상성취도지(無上成就道智)를 완성하기도 했다.

파 탕바쌍제는 5차례에 걸쳐 티베트에 선교하러 왔고 수많은 제자를 두었다. 시제파의 정수는 광(廣), 중(中), 약(略)의 불모반야삼품(佛母般若三品)의 모든 의의를 수행의 근본으로 삼는 데 있고, 모두에게 잘 알려진 특법으로서 반야바라밀다도차제(般若波羅蜜多道次第)라고 한다.

파 탕바쌍제는 수행방법을 가르치는 데 몰두하였다. 그의 제자들은 대부분 깊은 산속 또는 무덤이 있는 곳과 같이 인적이 한적한 곳을 찾아 오랫동안 간고한 수행에 전념하였다. 물론 수행에서 일정한 성취를 얻은 후 사원을 세우고 전도하는 사람들도 더러 있었다. 그중에서 비교적 유명한 인물로는 쌍단배대사(桑旦貝大師)가 있다.

시제파의 전승인들은 흔히 비밀리에 교리를 전수받는데, 한 스승에게만 전수받는 것이 보통이다. 그들은 소박한 종교생활을 하면서 사회와 접촉이 적으며 특히 지방세력과 얽히지 않는다. 15세기 초엽에 이르러 시제파의 교리는 기타 여러 교파 승려들에게 전수되면서 다른 교파에서도 전해졌다. 따라서 하나의 불교 종파로서의 시제파는 날로 쇠퇴하여 멸망에 이르렀지만, 그로부터 파생된 일부 지파는 여전히 전승되고 있다.

줴낭파(覺囊派)

줴낭파의 기원은 군방 투지준주(袞邦·土吉尊珠)가 줴무랑(覺木朗)

에 사원을 세우면서부터라고 볼 수 있다. 두이부와 시로젠증(堆布瓦·西繞堅增)이 그 사원을 주관했으며, 커준윈단가춰(克尊雲旦嘉措)에 의해 '만불일견득해탑(萬佛一見得解塔)'이 세워졌다. 그 후부터 그의 계승자들을 줴낭파라고 불렀다. 줴낭의 근원을 따지자면 위머 니쥐둬지(裕莫·彌居多吉)까지 거슬러 올라가야 한다.

군친두이부와(袞欽堆布瓦) 시기, 줴낭파는 더욱 흥성하기 시작하였다. 사캬파를 신봉하던 두이부와 시로젠증이 줴낭사를 찾아 커준윈단가춰 밑에서 도를 닦다가 1324년에 줴낭사의 주지 자리에 올랐다. 그는 제자 사쌍 마디반친(薩桑·瑪迪班欽)과 뤄주이배역사(洛追貝譯師)에게 『시륜금강(時輪金剛)』 티베트어 역본을 심사하게 하였고 그에 따라 『시륜금강무구광소지소역급섭의(時輪金剛無垢光疏之疏釋及攝義)』를 펴내도록 하였으며, 줴낭파의 교리를 나타내는 『요의해(了義海)』, 『제사결집(第四結集)』, 『구경일승보성논주(究竟一乘寶性論註)』, 『현관장엄논주(現觀莊嚴論註)』 등 저작 및 관정의궤(灌頂儀軌), 수련법, 역법 등에 관련된 책들을 펴내도록 지시하였다.

16세기 말, 줴낭파에는 또 하나의 현명한 고승이 나타났는데 그가 바로 지준다러나타(吉尊達熱那塔)로서 본명은 궁가닝부(貢嘎寧布)이다. 그는 줴낭 고승 궁가쥐춰(貢嘎卓確)의 전세활불로서 유년시기부터 줴낭사에서 불법을 배웠고 30세에 비구가 되었다. 줴낭파의 교리 '타공지견(他空之見)'이 여러 불교 계파의 배척으로 침체되었을 때, 지준다러나타가 이를 다시 흥성으로 이끌었다. 그는 런방디바가마단춈왕부제(仁蚌第巴噶瑪丹瓊旺布結)와 함께 줴낭사 부근에 다단펑춰린사(達旦彭措林寺)를 세웠고, 4세 달라이 라마 윈단가춰(雲旦嘉措)로부터 '마이다리(邁達理)'라는 호를 얻었다. 또한 몽고에 가서 불법을 선양하고 쿠룬(庫倫) 일대에서 20여 년간 생활하면서 여러 사원을 세웠다. 몽고인들은 그를 '저부준단바(哲布尊丹巴)'라 존칭하였다.

쮀낭파의 교리 '타공지견'은 모든 사물은 고정불변의 실체가 없고 그 근본은 허망한 것이라 주장하였는데, 이는 성공(性空)의 관점과 맞지 않았다. 따라서 여러 불교 계파들은 쮀낭파의 교리를 받아들일 수 없었고 '타공지견'설을 반박하고 나섰으며 심지어 이단패설로 몰았다.

현재 쮀낭파는 주로 쓰촨, 칭하이 등에서 전파되고 있고, 티베트 내에서는 라쯔현(拉孜縣)에 쮀낭사가 있으며, 쓰촨, 칭하이 등 성의 일부 지역에 사원을 두고 있다.

상술한 교파 외에 티베트 불교에는 샤루파(夏魯派), 버둥파(博東派) 등과 같은 종파들도 있다. 그러나 이들은 작은 종파로서 오랜 세월을 거치며 대부분 자취를 감추었다.

8장 티베트족의 발상지

산남은 '티베트의 곡창'이라 불리고 예로부터 세인의 주목을 받아 왔다. 대대로 설역고원에서 생활했던 티베트 주민은 물론이고 외래의 유람객들과 상인들에게도 산남은 아주 매력적인 곳이었다. 토지가 비옥하고 물산이 풍부하며 수려한 풍경과 숱한 고대 문물유적들을 보유하고 있는 산남은 수많은 기이한 전설들이 전해지고 있으며 티베트족의 발상지로 공인된다.

라싸와 체탕 사이에는 야루짱부강이 놓여 있다. 20세기 60년대 이후, 곡수대교(曲水大橋)가 야루짱부강 위에 가로놓이면서 티베트족의 발상지는 천년 고성 라싸와 잇닿게 되었다. 추수의 계절에 야루짱부강을 건너 산 좋고 물 좋은 산남 지방으로 오면 세상에 둘도 없는 아름다운 경관을 감상할 수 있다. 체탕의 궁부르산(貢布日山)으로부터 나팔 모양으로 쭉 뻗은 야라샹뿨(雅拉香波)하곡을 바라다보면 종횡으로 놓인 수많은 논밭길, 서로 겹치면서 유유히 흐르는 하천, 온통 황금 물결로 빛을 뿌리는 보리밭, 무성하게 우거진 푸른 나무 등이 한 폭의 채색화처럼 안겨 온다. 아름다운 경관 앞에서 티베트족 선민들의 지혜에 감탄을 금할 수 없게 된다.

오두괴룡(五頭怪龍)과 창주사(昌珠寺)

체탕에 들어서서부터, 티베트족 선민이 히말라야원숭이로부터 진화되어왔다는 전설을 듣게 된다. 특히 이곳의 노인들은 조상들이 살았던 동굴까지 찾아다주면서 전설을 상세하게 이야기할 것이다. 이곳 사람들은 모두 자신이 히말라야원숭이 왕과 여마왕이 낳은 후손임을 믿어 의심치 않는다.

그들에 관한 전설은 체탕 동남쪽에 놓여 있는 궁부르산으로부터 시작된다.

궁부르산은 그야말로 신산이다. 전하는 바에 의하면, 성심을 다해 불교를 믿고 궁부르산에 오르면 아름다운 선경이 펼쳐지는데 그 경물들로부터 자신의 미래 화복을 가늠할 수 있다고 한다.

궁부르산이 그토록 신통한 것은 4대 신령이 산을 받들고 있기 때문이다. 궁부르산의 동면은 말, 서면은 코끼리, 북면은 공작새, 남면은 거북이 등 신령들이 자리를 지키고 있다. 4대 신령은 궁부르산을 허공 중에 떠받들고 있기 때문에 이곳에서는 선경과 인간세상을 모두 조명하고 미래를 예측할 수 있다. 그러나 필경 전설은 전설일 뿐이고 신화도 단지 신화로만 이해된다. 범속한 사람들이 육안으로 아무리 궁부르산을 살펴보아도 주변의 다른 산들보다 신비로운 점을 찾아볼 수 없다. 그렇다고 하여 이곳 사람들의 신화나 전설을 무시하거나 믿지 않아서는 안 된다. 특히 노인들은 궁부르산의 4대 신령을 일일이 짚어가며 그에 관한 신비로움을 생생하게 설명해준다. 그 이야기 속에 깊이 빠져들어 심취하다 보면 마치 궁부르산이 허공 중에 떠다니는 것처럼 느껴질 것이다.

궁부르산에는 3개의 봉우리가 있다. 첫째는 잉가우쯔(央嘎烏孜)이고 둘째는 썬번우쯔(森本烏孜)라고 하며, 셋째는 가장 높은 봉우리인 주캉쯔(竹康孜)이다. 3개의 봉우리에는 제각기 하나의 동굴이 있었고 서로 연결되었다. 티베트족들의 조상인 히말라야원숭이가 바로 썬번우쯔의 동굴에서 살았고 잉가우쯔에는 여마왕이 살았으며 주캉쯔는 보현보살이 수행하던 장소로 전해진다. 보현보살이 히말라야원숭이와 여마왕이 결합하도록 청실과 홍실을 이어주었다고 한다. 궁부르산 앞에 펼쳐진 평탄한 곳은 히말라야원숭이와 여마왕이 같이 뛰놀던 장소였다. '체탕'이라는 지명의 뜻인즉 바로 '뛰어놀 수 있는 평지'이다. 훗날 사람들은 이 3개의 동굴을 아주 신비롭게 여겼고, 썬번우쯔에서 향불을 피우면 주캉쯔에도 연기가 난다는 이야기가 있었다. 참으로 믿기지가 않는 말이라면 직접 실험해보아도 좋다. 그러나 산소가 부족한 고산지대에서 한 산봉우리에서 다른 산봉우리로 이동하려면 적어도 반나절이 걸린다. 썬번우쯔에서 주캉쯔로 가다 보면 기진맥진하여 향불 연기를 보기는커녕 자신의 목구멍이 타들어 연기가 날 지경이다.

송첸감포가 라싸에 대소사를 지을 때 문성공주는 오행을 통하여 요괴가 궁부르의 서남쪽에서 출몰하고 있다는 것을 알아냈다. 그곳에는 큰 호수가 하나 있었는데 바로 그 호수 안에서 머리가 5개 달린 오두괴룡이 난을 부리고 있었다. 오두괴룡을 진압하기 위해 송첸감포는 주캉쯔에서 고심하며 수행한 끝에 마침내 득도하고 커다란 붕새로 변하여 궁부르에서 멀지 않은 산에 자리를 잡았다. 이 산은 테부르

(鐵不日)라 하였는데 닭벼슬이라는 뜻이었다. 송첸감포가 변신한 붕새는 산봉우리에 앉아 호수에 있는 오두괴룡의 상황을 수시로 주시하였다. 그러다가 오두괴룡이 머리를 수면 위로 내놓는 순간 재빨리 날아가 부리로 사정없이 쪼았다. 이렇게 5번을 반복하여 끝내 오두괴룡의 다섯 머리를 모두 제거하였다. 오두괴룡이 다시는 되살아나지 않도록 하려고 송첸감포는 호수를 흙으로 메우고 그곳에다 불당을 세웠다. 그는 불당을 '창주'라 이름 지었는데, '으르렁거리는 붕새의 소리'를 의미했다. 그것은 송첸감포가 붕새로 변신하여 오두괴룡과 격투를 벌이는 과정에서 지르는, 천지를 뒤흔드는 함성을 가리켰다. 창주사는 티베트에서 가장 일찍 세워진 불당이다. 전하는 바에 의하면, 문성공주와 송첸감포는 산남에 있는 집으로 갈 때 이곳에 머물렀다고 한다.

최초에 창주사의 규모는 아주 작아 부지 면적은 불과 40제곱미터였고 높이는 1장(약 3미터)에 너비는 2장이었다. 창주사 안의 사면 벽에는 윤곽이 단조로운 오래된 벽화가 있었고, 방 안에는 6개의 기둥이 세워져 있었다. 그리고 3개의 크기가 서로 다른 창문이 있었고, 지면에는 아주 거칠게 흙과 돌들이 깔려 있었다. 장식이라고는 기둥머리에 새겨진 범문뿐이었다. 창주사의 중앙에는 본전이 설치되었고 능언도모(能言度母)의 상이 공양되었다. 이 불상은 송첸감포가 티베트 북쪽 불교가 발달한 여역(黎域) 지방의 자줏빛을 뿌리는 철륜위산(鐵輪圍山)에서 모셔온 것이다.

송첸감포가 통치하던 시기에 체탕 궁부르에서 천생조명불여래석상(天生照明佛如來石像)을 모셔왔다. 이 석상은 능언도모상과 함께 창주사의 대표적인 보물이 되었다.

훗날 창주사는 6개의 궁전을 확충하였다. 북측에는 미륵불당(彌勒佛堂), 무량광불당(無量光佛堂), 팔여래불당(八如來佛堂) 등 3개가 놓였고, 남측에는 관음불당, 도솔전(兜率殿)과 법왕전 등 3개가 세워졌다. 새롭게 세워진 여섯 궁전은 웅위한 기세를 선보인다. 이로부터 창주사는 불교 성지로 거듭나 이곳을 참배하러 찾아드는 신도들의 발걸음이 끊일 줄 몰랐으며, 그 주변에는 점차 수행 명소들이 생겨났다. 창주사와 멀지 않은 시자(西紫) 지역에는 파드마삼바바가 수행했던 동굴이 있었는데, 그곳은 불교신도들이 반드시 참배해야 할 곳이었다. 오늘날에도 많은 사람들이 참배와 수행을 목적으로 그곳에 찾아든다. 그리고 시자와 얼마 떨어지지 않은 커마이산(克麥山)에는 티베트의 유명한 고승 밀라레파가 살았던 곳이 있다. 따라서 창주사를 에둘러 많은 불교 유적들이 존재함을 볼 수 있다. 불교 수행자들에게 티베트는 '소천축(小天竺)'이라 부를 만큼 인기가 대단했다.

이 밖에 창주사에는 또 하나의 보물이 있다. 그것은 바로 파모죽파 정권 시기에 나이둥(乃東)왕후가 진주를 즈취바사(孜措巴寺)에서 내놓은 관음심성안식탕카(觀音心性安息唐卡)에 새겨 만든 유명한 진주 탕카이다. 이 탕카는 길이가 2미터, 너비가 1.2미터이며, 진주 26냥, 도합 2만 9026알이 새겨져 있다.

최초의 궁전 융부라캉(雍布拉崗)과 불교의 유입

창주사에서 남쪽으로 5000미터 떨어진 곳에 티베트 역사상 가장 일찍 세워진 궁전인 융부라캉이 있다. 이는 야룽부락의 초대 찬보 네츠의 왕궁이다. 산언덕에 자리 잡은 융부라캉은 위쪽이 좁고 아래쪽이 넓으며, 건축학적으로도 연구 가치가 있는 오래된 궁전이다.

기원전 360년경 보위에서 태어난 마네우비르(瑪涅烏比日)가 궁부라르챵둬(工布拉日强多)를 지나 야라샹뼈설산 아래의 찬탕궈시에 이르렀을 때 마침 이곳에 왕을 찾으러 온 성씨가 서로 다른 12명의 본교사자들을 만났다. 마네우비르의 강직한 성격에 반하여 그들은 마네우비르를 부락으로 데려가서 야룽시부예부락 수령의 자리에 앉혔으며 '네츠찬보'라 존칭하였다. 이로부터 야룽시부예부락에는 수령이 생겼다. 사람들은 네츠찬보를 위해 궁전을 세웠는데 그것이 바로 융부라캉이다. 이 궁전의 명칭에 관하여 티베트 사서에는 여러 가지 다른 해설이 나온다. 그중 한 가지 설에서는 에셀나무와 사초가 자라는 산언덕에 세운 궁전이라는 뜻으로 '옹부라캉(翁布拉崗)'이라 부르기도 했다. 나이둥현 사람들은 오늘날에도 이 명칭을 사용한다. 그리고 또 다른 해석으로 '융부라'가 있었는데, '어미사슴 뒷다리처럼 생긴 산마루에 지은 궁전'을 의미했다.

네츠찬보는 야룽시부예부락의 첫 번째 왕이고, 융부라캉은 야룽의 첫 번째 왕궁이다. 네츠찬보는 랑모모(朗牟牟)를 왕비로 맞이하여 아들 모츠찬보(牟赤贊普)를 낳았다. 네츠찬보는 츠니모제(次彌莫傑)와 쥐니챠가얼(覺彌恰嘎爾)을 본교사로 모시고 주변의 부락들을 정복하면서 강토를 확장하였다. 그 시기 야룽시부예부락은 크게 발전하였고 주민들은 비교적 안락한 생활을 하였다.

제28대 찬보 라뤄뤄르네찬의 통치시기에 이르러 반디다뤄선취(班智達洛森措)와 경전 번역가 리티스(利替司)는『보협경(寶篋經)』,『육자진언(六字真言)』,『전타마니모(旃陀嘛呢模)』,『제불보살명칭경(諸佛菩薩名稱經)』및 황금보탑과 모타라수인(牟陀羅手印) 등 보물을 가져다가 라뤄뤄르네찬에게 바쳤다. 비록 찬보는 이러한 보물들을 제대로 알아보지는 못했지만 궁전에 높이 올려다 놓고 공양하였다.『왕통세계명감』의 기록에 따르면, 이런 보물들에 대해 라뤄뤄르네찬 이후의 다섯 번째 왕이 그 가치를 알게 될 것이라는 예언이 있었다고 한다. 그 왕이 바로 송첸감포였다. 따라서 라뤄뤄르네찬은 이런 보물들을 신령이 깃든 물건이라 하여 '네부쌍와(念布桑瓦)'라고 이름 지었다. 전설에 따르면, 라뤄뤄르네찬은 불경과 보물들의 수호 덕분에 60세 고령에 다시 청춘을 얻어 120세까지 살았다고 한다. 많은 티베트 불교 사서들은 이를 불교가 티베트로 유입된 시초로 본다. 신령이 깃든 보물들이 융부라캉에 보존되어 있기에 불교신도들은 이 궁전을 몹시 성스럽게 여기며 숭배한다.

장왕릉(藏王陵)을 추모하며

나이둥현에서 야라샹뼈강을 따라 거슬러 오르면 5개의 기둥으로 지탱되어 있는 평탄한 나무다리를 발견할 수 있다. 그것이 바로 고대 건축물의 걸작 중 하나로 꼽히는 나이둥교이다. 나이둥교는 전체 길이 45미터이고 9개의 굵다란 나무통이 가지런히 놓여 교량의 표면을 이루었다. 동시에 교각은 벽돌로 쌓였고 주변에는 굵직한 말뚝들이 박혀 아주 튼튼한 구조를 이루었다. 이 다리는 파죽(帕竹) 정권 시기에 세워져 후세에 여러 차례에 걸쳐 수리한 적이 있지만 여전히 견고한 구조를 유지하고 있다. 이는 14세기 전후 티베트 지역의 걸출한 교량 건축 수준을 제대로 보여주고 있다.

총게현은 삼면이 산에 둘러싸였고, 나머지 한쪽은 서에서 동으로 길게 뻗은 하곡지대이다. 총게강이 총게현을 남북으로 관통하여 흐르고 있다. 총게는 역사가 유구하고, 일찍이 원시사회 시기에 야롱 선민들이 이곳에서 생활하였다. 야롱시부예부락이 통치하던 시기, 초대 찬보 네츠로부터 역대 찬보들은 총게에 연이어 다즈(達孜), 구이즈(桂孜), 양즈(楊孜), 츠즈(赤孜), 즈무충제(孜母沖傑), 츠즈벙두(赤孜崩都) 등 여섯 궁전을 세워 '칭와다즈 여섯 궁전'이라 불렀다. 이것으로 티베트 역사상 총게의 중요한 지위를 가늠할 수 있다.

총게의 현성(縣城)은 앞으로는 거세게 흐르는 강이 있고 뒤로는 여러 개의 산언덕과 연결되어 있는 지세를 갖고 있다. 현성에서 산을 향해 바라보면 산 중턱에 자리 잡은 '칭와다즈 여섯 궁전'이 뚜렷이 안겨 온다. 궁전 밖은 우불구불한 고대 성벽으로 둘러싸여 있다. 궁전을 산 중턱에 세워 비바람을 막고 방어의 역할을 충분히 발휘한 토번 부락 수령들의 지혜에 경탄하지 않을 수 없다. 그들은 고원지대의 지세에 대해 잘 알고 그것을 이용할 줄 알았으므로 훗날 티베트를 통일할 수 있었다. 그사이에 야롱하곡지대는 커다란 발전을 이루어 농업과 목축업뿐만 아니라 금속제련 및 수공업도 나타나기 시작하였다. 따라서 야룽부락과 다른 부락 사이에는 통혼을 포함한 교류가 활발하게 이루어지기 시작하였다.

총게현 르우더친사(日鳥德欽寺)의 동쪽에는 토번 시기에 세운 장벽이 있다. 그 시기 사람들은 이미 방어를 목적으로 장벽을 쌓을 줄 알았다.

장벽의 한쪽은 가파른 산봉우리와 연결된다. 그 위에는 성루처럼 생긴 보루가 있다. 보루의 아래쪽에 또 2개의 작은 보루가 지어져 하나의 방어체계를 이룬다. 비록 주변의 다른 건물들은 벌써 사라졌지만 보루, 장벽, 가옥 등은 견고하게 남아 있다. 이러한 건물들은 강디스산암으로 만들어졌기 때문에 천년의 풍상고초를 겪었음에도 대자연의 힘에 침식되지 않았다. 오히려 눈보라와 비바람은 건물 표면의 암석들을 깨끗이 씻어주어 더욱 윤활한 광채를 띠게 해주었다.

'칭와다즈 여섯 궁전'은 토번 시기 사람들이 인류에게 남겨준 소중한 선물이다. 총게현에는 장왕의 능묘들이 많이 있는데 이것 역시 토번 사람들의 창업사를 반영하는 중요한 역사유물이다.

장왕릉을 알려면 현지의 수묘인을 찾아가야 한다. 수묘인들은 보통 평생을 능묘를 수호하고 가꾸는 일에 바친다. 그들이야말로 장왕릉에 대해 잘 아는, 살아 있는 사전이다. 저자가 만난 수묘인은 70세가 된 노인이었다. 그는 여덟 살 때부터 장왕릉을 지키는 일을 하게 되었다. 그의 주요 직책은 도굴을 방지하고 농민들이 능묘 주변에서 개황하여 농사짓지 못하도록 하는 것이다. 평소에는 묘지명을 외우고 묘지의 주인 이름과 내부에 안장된 물품을 기억하면서 일상을 보낸다. 수묘인은 대대로 이어지면서 자신이 알고 있는 능묘에 관한 지식을 후세들에게 전해준다. 수묘인으로부터 장왕릉에 관한 유구한 이야기를 들을 수 있었다.

대개 기원전 2세기 이후부터 야룽시부예부락은 굴기하기 시작하였다. 따라서 티베트 역사상 최초의 왕이 나타났고, 야룽시부예부락은 날로 강대해지면서 영역 확장과 더불어 주변 부락들을 정복하였다. 그들은 기후가 온화하고 토지가 비옥한 야룽하곡평원을 개발하여 농업과 목축업의 커다란 발전을 가져왔다. 야룽시부예부락 초대 왕을 시작으로 아들이 아버지의 업을 계승하면서 왕족 계통의 세습제도가 시작되었다. 기원후 7세기 송첸감포 때에 이르러 야룽시부예부락은 숨파와 샹슝을 정복하고 통일된 토번왕조를 건립한다. 이때 정치, 경제, 군사, 문화의 중심은 라싸로 옮겨 갔지만, 총게에는 여전히 수많은 토번의 옛 왕족들이 남아 있었고, 찬보들도 이곳을 자주 찾아 조상에게 제사를 지냈다. 뿌리 의식을 잃지 않기 위해 토번의 역대 찬보가 세상을 떠나면 모두 총게에 안장되었다. 그리하여 오늘날 이곳에는 숱한 장왕릉이 남아 있다.

장왕릉의 구체적인 능묘 개수에 대해서는 사서에 따라 기록이 다르다.『최중캐빼가뛴(智者喜宴)』에 의하면 21개의 능묘가 있다. 그러나 현재 찾아볼 수 있는 것은 11개로서 그중 2개는 묘 주인이 아직 확인되지 않았다. 그리고 나머지 9개는 각기 궁르궁찬(貢日貢贊), 두송망부제, 랑다마, 츠더주찬, 츠송더찬, 츠더송찬, 츠주더찬, 망송망찬(芒松芒贊) 및 송첸감포의 능묘이다.

송첸감포의 능묘 위에는 '중무찬라캉(鐘木贊拉康)'이라는 송찬묘가 있다. 그곳은 수묘인이 거주하는 곳이었다. 그 안에는 송첸감포, 문성공주, 적존공주, 대신 루둥짠, 톤미삼보타 등 사람들의 조각상이 공양되어 있었다. 현재 이러한 조각상들은 모두 새롭게 만든 것으로 송찬묘 내부에는 옛 흔적들이 고스란히 남아 있다. 장왕릉이 국가중점 보호문물로 지정된 후 수묘인은 이곳에서 생활하며 능묘를 지킬 필요가 없게 되었다.

송찬묘 아래에 송첸감포의 능묘가 있었고, 그 구체적인 위치는 피뤄산(조若山)에서 약 1.5킬로미터 떨어진 츙부귀위(瓊布溝尾)로서 오늘날 총게현의 서남쪽이다. 능묘는 봉토(封土)와 네 벽이 선명하게 드러났고, 오랜 빗물 침식으로 표면의 봉토는 파괴가 심하였다. 송첸감포의 능묘는 장왕릉 중에서 규모가 가장 컸다. 그 길이는 약 100미터, 너비는 약 50미터였고, 모두 5개의 신전으로 구성되었다. 능묘 내부에는 송첸감포, 석가모니와 관음보살의 조각상이 들어 있었고, 대량의 금은, 진주, 마노 등 순장품이 들어 있어서 '내식릉(內飾陵)'이라 불렀다. 송첸감포 능묘의 대문은 서남쪽을 향하고 있는데 석가모니 고향의 방향과 일치하여 불교에 대한 경건함을 표시한다. 능묘의 좌측에는 송첸감포가 입고 출정했던 금으로 만든 투구와 갑옷 한 벌이 있었다. 그리고 발끝에는 무게가 무려 35킬로그램인 진주가 묻혀 있었는데, 이는 송첸감포의 재부를 상징한다. 머리끝에 묻힌 산호로 만들어진 뤄야제모신상(洛亞傑母神像)은 광명신으로서 송첸감포에게 광명을 가져다준다는 의미를 갖고 있다. 능묘 우측에 묻힌 순금으로 만들어진 기사와 군마는 송첸감포의 시종이다.

토번왕조가 이토록 송첸감포의 장례를 성대하게 치른 것은 그의 비할 바 없는 공적과 위망을 보여준다. 한 가지 특이한 점은 능묘 내부에 순장품은 많았지만 순장자는 찾아볼 수 없었다는 것이다. 이는 아마도 당시 봉건성세에 이른 당나라의 영향인 듯하다. 봉건사회에서 왕을 매장할 때는 사람을 순장품으로 하지 않는다. 송첸감포 시기는 노예제 후기로서, 노예들을 순장품으로 같이 매장하지 않은 것은 봉건사회로 이행하는 과도기였음을 보여준다. 물론 송첸감포 능묘 내부의 상세한 정황은 문헌기록과 전설에 의거할 수밖에 없다.

송첸감포의 능묘에서 왼쪽으로 들어서서 오솔길을 따라 걸으면 묘총(墓冢) 하나를 발견하게 된다. 묘총의 높이는 약 2미터이고 그 동측에 묘비가 세워져 있으며, 1000여 년의 역사를 갖고 있다. 이는 찬보 츠송더찬의 아들인 츠더송찬의 능묘이다. 이곳에는 장기간 수토가 쌓여 비석이 땅속 깊숙이 파묻혔다. 1984년, 문물보호부문에서 비석의 보수작업을 진행하여 다시 원래의 모습으로 돌려놓았다.

츠더송찬의 묘비는 높이가 7.18미터이고, 비관(碑冠), 비신(碑身), 비좌(碑座) 3개 부분으로 구성되었다. 묘비의 정면은 북쪽을 향하고 동서 양측에는 각기 태양과 달이 새겨지고 용과 구름으로 구성된 도안도 새겨졌다. 비좌는 거북이 모양이었다. 비신 정면에는 티베트문으로 59줄의 비문이 적혀 있는데, 주로 츠더송찬의 성과를 기술하였다. 비문은 다음과 같다.

찬보 텐위후티시버예(天於鶻提悉勃野)는 천신의 화신으로 속세에 내려와 교법예의를 가르치며 업적을 쌓아갔다. 그의 권세는 대단하였고 천추만대에 기리는 과업을 남기려 노력하였다. 그의 현명한 다스림으로 전투에서 실패한 적이 없고 강역은 부단히 늘어났으며 정권기반은 날로 튼튼해졌다. 천자 츠더송찬이 부친의 유지를 이어받아 왕위에 오른 것은 신과 하늘의 교법예의에 부합되는 일이다. 왕위에 오른 그는 나라를 엄격히 다스렸고 상벌이 명확하였으며 마음이 너그러웠다. 그의 왕으로서의 인자함과 선량함은 널리 알려졌고 나라는 융성하고 번창하였다. 이런 과업을 많은 사람들에게 알리기 위해 비문에 적어 넣었다. 천자 찬보 츠더송찬은 지혜롭고 너그럽고 용맹하며 예법에 따라 나라를 잘 다스렸으므로 내란이 없고 백성이 안락하였으며, 토번 서민들은 평안한 생활을 하면서 자손 후대들에게 안정된 국면을 넘겨줄 수 있었다.

츠더송찬은 재위 17년간(798~815년) 국세를 안정시켰고, 불교를 선양하여 사원들을 세웠으며, 특히 쌈예사에 대한 공양을 회복하였다. 그는 당나라와의 관계 개선에 적극 나서며 변경 형세를 안정시키고 우의를 쌓아가는 데 노력했다. 특히 그는 숱한 고승과 대역사(大譯師)들을 조직하여 옛날에 번역했던 불교경전들에 대한 전면적인 수정작업을 진행하여『번역명의대집』을 펴냈다. 동시에 현승과 밀승 경전의 역법에 대해 개정한 문자로『성명요령이권』을 펴내게 하였다. 이는 불경 번역 이론의 체계를 형성하였고, 번역사업의 발전과 티베트족들의 문화 발전을 크게 촉진하였다.

츠더송찬 능묘를 떠나 꼬불꼬불한 오솔길을 따라서 3개의 흙둔덕을 넘으면 피뤄산과 가까운 묘지들을 볼 수 있다. 묘지에 이르기까지 3개의 흙둔덕을 넘는 데 무려 1시간이나 걸린다. 가장 높은 곳에 올라서서 멀리 내다보면 3개의 능묘가 한눈에 들어오는데, 그 모양은 윗부분이 작고 아랫부분이 크므로 마치 이집트의 피라미드 같다. 물론 그 규모와 역사는 피라미드에 비길 수 없다. 게다가 장기간 빗물의 침식으로 능묘의 지붕은 타원형으로 변모되었다.

능묘의 정상에서 내려다보면 총게강의 하곡마저 상세하게 보인다. 능묘는 피뤄산을 배경으로 하고 총게강을 바라보는 위치에 놓여 있으므로 기세가 당당하고 풍수가 좋다.

송첸감포의 아들 궁르궁찬의 능묘가 이곳에 있다. 그 능묘는 송첸감포가 재위할 때 지은 것으로 규모가 가장 크고 위치도 가장 좋다.

궁르궁찬의 능묘에서 한 계단 내려오면 2개의 서로 맞붙은 능묘를 볼 수 있다. 합장묘처럼 보이지만 실은 아니다. 능묘의 주인은 궁르궁찬의 아들인 망송망찬(莽松芒贊)과 망송망찬의 아들 송망파제(松芒波傑)이다.

츠송더찬의 능묘는 그의 부친 츠더주찬 능묘의 뒤쪽인 무뤄산(木惹山) 중턱에 있고 그 규모가 매우 크다. 오랫동안 빗물의 침식을 받으면서 능묘는 원래의 모습을 잃었다. 다른 능묘와의 차이점이라면 화강암으로 조각된 돌사자 한 쌍이 능묘 앞에 세워져 있다는 것이다. 두 돌사자 사이의 거리는 약 200미터이다. 좌측 사자는 한쪽 다리가 없어졌지만 여전히 웅위한 자세를 유지하고 있고, 우측 사자는 머리를 잃어버렸다. 이 한 쌍의 돌사자는 능묘의 수호자로서 오랜 세월을 거치며 능묘를 지켜왔다. 무덤의 높이는 약 30미터이고 너비는 150미터나 된다.

수많은 장왕릉을 둘러보면 비석과 돌사자가 가장 특징적이고 무덤은 평범하다는 것을 느끼게 된다. 장왕릉의 비석과 돌사자는 당나라 문화의 영향을 크게 받았음을 말해준다. 비석은 더 말할 나위 없고, 돌사자는 모양에서부터 조각공예까지 시안(西安) 건릉(乾陵)의 돌사자와 매우 흡사하다. 사실 장왕릉이 당릉(唐陵)을 모방한 흔적은 곳곳에서 드러난다. 문성공주가 티베트로 시집온 후 거의 200년 동안 당나라와 토번은 교류가 밀접하였다. 특히 문화 교류가 흥성하여 장례 풍습의 모방도 충분히 가능하였다. 사서의 기록에 따르면 당시 토번의 찬보가 세상을 뜨면 당나라 황제에게 초상을 알려야 했고, 당나라 황제는 사신을 파견하여 조문하였다.

총계강의 북쪽 기슭, 현성 냇가에 세워진 비석은 츠송더찬의 아들이 부친의 공적을 기리기 위해 세웠다고 한다. 비석의 높이는 5.24미터이고, 북쪽을 향한 정면에는 티베트문으로 34줄의 비문이 적혀 있었다. 그러나 비바람의 침식으로 현재 알아볼 수 있는 문자는 얼마 안 된다. 비석의 좌우 양측에는 용의 도안이 그려져 있고, 비좌는 거북 모양이다.

츠송더찬 공적비의 내용은 이러하다.

선조 신성한 찬보는 예법과 도덕으로 천하를 다스리며 혁혁한 공적을 쌓았다.

신성한 찬보 츠송더찬은 선조들이 남긴 훈계를 지켰고 경전을 어기지 않았다.

천하를 조화롭게 다스렸고 공덕을 원만하게 이루었으므로 온 백성들의 칭찬을 받았다.

찬보 츠송더찬은 천신의 화신으로서 지고무상한 지위를 갖고 있다.

그는 지혜롭고 공적이 혁혁하였으며 토번 주변의 소국들은 모두 신하로 그에게 복종하였다.

따라서 토번은 동서남북을 가리지 않고 무한히 넓은 영토를 가졌다.

토번왕조는 부강하고 번영하였으며, 중생들은 안락한 생활을 할 수 있었고, 찬보는 너그러운 흉금으로 선행을 베풀어 속세를 초탈한 진리를 얻었다.

은혜를 널리 베풀고 백성들을 돌보았으므로 만민으로부터 존경을 받았고 대각천신(大覺天神)의 화신으로 공양을 받았다.

산남(山南)을 일으켜 세운 파모죽파(帕莫竹巴)

장마철을 맞이하여 야루짱부강의 물살은 더욱더 거세진다. 야루짱부강 기슭에 자리한 나이둥현 동부에는 폐허로 남은 사원 유적지가 있다. 그곳에 수행 동굴이 하나 있는데, 그것이 바로 숱한 불교신도들이 찾아들어 순례하고 수행하는 파모죽파의 덴사티사원(鄧薩梯寺)의 유적지이다.

파모죽파의 본명은 도르제제부(多吉傑布)이다. 그는 송나라 시기 티베트의 저명한 불교학자 타부라지의 제자이다. 또한 타부라지와 밀라레파는 마얼바의 제자이다. 타부라지는 수행을 마친 후 타부 지방에 사원을 세웠다. 그 당시 캉바 지역에서 온 3명의 젊은이가 그를 스승으로 모셨는데, 그중 열아홉 살 난 도르제제부도 있었다.

도르제제부는 타부라지로부터 불교의 진리를 터득하고 곳곳을 방랑하면서 수행지를 찾아다녔다. 어느 날, 체탕루궁(澤當魯貢) 나루터에 이른 그는 강 건너 동쪽에서 사원을 세우기에 적합한 보금자리를 발견하였다. 도르제제부는 땅의 주인을 찾아 그곳에 사원을 세울 계획을 말하고 허락을 받았다. 그는 앞으로 그곳이 불교 명승지가 될 것이라 미리 예측하고 있었다.

사원을 짓기 위해 지세를 둘러보고 있을 때 5마리의 화미조가 날아들어 도르제제부를 인도하였다. 그는 화미조를 따라 산굴을 발견하였다. 석가모니의 깨우침이라는 것을 알게 된 그는 산굴에서 수행을 마쳤고 숱한 제자를 두었다. 결국 그는 제자들과 함께 힘을 모아 사원을 세웠다.

도르제제부의 제자는 날로 늘어났고, 또한 그는 출중한 의술로 명성이 자자했다. 전하는 바에 의하면, 송나라 어느 공주가 중병에 걸려서 천하 온갖 명의들의 진료를 받았지만 호전되지 않았다고 한다. 그리하여 황제는 티베트 도르제제부의 명성을 듣고 그를 청하여 공주의 질환을 치료하게끔 하였다. 과연 도르제제부의 진료를 받은 후 공주는 완쾌하였다. 황제는 매우 기뻐하며 도르제제부에게 수많은 금은보화로 포상하였다.

'파모죽파'는 원래 인명이 아닌 지명으로서 '파모'는 쌍르현(桑日縣)에 있는 나루터 부근을 가리키고, '죽'은 배라는 뜻이며, '파'는 티베트어에서 제작자 또는 소유자라는 의미를 가진 허사이다. 도르제제부는 1110년에 둬캉(朶康) 남부의 지룽마이쉐(止隆麥雪) 지역에서 태어났다. 그는 19세 때 첸짱을 찾아 현종과 밀종을 학습하였고, 타부라지를 스승으로 모셨다. 타부라지는 그에게 가쥐밀법(噶舉密法)을 전수하였다. 그로부터 도르제제부는 불교 지식을 착실히 쌓아갔고 명망도 날로 높아졌다. 그는 캉바 지역으로 돌아온 후, 문하에 수많은 제자를 두고 밀법을 전수하였다. 그가 전수한 밀법은 주로 타부라지로부터 이어받은 것이다. 그러다가 49세가 되는 해에 그는 첸짱 파모죽파로 와서 1158년에 덴사티사원을 세우고 파죽가쥐교파를 이루어 타부가쥐(塔布噶舉)의 적파(嫡派)가 되었다. 이로부터 도르제제부는 '파모죽파'라고 불렸다. 1170년 파모죽파 도르제제부는 61세를 일기로 세상을 떠났다. 후세들은 그의 의지를 이어받아 지방정권의 일에 적극 참여하였다.

14세기 이후, 장전불교가 발전하면서 티베트 지방에서 막대한 영향력을 과시하였고, 각 교파의 종주와 지방세력 간에는 갈라놓을 수 없는 밀접한 관계가 이루어졌다. 파모죽파 챵츄젠증(强秋堅增)이 뒤를 이어서 덴사티사원의 주지를 맡고 파모죽파 지역의 만호장(萬戶長)이 되었다. 1345년에 이르러 파모죽파의 세력은 날로 강대해져 다른 세력과 갈등이 생겼으며, 결국 사캬 정권과도 충돌이 생겼다. 원순제(元順帝)는 티베트의 복잡한 시국을 평정하기 위해 챵츄젠증을 대사도(大司徒)에 봉하였다. 챵츄젠증은 민생의 어려움을 살피고 생산 발전을 매우 중시하였다. 1354년에 챵츄젠증은 정식으로 파죽 정권을 세웠다. 1358년 사캬 정권은 내부의 갈등이 폭발했다. 그 틈을 타서 챵츄젠증은 즉각 출격하여 전란을 철저히 평정했다. 그로부터 파죽 정권이 사캬 정권을 완전히 대체하고 티베트를 통치하게 되었다.

불교경전을 연구하는 가쥐교파의 학풍을 되살리기 위해 챵츄젠증은 체탕에 당시 최대의 불교현종경원을 세웠고, 잇따라 르카쩌, 런부차가(仁布査嘎) 등 13곳에 시카(谿卡), 즉 장원(莊園)을 세워 대체로 각 지역 만호의 직능을 대체하였다.

챵츄젠증은 위장 지역의 구체적인 상황에 따라 역사상 유명한『십오법전(十五法典)』을 제정하였다. 그 내용은 이러하다.

1. 영웅여호법(英雄如虎法), 2. 비겁여호법(怯懦如狐法), 3. 지방관리법, 4. 진위판단법, 5. 체포이송법, 6. 중죄처형법, 7. 경고벌금법, 8. 수색몰수법, 9. 살인명값법(殺人命價法), 10. 살상처형법(殺傷處刑法), 11. 절도배상법, 12. 상해처벌법, 13. 혼인관계법, 14. 간통처벌법, 15. 원고소송법. 이러한 법률 규정들은 훈계를 위주로 하고 처벌을 보조로 하였다.

1388년, 자바젠증(紮巴堅增)이 파죽 정권 제5대 법왕으로 추대되었고 위장 지방 사무를 관리하게 되었다. 명태조는 그를 '관정국사(灌頂國師)'로 봉하였다. 자바젠증이 파죽 정권을 장악한 후, 사회는 날로 안정적이었고 경제, 문화가 점차 발전하였다. 1406년, 명성조는 자바젠증을 '관정국사천화왕(灌頂國師闡化王)'으로 책봉하고 이뉴옥인(螭紐玉印)을 하사하였다. 이는 명나라 중앙정부가 이미 티베트 지방의 '정교합일'의 특수성을 인식했음을 설명해준다. '관정국사'라는 종교 칭호에 '왕'을 붙임으로써 종교 칭호와 세속 작위를 합쳐 파죽 정권 수령의 '정교합일'의 지위를 승인한 셈이 된다. 명나라 중앙정부는 자바젠증에게 이뉴옥인을 하사함과 동시에 여러 왕족들에게 금인을 하사하였다. 원나라, 명나라 제도에 따르면 옥인은 금인보다 귀하였다.

파죽 정권 수령에게 옥인을 하사한 것은 중앙정부의 티베트 지방에 대한 중시를 나타내고 있다.

파죽 정권의 통치를 공고히 하기 위해 자바젠증은 온갖 조치를 마련하였다. 그의 개방적인 정책으로 여러 민족들이 파죽 지방을 오가면서 상업에 종사하였고, 티베트의 무역거래는 날로 번성해갔다. 특히 그는 인재를 중시하여 재능이 뛰어난 사람들을 많이 등용하였다. 그는 각 장원의 직위를 세습제로 개정하였고, 특히 각 교파들을 동일시하여 평등하게 대하였다. 거루파의 창시자 총카파는 바로 자바젠증 집정 시기에 포부를 이루었다. 그리고 자바젠증의 지지로 총카파는 라싸에서 최초로 전소대법회(傳昭大法會)를 소집하였다.

자바젠증의 업적은 후세들의 찬양을 받았다. 5세 달라이 라마는 『티베트왕신기』에서 "천화왕 자바젠증은 인품이 선하여 언행과 행동이 매우 겸손하고 사적인 원한을 절대로 품지 않으며 도덕규범을 벗어나는 행위를 하지 않는다. 우수한 품행으로 정교사업을 전개하여 솔선수범의 작용을 일으켰으며 매사에 완벽을 추구하였다"고 서술하였다. 그는 파죽 정권 역대 수령 중 임기가 가장 길고 업적이 가장 많은 사람 중 하나이다. 자바젠증은 1432년에 향년 59세로 병사하였다.

1372년 명나라 중앙정부는 티베트에 대한 파죽 정권의 통치를 승인함으로써 티베트 전역을 통치하게끔 하였다. 파죽 정권은 나이둥을 중심으로 티베트에서 200여 년간 통치를 유지하였다. 그 후 인방파(仁蚌巴)의 무력진압으로 점차 정치적 권세를 잃게 되었다. 따라서 파죽 정권도 몰락하고 말았다. 15세기 초에 이르러 총카파가 라싸에 거루파의 3대 사원을 세움으로써 티베트의 정치 중심은 체탕에서 다시 라싸로 옮겨졌다.

최초의 사원 쌈예사(桑耶寺)

티베트 풍속대로라면 사원은 반드시 불, 법, 승, 3가지 요소를 모두 갖추어야 한다. 승려가 상주하지 않는 사원은 사실 감실(龕室) 또는 법대(法臺)에 불과하다. 산남 지방의 쌈예사는 티베트 사원의 시조로서 티베트에서 최초로 승려들이 수행하고 상주하는 곳이었다.

체탕에서 서쪽 방향으로 20킬로미터를 달리면 야루쨍부강의 숭가(松嘎)나루에 이른다.

그곳에서 배를 타면 30분 만에 강 건너편에 이를 수 있다. 상륙 후 오솔길을 따라 무성한 수림을 가로지르면 쌈예사가 눈앞에 나타난다. 쌈예사의 규모는 어마어마하며 사원까지 포함해서 도합 108채의 크고 작은 건물들로 이루어졌다. 비록 오랜 세월을 견디면서 일부 건물은 무너졌지만 규모를 나타내는 흔적은 여전히 생생하다. 인적이 드문 수림 속에 이토록 웅장한 건물군이 있을 줄은 생각지도 못한 일이다.

쌈예사의 창건자 츠송더찬이 찬보의 자리에 오르기 전에 그의 부친 츠더주찬은 이미 불교의 열렬한 신도였다. 츠더주찬이 재위할 때 선조들의 입을 빌려 '덕(德)' 자 돌림의 자손이 왕위를 계승하면 불법 융성의 시대가 찾아온다는 예언을 남겼다. 당시 그는 불법 융성을 위해 부하를 오대산(五臺山)으로 파견하여 불경을 구해오도록 하였다. 그러나 부하가 돌아오기 전에 츠더주찬은 별세하였고, 불법 융성의 임무는 그의 아들 츠송더찬에게 주어졌다. 당시 츠송더찬의 나이는 여덟 살이었고, 찬보의 자리에 오르긴 했지만 실권은 불교를 반대하는 몇몇 대신들에게 장악되었다. 그들은 선왕 츠더주찬의 갑작스러운 별세가 불교신앙 때문이라며 멸불정책을 주장하였다. 그 결과 멸불정책을 주장했던 대신들은 모두 비명에 죽고 말았다. 츠송더찬은 대신을 파견하여 싸훠얼(薩霍爾)에서 대칸부보리살타(大墈布菩提薩埵)를 초청하여 사원을 세우고 불법을 선양하는 장소로 만들려고 하였다. 그러나 생각처럼 사원을 쉽게 세울 수가 없었다. 지질구조를 충분히 검토하지 않고 집터를 선정한 뒤 건물을 지어 무너지고 만 것이다. 보리살타는 우장나(鄔仗那)에 가서 연화생대사를 초청하여 불법으로 마귀들을 진압해야만 사원을 순조롭게 세울 수 있을 것이라 판단했다. 그리하여 츠송더찬, 연화생대사, 대칸부보리살타 세 사람의 공덕으로 티베트 최초의 사원인 쌈예사가 결국 세워졌다. 쌈예사는 천축의 우단다부르(烏旦達布日)사원을 모방하여 지었으므로, 율장을 전승하는 경당, 경장을 전승하는 대단성(大壇城), 논장을 전승하는 수미산(須彌山) 및 사대부주(四大部洲), 일월(日月) 등을 상징하는 건축물들이 있다. 쌈예사의 부지 면적은 2만 5000여 제곱미터로서 특색이 선명한 고대 건축물군을 이루었고, 1250여 년의 역사를 갖고 있다. 쌈예사는 티베트 불교 선양의 발원지로서 최초로 승려들이 수행하고 경전을 전수받은 곳이었다. 이곳은 수많은 반디다와 대역사를 배출했고, 불교 전홍기(前弘期)의 중요한 수행 장소였다.

우즈대전(烏孜大殿), 즉 대웅보전(大雄寶殿)은 쌈예사의 본전이자 핵심 건물로서 건축 면적이 6000여 제곱미터이고, 서쪽에서 동쪽을 바라보는 좌서조동(坐西朝東)이며, 모두 3층으로 되었는데 층마다 건축 양식이 서로 달랐다. 가장 아래층은 티베트족의 사원 양식이고, 중간층은 한족 경당의 특징을 갖추어 대문 중앙에 '대천보조(大千普照)'라는 4개의 한자가 새겨진 편액이 걸려 있다. 그리고 3층은 인도 사원의 양식이다. 각 층에 진열된 벽화와 조각상들은 제각기 특색을 갖고 있어 서로 다른 예술양식을 나타내고 있다. 이처럼 티베트족, 한족, 인도 등 3가지 양식을 함께 갖춘 건축물은 역사상 아주 보기 드물다.

우즈대전은 2겹의 담장으로 둘러싸였다. 담장 안쪽은 2층 건물로서 아래층은 널따란 회랑이고 위층은 승방이다. 또한 승방 앞에는 1줄 각기둥으로 된 회랑이 있다. 상하 회랑에는 온갖 벽화들이 새겨졌는데, 그 기법과 내용을 놓고 볼 때 제재가 광범위하고 기예가 출중하며 티베트 역사 발전을 형상적으로 표현하고 있다.

쌈예사는 수미산을 상징하는 우즈대전을 중심으로 주변에 사대부주, 팔소주(八小洲) 및 일월을 상징하는 불당이 놓여 있다. 동쪽의 쟝바이린(江白林), 남쪽의 아야바뤼린(阿雅巴律林), 서쪽의 거단챵바린(格丹强巴林), 북쪽의 챵츄선지린(强秋森吉林) 등 4개의 불당은 『시륜경(時輪經)』에 나오는 사대주를 대표한다. 그리고 사대주 주변에는 랑다선캉린(朗達參康林), 다쥐선마린(達覺參瑪林), 둔단아바린(頓單阿巴林), 자쥐쟈가린(紫覺加嘎林), 룽단바이자린(隆丹白梨林), 쌍단린(桑丹林), 런친나춰린(仁欽那措林), 바이하굼저린(白哈貢則林) 등 8개의 작은 불당이 있는데 팔소주를 의미한다. 이 밖에 태양과 달을 의미하는 일, 월 2개의 작은 불당이 있다. 오랜 세월을 거치면서 자연재해의 피해를 수없이 입어 불당 내부의 불상, 벽화 및 기타 장식물들은 원래의 모습을 잃었다.

우즈대전의 서남쪽에는 역경장(譯經場)이 있다. 이곳은 그윽하고 고요한 장소로서 수많은 저명한 번역가들이 모여 불교경전을 티베트어로 번역했다. 그들의 노력으로 불교교의가 티베트 전역에 전파됐다. 츠송더찬은 바이 서랑(白·色朗), 바이루자나(白如雜那), 콴 루이 왕부(款·魯盆旺布), 마 런칭최(馬·仁青郤), 짱 레주(藏·列珠), 쟈와취양(甲娃曲央), 바 츠세(拔·赤協) 등 7인을 쌈예사에 보내어, 수행을 거쳐 천축 고승처럼 되기 바랐다. 그들은 왕의 명을 받고 계율을 엄격히 준수하며 열심히 경전을 공부하였다. 또한 츠송더찬은 천축과 내지에서 저명한 고승과 역사(譯師)들을 초청하여 티베트 승려들에게 불경 번역 작업을 지도하게끔 하였다. 그로부터 불교는 토번에서 널리 전파되었다.

역경장에는 10여 폭의 정교한 벽화가 오늘날까지 남아 있다. 벽화에서 볼 수 있다시피, 각지에서 모여든 학자들은 세 사람씩 모여 앉아 한 사람은 경문을 읽고 한 사람은 열심히 기록하며 나머지 한 사람은 교정을 맡았다. 그중 교정을 맡은 사람은 학문이 가장 높은 반즈다이다. 벽화 아래에는 각 반즈다의 이름이 적혀 있다. 역경장의 벽화는 당시 불경을 번역하는 작업 상황을 여실히 드러내고 있다. 이는 티베트종교사와 문학번역사를 연구하는 후세 사람들에게 중요한 참고 가치가 있다. 츠송더찬이 창설한 쌈예사의 역경장은 수많은 티베트 학자와 번역가를 배출해냈다. 바이루자나는 바로 이곳에서 배출한 티베트 역사상 가장 이름난 대역사 중 한 사람이다.

쌈예사 우즈대전의 네 모퉁이에는 각기 흰색, 검은색, 빨간색, 초록색, 4개의 색상으로 된 탑이 세워져 있다. 대전 동남각에 놓여 있는 백탑은 대보리탑으로서 소승불교의 성문탑(聲聞塔)을 모방하여 지었다. 그리고 서남각의 홍탑은 법륜연화식보살승탑(法輪蓮花飾菩薩乘塔)이다. 서북각의 흑탑은 카싸퐈사리(迦葉佛舍利)를 안장한 곳으로서 열반탑(涅槃塔)을 모방하여 지었다. 녹탑은 대전의 동북각에 놓여 있고 길상법륜탑(吉祥法輪塔)을 모방하여 지었다. 이상 4개의 탑은 제각기 형태가 독특하고 예스럽고 우아하며 오늘날 옛 모습 그대로 복원되었다.

쌈예사의 바깥 담장은 타원형이고 그 둘레의 길이가 약 1200미터이며 담장 위에는 1800개의 탑찰(塔刹)이 있다. 쌈예사에서 얼마 떨어지지 않은 곳에 츠송더찬의 왕비와 후궁의 궁전들이 있다. 왕비 차이방싸매둬춘(蔡邦薩梅多純)은 우즈대전을 모델로 삼계적동궁(三界赤銅宮)을 세웠는데, 그 규모는 우즈대전에 버금간다. 그리고 후궁 퍄융싸제무존(坡擁薩傑姆尊)은 정원금화궁(靜園金華宮)을, 줘싸츠제무찬(卓薩赤傑姆贊)은 지제치마린(吉傑齊瑪林)을 각기 세웠다. 유명한 하이부르(海布日)는 바로 쌈예사의 남측에 위치해 있었고, 감포보리살타의 영탑과 불당은 그 뒤에 있었다.

쌈예사 내부에는 다른 사원과 마찬가지로 여러 가지 문물과 탕카, 불상 등이 소장되어 있다. 그중에는 왕자 모니찬보(牟尼贊普)가 만든 능언연화생대사(能言蓮花生大師) 아자마(阿紫瑪) 조각상, 연화생대사가 두이룽(堆龍)에서 샘물을 받으며 사용했던 지팡이, 연화생대사가 바다훠얼(巴達霍爾)에서 구해 온 녹송석 석가모니 불상 등이 있다. 이러한 것들은 쌈예사의 소중한 보물들이다.

우즈대전 동문 현관에는 청동으로 주조한 커다란 종이 있다. 그것은 오늘날까지 남아 있는 유수의 토번 시기 동종(銅鐘)이다. 종 윗부분에는 티베트문으로 된 2줄의 내용이 적혀 있다.

왕비 제무찬(傑姆贊) 모자 2인은 십방삼보(十方三寶)를 공양하기 위해 이 종을 주조하여 공덕을 표시한다. 천신 츠송더찬 찬보의 자식과 가족들이 60여 종의 묘음(妙音)을 갖추고 최고 경지의 지혜를 터득하기를 기원한다.

츠송더찬의 후궁 줘싸츠제무찬은 불교를 신봉하여, 후에 출가하여 비구니가 되었으며 챵츄제(強秋傑)라는 호칭을 얻었다. 그는 지제치마린이라는 궁전을 세우고 동종을 공양했는데, 그것이 바로 이 동종이다. 지제치마린은 이미 파괴되었고, 동종은 언제부터 쌈예사로 옮겨졌는지 알 수 없다.

쌈예사 우즈대전 동문 밖 오른쪽에 오늘날까지 잘 보존되어 내려온 토번 시기의 비석이 하나 있다. 비석의 높이는 4.9미터이고, 티베트문으로 된 21행짜리 비문이 깊숙하고 정교하게 새겨져 있다. 후세 사람들은 비문 내용에 근거하여 흥불맹세비(興佛盟誓碑)라는 이름을 달았다.

쌈예사의 탄생은 티베트족, 한족과 인도의 불교신앙의 융합을 의미한다. 이때 본교는 거의 장전불교에 의해 대체되었다. 비석 내용은 불교를 적극 지원하는 토번 왕실의 조치를 고스란히 반영하였다. 비석을 세울 때 찬보 부자, 군신, 왕비 및 여러 대신과 장수들이 참석하여 영원히 불법에 귀의할 것이라는 맹세를 하였다. 비문의 내용은 이러하다.

라싸 및 자마의 여러 불당은 불, 법, 승, 3가지를 갖추고 연각(緣覺)의 교법을 봉행한다. 불사(佛事)는 융성하되 타락해서는 안 된다. 공물을 줄여서는 안 된다. 앞으로 대대손손 이어지면서 모두 찬보 부자가 내린 맹세를 지켜야 한다. 맹세를 위반해서는 안 되고 그 내용을 고쳐서도 안 된다. 모든 천신과 호법신에게 소원을 빌어 맹세를 증명한다. 찬보 부자, 군신 및 여러 대신들이 맹세를 증명한다. 맹세의 상세한 내용은 별도로 적어 보관한다.

쌈예사에서 동북쪽으로 7.5킬로미터 떨어진 산기슭에 수행지가 있는데, 그곳이 바로 유명한 청포수행동(青樸修行洞)이다. 그곳은 비탈진 산간으로 광활하고 고요하다. 토번 시기의 연화생, 바이루자나 등 저명한 역사 인물들이 이곳에서 수행했고, 그 후 룽친로우챵바(隆欽繞強巴) 등 유명한 승려들도 이곳에서 수행했으므로 청포수행동의 명성은 쌈예사에 맞먹는다. 오늘날 청포수행동은 이미 숱한 순례자와 관광객들이 갈망하는 명승지가 되었다.

여름과 가을이 찾아오면 이곳은 초목이 무성하게 자라고 들꽃이 곳곳에서 피어나며 계곡물이 졸졸 흐르고 새들이 지저귀는 아름다운 풍경으로 변모한다. 게다가 이곳은 여름에는 서늘하고 겨울에는 온화한 기후를 보유하고 있다. 이는 고승들이 이곳을 찾아 수행하는 하나의 요인일지도 모른다. 사서의 기록에 따르면, 이곳에는 도합 108개의 수행동이 있었지만 세월이 흐름에 따라 많이 파괴되고 소실되어 현존하는 것은 30여 개이다.

장전불교 닝마파의 대표 인물 중 하나인 룽친로우챵바의 영탑 및 복원한 기념비가 청포에 있다. 룽친로우챵바(1308~1363년)는 어려서부터 출가하여 고승을 스승으로 모시고 현종 5부경전과 오명(五明)을 학습하였다. 그는 열심히 노력한 끝에 성적이 아주 출중하였고, 경전과 교리에 능통한 인물이 되었다. 그는 불교경전을 부지런히 학습하는 동시에 런증쥬마란자대사(仁增鳩摩然雜大師)로부터 밀승대원만(密乘大圓滿)을 전수받아 3년간의 수행을 거친 끝에 현종과 밀종을 모두 통달한 인물이 되어 명성이 자자했다. 그는 32세 때 니푸슝서강르뒤(尼樸雄色崗日妥)에서 경전을 전수하였다. 그 시기 강의 내용을 종합하여 펴낸 것이 바로 유명한 『룽친칠장(隆欽七藏)』이다. 또한 그는 부탄에 가서 타얼바린사(塔爾巴林寺)를 세우기도 했다.

1944년, 신도 쬐저바(覺哲巴)가 룽친로우챵바의 영탑을 복원하고 비석을 세웠다. 비문에는 룽친로우챵바의 유해와 사리를 안장함과 동시에 그의 조각상 및 경전들을 함께 매장하였음을 밝혔다.

9장 고성(古城) 라싸

라싸는 티베트의 문명 발상지 중 하나이다. 이곳에는 드넓은 하곡 평원과 아름다운 산수풍경이 있는가 하면 울창한 숲과 화창한 날씨가 흔히 펼쳐진다. 취궁 유적지 발굴에 따르면 티베트족 선민들이 라싸 하곡에서 생활한 역사는 적어도 지금으로부터 5000년 전으로 추적할 수 있다. 그들은 자신들의 온갖 지혜로 부지런히 이 땅을 개간하였으며 풍성하고 찬란한 문화를 창조하였다.

라싸는 그야말로 티베트 사람들이 마음속으로 우러러 공경하는 성스러운 고장이다. 8개의 산봉우리에 둘러싸인 라싸는 성스럽고 단정한 모습으로 수많은 관광객과 참배객을 맞이하였다. 도시의 중심에 놓여 있는 대소사는 여전히 예전처럼 정숙해 보였지만 그 주위는 벌써 예전과 다른 광경이었다. 고리 모양으로 된 팔곽가(八廓街)에는 상점들이 줄느런히 들어서 아주 번화한 광경이었으며, 새롭게 보수한 판자로 위에는 정교한 푸루(氆氌, 티베트 일대에서 기르는 야크의 털로 짠 검은색 또는 다갈색 모포)가 깔려 있어 마치 조배(朝拜)하러 온 사람들을 반겨주고 갈 길을 인도해주는 것만 같았다. 대소사의 금정(金頂)과 서로 어울리는 포탈라궁은 라싸성 서쪽에 위치하여 있다. 그 주변에는 신산들이 우뚝 솟았으며, 장엄한 궁벽과 서로 맞대고 있어 웅위한 기백을 자랑한다. 거루파의 시조 총카파는 산들로 둘러싸인 라싸성의 동남쪽에 간덴사를 세웠고, 그의 두 제자는 연이어 라싸성 북쪽에 드레풍사와 세라사를 세웠다. 이로써 '일광성(日光城)' 라싸에 불교와 관련된 신비한 전설과 유구한 역사 이야기를 보태주었다.

송첸감포가 라싸로 도읍을 옮기다

티베트 역사학자들이 티베트의 유래를 말할 때면 먼저 포탈라궁의 원시건물인 취제주푸(曲結竹普) 궁실을 떠올린다. 사실 이 궁실의 면적은 불과 30제곱미터도 안 되지만 불교 수행자들의 가장 이상적인 수행 장소라고 한다. 오늘날에도 궁실 내부에는 토번 시기 송첸감포와 문성공주, 적존공주 등 왕과 왕비, 그리고 루둥짠, 톤미삼보타 등 대신들의 조각상이 보존되어 있다. 이는 얼마 남지 않은 티베트 고대의 진귀한 유적들이다.

라싸의 역사를 깊이 파고들려면 향불 연기가 피어오르는 대소사를 빼놓을 수 없다.

대소사는 7세기 중엽에 건축되기 시작하였고, 그 구조는 전부 토목으로 이루어졌다. 대소사의 본전은 3층으로 이루어졌는데, 그 꼭대기에는 독특한 풍격을 띠는 금정이 놓여 있다. 햇볕이 내리쪼일 때면 금정은 찬란한 빛발을 뿌리면서 아주 황홀한 장관을 이룬다. 본전 내부에는 문성공주가 토번으로 시집오던 당시 가져온 석가모니상이 놓여 있다. 그리고 여러 가지 생생하고 정교한 벽화들이 걸려 있으며, 풍격이 아주 다양한 조각상과 복도, 들보, 문틀 등에 새겨진 그림들은 현란함과 다채로움을 뽐낸다. 오랜 세월 속에서 대소사는 향불이 꺼질 줄 몰랐고, 최근에도 이곳을 찾는 관광객들의 발길이 끊이지 않았다.

하지만 그 누가 알았으랴, 이 웅위하고 아름다우며 불교도들로부터 '메카카바(麥加卡巴)'라 불리는 대소사가 사실은 호수 위에 지어져 있다는 것을!

티베트 사서의 기록에 따르면, 1350년 전 대소사 주변은 온통 소택지였다. 그 소택지의 중심에는 호수가 하나 놓여 있었는데, 사람들은 그곳을 지쇠워탕이라 불렀다. 당시 그곳은 인적이 몹시 드물고 염소들이 출몰하는 편벽한 지역이었다. 부락 세력들 사이에 권력 쟁탈이 심하던 그 시절, 송첸감포의 선조들이 이끈 토번부락의 세력은 아직 그곳까지 영향을 미치지 못했다. 지쇠워탕은 여전히 어마어마한 세력을 갖춘 좀바부락이 지배하는 곳이었다. 그러나 좀바부락 통치자에게 이 넓고 울창한 초원은 황량하기만 하였다. 따라서 좀바부락의 정치 중심지는 라싸에서 10리 길 떨어진 융나(擁娜)로 정해졌다.

7세기 초, 산남 지방 한편에 자리 잡고 있던 토번부락이 궐기하기 시작하였다. 그들은 농사를 짓기 위해 호수들을 연결시키고 관개수로를 만들었으며 세력을 쌓아갔다. 제31대 찬보 다리냐세(達日聶司, 송첸감포의 조부) 때에 이르러 티베트를 통일하는 위업을 시작하였다. 그의 아들 낭르숭찬은 뒤를 이어 간고한 통일대업을 계속 이끌어나갔다.

송첸감포는 낭르숭찬의 독자로서 토번왕조가 부상하던 시기에 태어났다. 따라서 사람들은 송첸감포를 하늘에서 내려준 현명한 군주라고 여겼고 토번에 영광과 승리를 가져다줄 것이라 믿었다. 그러나 예상 밖으로 송첸감포가 13세 되던 해에 토번왕조에는 큰 재앙이 일어났다. 대신들이 반란을 일으켰고, 송첸감포의 부친은 음모를 꾸민 귀족세력에 의해 독살되었으며, 여러 부락 세력들도 분분히 토번을 이탈하였다. 이토록 국세가 뒤흔들리는 혼란한 상황에서 송첸감포는 왕위에 올랐다. 그는 낡은 귀족세력들의 도전을 일일이 물리치고 반란을 평정하였으며, 통일대업을 완성하기 위해 끊임없이 전쟁을 치렀다.

한여름의 어느 날, 송첸감포는 라싸하에서 미역을 감고 있었다. 고개를 치켜들고 주위를 바라보니 라싸하의 주위는 수초가 풍요롭고 경치가 아름다운 평탄한 지역이었다. 그리고 홍산과 야오왕산이 자리를 지키고 있어 험준한 지세는 천혜의 장벽이 되고 있었다. 전하는 바에 의하면, 송첸감포의 선조이자 보현보살의 화신인 라퉈퉈르네찬이 바로 이곳 홍산에서 수행하였다고 한다. 송첸감포는 즉시 도읍을 쟈마밍쥬린(加瑪明久林)에서 지쇠워탕으로 옮기기로 했다. 그가 도읍을 옮기려는 데는 정치적인 목적도 있었다.

호수를 메워 대소사(大昭寺)를 짓다

송첸감포는 도읍을 라싸로 옮기고 티베트를 통일한 후 계속하여 업적을 쌓아나갔다. 그는 우선 내부를 안정시켜 정권을 강화하고 동시에 군대를 편성하였으며 경제를 발전시키고 농업 생산기술을 개량하였다. 그다음 톤미삼보타와 같은 인물들을 국외로 파견하여 지식을 습득하도록 하였고, 귀국 후 티베트어를 규범화하고 문화를 번영시키는 데 이바지하게 하였다. 이로부터 토번은 날로 강성해졌다. 이런 형세를 기반으로 송첸감포는 634년에 당나라에 사절을 파견하여 왕실에 청혼하였다. 혼사는 여러 고비를 겪었지만, 드디어 641년 송첸감포가 스물다섯 살 되던 해에 문성공주를 아내로 맞이하게 되었다.

문성공주와 결혼하기 전에 송첸감포는 이미 니파라의 적존공주를 비로 맞았다. 적존공주는 부다라산에 위치한 석굴을 궁실로 정하였고, 문성공주는 잠시 부다라산 동쪽의 위탕(臥塘) 옆 모래땅에 거처를 세웠다. 그가 갖고 온 석가모니 불상도 함께 그곳에 있었다. 문성공주가 천문지리를 통해 알아본 결과 이곳 모래땅은 용궁의 문으로서 반드시 사원을 세워 제압해야 했다. 따라서 그는 이곳에 석가모니 불상을 안치할 사원을 세울 것을 제의하였다. 송첸감포는 문성공주의 건의를 받아들이고 적극적으로 뒷받침하였다.

모래땅에 사원을 세우자는 문성공주의 건의를 듣고 적존공주도 사원을 세울 마음을 먹었다. 적존공주는 모래땅의 동남쪽에 자리를 잡고 친히 공사를 지도하였지만 결국 실패하고 말았다. 이에 적존공주는 문성공주에게 도움을 청하였다. 문성공주는 흔쾌히 응하고 점을 쳐서 사원을 지을 지점을 정해주었다. 그리고 성상학(星相學)과 오행설에 따라 점괘를 보았다. 밤에는 별자리를 관측하고 낮에는 지형을 관찰해보니, 토번의 지형은 마치 나찰녀와 같아서 찬보가 나라를 다스리는 데 아주 불리함을 알아냈다. 따라서 재해를 막기 위해서는 나찰녀의 사지(四肢) 위에 사원을 지어 진압해야 한다고 주장했다. 또한 문성공주가 워탕을 관측한 결과 그곳은 나찰녀의 심장 부위였고 호수는 그의 혈액에 해당되었다. 문성공주는 오행설의 원리에 따라 송첸 감포에게 계책을 올리고 산양들의 등에 흙을 실어 호수에 부어 넣음으로써 호수를 메우려 하였다. 따라서 호수를 메우는 방대한 공정이 시작되었다. 수없이 많은 산양들이 흙을 싣고 호수로 향했다. 티베트 어로 산양은 '러(惹)', 흙은 '싸(薩)'이므로 사원의 이름이 '러싸'로 불렸다. 또한 이처럼 전대미문의 웅대한 건물이 워탕 위에 세워지면서 도읍 전체의 상징으로 부상하였다. 그리하여 사람들은 그곳을 '러싸' 라고 부르게 되었다. 그러나 무슨 영문인지 당시 한문으로 '러싸'를 '뤄세(邏些)'로 번역하였으므로, 그 후의 한문 사서들은 '뤄세'라는 명칭으로 오늘날의 라싸를 지칭하였다.

대소사를 건축함에 있어서 티베트족들 사이에는 숱한 흥미로운 일화가 전해지고 있다. 송첸감포는 공주를 천신 구도모(救度母)의 화신으로 삼고 친히 도끼를 들고 지붕에 오르며 대소사를 짓는 데 나섰다고 한다. 이에 하늘의 여러 신령들이 스스로 도우러 나섰다. 하루는 하녀가 송첸감포에게 밥을 날라다 주러 건축 현장을 찾았다. 그러나 숱한 송첸감포가 나타나 일하는 모습을 보고 하녀는 대경실색하며 적 존공주에게 달려가 상황을 보고하였다. 하녀의 말에 반신반의하던 적 존공주가 친히 밥을 들고 건축 현장을 찾으니 과연 눈앞에 여러 명의 송첸감포가 나타났다. 이를 목격한 적존공주는 크게 경악하며 "정말 이상하구나!"라고 소리쳤다. 소리에 놀란 송첸감포가 고개를 돌리는 순간 수중의 도끼를 놓치고 말았다. 도끼는 떨어지면서 처마에 놓여 있던 스핑크스의 콧등을 깎아버렸다. 따라서 오늘날 대소사를 찾는 사람들은 콧등이 없는 108개의 스핑크스가 대소사의 처마에 놓여 있는 모습을 발견할 수 있다. 대소사 내부의 벽화는 상당수가 한족풍 회화로서 오늘날에도 쉽게 감별할 수 있다. 호법신 야차왕의 불당과 용왕궁 벽화 중 무장(武將)의 형상과 차림새는 당나라 장군의 모습과 매우 흡사하다. 무장이 손에 쥐고 있는 사자 깃발이라든가 용왕궁 서면의 석가모니 불상은 모두 한족풍 회화이다. 대소사는 한족과 티베트족이 서로 민족문화를 교류하는 중요한 상징이라고 볼 수 있다.

대소사가 건축된 후 송첸감포는 문성공주에게 천상지리를 다시 관찰하게 하였다. 문성공주는 관찰한 후 "하늘은 마치 팔복륜(八輻輪) 같아 매우 길상하고, 땅은 마치 팔판련(八瓣蓮) 같아 복운이 형통하며, 산들은 길상휘(吉祥徽)를 이루었다"고 말했다. 그리고 라싸 주변의 산들을 묘련(妙蓮), 보산(寶傘), 우선해라(右旋海螺), 금륜(金輪), 승리당(勝利幢), 보병(寶瓶), 금어(金魚), 길상결(吉祥結) 등 8보로 명명했다. 또한 문성공주는 그림같이 아름다운 라싸 주변의 정경을 노래하며, 동방은 산봉우리들이 기복을 이루어 호랑이가 뛰어내리는 듯, 서방은 산들 사이에 깊은 협곡이 파고들어 마치 독수리가 날개를 휘젓는 듯, 남방은 강물이 굽이굽이 흘러 마치 청룡이 맴도는 듯, 북방은 첩첩 겹친 산봉우리들과 완만한 비탈로 그 모습이 느릿느릿 기어다니는 거북이와도 흡사하다고 했다. 계속하여 문성공주는 동서남북 4대 주요 산봉우리를 각각 동남쪽은 민주자르(敏珠雜日), 동북쪽은 최무강가(雀木崗嘎), 서북쪽은 근패우저(根培烏則), 서남쪽은 취제라르(曲傑拉日)라고 이름 지었다. 이러한 산의 명칭들은 1300여 년 동안 전해 내려오면서 오늘날까지 사용되고 있다. 예로부터 티베트 인민은 수많은 전설과 민요를 지어내어 문성공주의 사적을 노래했다. 민요에는 다음과 같은 대표작이 있다.

오늘 문성공주가 티베트에 도착하니
사자들이 깊은 산속으로 숨고
공작새가 내려와 춤을 추며
불멸의 태양이 높이 솟아올랐고
이로부터 티베트에는 행복과 평화로움만이……

648년, 웅위한 대소사가 세워졌다. 문성공주와 송첸감포는 대소사의 대문 밖에 버드나무를 심었는데, 그것이 바로 유명한 '당류(唐柳)'였다. 그리고 문성공주와 금성공주가 티베트로 가져온 불상은 대소사 안에 공양되었다. 그로부터 각지의 신도들이 대소사를 찾아 참배하였다. 7세기 말, 대소사 주변에는 여관이 생겨 참배자들이 숙박할 곳이 마련되었다. 그 후, 여러 주택과 건물들이 세워지면서 대소사를 중심으로 한 팔곽가가 형성되기 시작하였고, 고원 위의 도시 라싸가 모양을 드러내기 시작하였다.

문성공주와 금성공주는 경건한 불교신도로서 송첸감포에게 커다란 영향을 끼쳤다. 그들의 영향으로 티베트 곳곳에 사원이 생겼고 경건한 신도들도 늘어나기 시작하였다. 당나라와 천축의 고승들도 라싸를 분주히 찾았고, 대소사의 향불은 날로 왕성해졌다. 불교의 흥성으로 인하여 티베트 곳곳의 지명은 종교 색채를 띠게 되었다. 따라서 사람들 인식 속에서 라싸는 불교의 성지가 되었고, '라싸'라는 이름에도 '성지'라는 뜻이 부여되었다.

정치경제 중심의 흥망성쇠는 정치투쟁과 밀접히 관련된다. 9세기 중엽부터 토번왕조는 분열되기 시작하였고 여러 부족들도 왕실의 명령에 잘 복종하지 않았다. 송첸감포의 토번 정권은 200여 년간 지속되다가 마침내 전면 붕괴의 국면에 이르렀다. 9세기 후반에 들어서서 토번 사회에는 노예와 평민들의 기세 높은 봉기가 일어나게 되면서 정권의 해체가 가속화되었다. 그로부터 티베트는 거의 400년간의 할거 국면을 맞이하게 되면서 오랫동안 분열과 혼란의 상태에 빠져들었고, 사캬, 파죽 등 정권이 나타났으며, 수도는 라싸가 아닌 사캬, 나이둥 등의 지역으로 바뀌었다. 종교를 놓고 볼 때, 랑마다가 정권을 틀어쥐면서 멸불정책을 실시하여 수많은 사원들이 파괴되고 불교경전들이 산실되었으며 대소사의 향불도 꺼지기 직전이었다. 수백 년이란 세월을 흘려보내며 라싸는 흥성하던 수도에서 점차 쇠락하였고, 포탈라궁을 비롯한 유명한 건물들은 극심하게 파괴되었다.

그러나 필경 라싸는 성지이자 도읍으로서 사람들의 시선에서 쉽게 벗어나지 않았다. 비록 대소사의 향불은 수백 년간 지속되는 불황으로 크게 줄어들었지만, 대소사를 찾는 경건한 신도들의 발걸음은 여전히 끊일 줄 몰랐다. 1409년에 이르러 총카파가 라싸에서 최초로 거루파의 전소(傳召)법회를 소집함에 따라 대소사는 재차 흥성하기 시작하였다. 그 후, 총카파와 그의 제자들은 잇따라 간덴, 드레풍, 세라 등 3대 사원을 세웠고, 라싸는 종교 신도들의 활동 중심지로 부상하였다. 뿐만 아니라 5세 달라이가 포탈라궁을 세우고 7세 달라이가 노블링카를 세우면서 라싸는 또 하나의 번성기에 들어섰다. 정교합일 제도의 수립과 발전에 따라 라싸는 티베트의 정치, 경제, 문화, 종교의 중심으로 자리 잡았다. 15세기 이후로 400여 년간 라싸에는 사원들이 빼곡히 들어섰고 출가하는 사람들이 날로 늘어났으며 '소서천(小西天, 작은 극락세계)'으로 명성을 떨쳤다. 쓰촨, 윈난, 칭하이, 간쑤 등 지역의 불교신도들도 라싸로 몰려들었다. 법회를 소집하거나 종교 명절을 맞이할 때면 라싸는 인산인해를 이룬다. 따라서 부처님께 향불을 올리는 대열의 길이는 몇 킬로미터에 달하고, 먼 곳에서 온 사람들은 라싸 교외에 천막을 치고 행사에 참여한다. 이때의 라싸는 상인들이 운집하고 사람과 마차들로 북적이는데, 이런 것들이 웅위한 궁전과 서로 조화를 이루어 마치 전설 속의 신산과도 같다.

1637년, 거루파를 신봉하는 몽골 고시한이 거루파와 대립되는 다른 교파들을 진압하고 5세 달라이를 뒷받침하여 티베트에 통일된 정교합일의 통치제도를 수립하였다. 1645년, 5세 달라이는 제파(第巴, 지방관리 명칭)를 파견하여 포탈라궁을 보수하고 증축하게 하였다. 1653년, 포탈라궁은 증축공사를 마쳤다. 그로부터 5세 달라이는 드레풍사에서 포탈라궁으로 거처를 옮겼다. 포탈라궁의 증축공사로 산의 북쪽 편에 용왕담(龍王潭)이 만들어져 라싸의 또 하나의 명승지가 되었다.

5세 달라이 때부터 대소사는 수차례의 증축을 거쳐 17세기에 이르러 오늘날의 규모를 갖추었다. 이때 라싸의 시가지에는 개인 주택들도 많이 늘어났다. 대소사를 중심으로 주변에는 승려와 관리들의 사택과 관사들이 줄느런히 들어섰다. 그리하여 라싸는 서쪽은 유리교

(琉璃橋), 동쪽은 이슬람교 사원, 남쪽은 삼호주(三怙主)전당, 북쪽은 소소사에 이르는 규모를 갖추게 되었다.

1740년대, 7세 달라이는 포탈라궁 서쪽으로 2킬로미터 떨어진 곳에 노블링카를 세웠다. 그곳에는 고목과 초지 및 연못 등이 모여 있었다. 8세 달라이 때 노블링카에 대한 증축공사를 진행하여 374개 방을 갖추었고 총면적이 3만 5000제곱미터에 달하였다. 노블링카 안에는 녹음이 우거지고 새들이 지저귀며 온갖 화초들이 만발하였다. 또한 민족적 특색이 물씬 풍기는 건축물들이 엇갈리면서 배열되어 제법 정취를 돋운다. 노블링카는 역대 달라이의 여름 행궁이었다.

3세 달라이 이후로 달라이의 환생제도가 정식으로 확립되었다. 5세 달라이 때부터 정교합일 제도가 강화되고 갈단파장(噶丹頗章) 정권이 수립되면서 달라이가 환생하기 전후 섭정(攝政)이 권한을 대행하였다. 섭정제도의 출현으로 라싸에는 숱한 관사와 사원들이 새롭게 세워졌다. 단지린사(丹吉林寺), 세더(謝德), 츠메린(次美林), 궁더린(功德林), 미루(米如) 등이 이때 들어섰다. 이런 사원들은 대부분 섭정에게 소속되고 부지 면적이 크며 수백 명의 승려들이 있다. 건축물이 늘어남에 따라 라싸의 도시 규모는 날로 커졌고, 이는 라싸의 발전과 번영을 보여준다.

5세 달라이 이후, 각 대의 달라이 및 그 가족과 친척들이 모두 각지에서 라싸로 이사해 오자 라싸에는 그들을 수용할 수 있는 관사들이 대규모로 건축되었다. 19세기 말에서 20세기 초에 이르러 대귀족들은 호화로운 생활을 다투어 추구했고, 라싸 시가지뿐만 아니라 라싸하 연안 및 교외의 경치 좋은 원림 속에 별장을 지었다. 라싸하 북쪽

기슭에는 그 당시 지은 별장이 10여 채나 된다. 이로써 라싸는 또 한 차례 확장되었다.

17세기 이후, 중국 각지의 한족과 회족 등 여러 민족들의 발길이 라싸로 향했고 이웃나라 상인들도 빈번히 찾아들었다. 많은 사람들이 먼 길을 마다 않고 라싸를 찾아 상업에 종사함으로써 라싸는 점차 국제무역시장으로 자리 잡았다. 상인들 중 일부 한족, 회족 및 외국인들은 라싸에 거처를 두고 정착하기 시작하였다. 그들은 라싸의 도시발전에 상당한 영향을 주었다.

그러나 티베트가 평화해방을 맞이하기 전까지만 하여도 1300여 년의 역사를 갖고 있는 라싸는 대부분 사원, 관청, 관저 등 건물들로 채워졌고, 통일된 시정 계획과 공공시설이 없었다. 특히 학교, 극장, 운동장 등의 시설이 하나도 없었다.

라싸의 발전은 우여곡절을 겪기도 했다. 20세기 초, 영국 침략군은 전쟁의 불길을 포탈라궁 아래까지 끌어들였고 야만적인 약탈과 살육을 감행하였다. 일찍이 영국군이 간체종(江孜古堡)을 격파한 후, 원(原) 티베트 지방정부는 영국군과 불법적인 '라싸조약'을 체결하였다. 따라서 백성들은 재앙에 빠졌고, 유구한 문화유적들은 파괴당하였다.

티베트 평화해방 이후, 라싸는 진정으로 활기를 찾았고 새롭게 변모해갔다. 넓고 평탄한 아스팔트길 양쪽에는 녹음이 우거지고 현대식 건축물과 주택들이 줄느런히 세워졌으며 수도관과 전화선이 종횡으로 뻗었다. 사람들은 갖가지 꽃들로 집을 단장하였고 학교에서는 독서 소리가 낭랑하게 들려오면서 생기를 띠었다. 라싸의 건축 면적은 해방 전보다 수십 배나 늘어났다.

라싸시 중심으로부터 주위 100여 리에는 공장, 상점, 병원, 학교, 오락시설, 연구소 등이 설치되어 있고, 사람들은 부유하고 문명한 새로운 티베트를 건설하기 위해 노력하고 있다. 라싸는 내륙지방과 티베트를 연결하는 교통중추로서 인구 유동의 중심지이자 물류 중심지로 부상했다.

세계가 주목하는 포탈라궁(布達拉宮)

라싸하곡지대에 우뚝 세워진 포탈라궁은 라싸뿐만 아니라 티베트의 주요한 상징이다. 티베트를 방문하여 포탈라궁을 찾지 않는다면 평생 후회할 수도 있다.

포탈라궁은 총 13층에 높이는 117.19미터인 고대 건축물로서 세계에서도 명성이 자자하다. 1300여 년 전에 건축된 이 토목궁전은 지극히 높은 역사적 가치를 갖고 있다. 또한 궁전 내부에는 벽화, 영탑, 조각상 등이 있어 예술의 보고이기도 하다. 특히 보석, 문물, 탕카, 경전, 도자기 등은 돈으로 환산할 수 없는 보물들이다. 포탈라궁의 가치에 대해서는 아무리 높게 평가해도 과분하지 않고 매번 방문할 때마다 새로운 느낌을 얻을 수 있다.

산세를 따라 놓인 계단을 걸어 올라가면 포탈라궁 앞에 이른다. 웅위한 궁문 앞에 다가서면 인간은 보잘것없이 작아 보인다. 굵다란 나뭇가지로 만든 빗장을 열어젖히고 궁문 안으로 들어가서 복도를 지나면 수 미터에 달하는 두터운 궁벽을 볼 수 있다. 수백 년, 심지어 1300

여 년 전에 바위에 진흙을 발라 쌓은 궁벽인 만큼 그 가치가 어마어마 하다. 사람들은 궁벽의 기세에 놀라 저절로 감탄하기 마련이다.

복도를 따라 걷다 보면 널따란 광장이 눈앞에 나타난다. 이는 매년 장력(藏曆) 12월 29일에 라마들이 액땜의식을 하거나 달라이 라마가 연극을 관람하는 전문 장소로서 '더양샤(德陽夏)'라고 부른다. 이곳 은 티베트 전통건축 재료인 '아가투(阿嘎土)'로 지어졌고, 그 면적은 1600제곱미터에 달한다.

'더양샤'의 서쪽 계단을 따라 숭거랑도(松格廊道)에 이르면 나란히 놓여 있는 3개의 사다리가 보인다. 사다리는 비록 높지 않지만 매우 가파르다. 그중에서 중간 사다리는 달라이 라마 전용이고 양측은 일 반 승려나 관리들이 사용할 수 있다. 이는 개개의 궁전으로 가려면 반 드시 거쳐야 하는 길이다. 사다리를 따라 올라가면 남쪽 벽면의 유리 장에 놓여 있는 고봉(誥封)과 그 아래에 금으로 낙인한 두 손자국이 눈에 띈다. 그것은 17세기 중엽, 5세 달라이가 포탈라궁을 대규모로 건축하면서 남긴 것이다. 그때 달라이는 이미 나이가 많다 보니 정사 에 관여하지 않았고 모든 일을 제파 쌍제가춰(第巴・桑結嘉措)에게 맡 겼다. 제파 쌍제가춰가 달라이의 권한을 대행하자 모든 승려와 관리 는 그의 명령에 복종해야 했다. 낙인한 손자국은 바로 이러한 역사적 사건을 증명하는 문물로서 매우 소중한 역사적 가치가 있다.

동쪽 벽면에는 사람들에게 익숙한 송첸감포의 청혼 및 문성공주의 티베트행을 그린 그림이 새겨져 있다. 송첸감포는 티베트를 통일하 고 강대한 토번왕조를 건립한 후, 대신 가얼둥짠을 당나라 장안에 파 견하여 당태종에게 통혼할 의사를 전달하였다. 가얼둥짠은 다른 여러 민족 정권이 장안에 파견한 사신들과 함께 겨루면서 당태종이 낸 다섯 문제에 모두 정확하게 답하여 승리를 거두었고, 문성공주를 티베트로 맞이하는 데 큰 공을 세웠다. 이러한 역사적 사실들을 담은 내용들이 벽화로 고스란히 재현되었다. 물론 티베트의 다른 여러 사원에서도 문성공주를 맞이하는 벽화를 쉽게 찾아볼 수 있다. 이는 티베트족과 중원 한족 사이의 두터운 우의를 반영함과 동시에 가얼둥짠의 지혜를 찬양하는 티베트족들의 마음을 나타낸다. 시선을 동쪽 벽면에서 북쪽 벽면으로 돌리면 문성공주가 티베트로 오는 과정과 라싸에 도착했을 때 열렬히 환영받는 장면이 보인다. 710년, 문성공주에 이어 또 한 명의 당나라 공주인 금성공주도 티베트로 시집을 왔다. 그의 사적도 포탈라궁의 궁벽에 그림으로 남겨졌는데, 취무친샤(措木欽廈), 즉 동대전(東大殿)의 동쪽 벽면에서 금성공주의 이야기를 찾아볼 수 있다.

취무친샤는 포탈라궁 백궁(白宮) 부분의 가장 큰 궁전으로서 5세 달라이가 정권을 수립한 후, 1645년에 디바 쉬랑로우단(第巴·索朗繞旦)이 세운 것이다. 이곳은 후세 달라이들이 계승식을 올리거나 집정 의식을 치르는 등 정치 및 종교 활동의 중요한 장소이다. 대전 내부에는 청나라 순치황제가 5세 달라이를 책봉한 금책과 금인이 보존되어 있다. 그리고 대전 중앙의 보좌 위쪽에는 1867년 청나라 동치황제가 하사한 '진석수강(振錫綏疆)'이라는 금색 글자가 새겨진 편액이 걸려 있다.

동대전에서 백궁의 가장 높은 곳에 이르면 새로운 세상을 발견할 수 있다. 남쪽으로 향한 마룻바닥에 닿는 통유리창을 통하여 충분한 햇빛이 들어오기에 이곳에 놓인 궁전을 일광전(日光殿)이라 한다. 달라이 라마의 침궁이 바로 일광전에 배치되어 있다. 궁전 내부는 온통 금은보화로 장식되었고 호화로움은 매혹스럽기 그지없다. 침궁의 발코니에 다가서면 라싸의 전경이 한눈에 들어온다. 크고 작은 산들이 첩첩이 솟아 있고 라싸하가 서쪽으로 유유히 흐르며 수많은 논밭길이 종횡으로 펼쳐진 가운데 녹음이 우거진 마을들, 이 모든 것들이 조화를 이루며 활기를 띠고 있다.

포탈라궁은 백궁과 홍궁으로 구성되었다. 건설할 때부터 백색과 홍색, 2가지 색상으로 건축물을 구분하였다. 홍궁은 제파 쌍제가춰의 주도하에 건설한 것이다. 홍궁의 중심 건물은 달라이의 영탑전(靈塔殿)과 각종 불당으로 구성되었다. 포탈라궁 내부에는 도합 8개의 영탑이 있다. 5세 달라이부터 시작하여 각 대의 달라이가 원적하면 모두 포탈라궁에 영탑을 세웠다. 영탑의 형체는 거의 비슷하지만 그 규모가 서로 달랐다. 5세 달라이와 13세 달라이의 영탑이 가장 호화로웠다. 1690년에 세워진 5세 달라이의 영탑은 규모가 가장 큰 것으로 탑의 높이는 13미터 이상이고, 탑신은 금으로 둘러싸여 황홀한 빛발을 뿌렸고, 표면에는 수많은 마노들이 박혀 있었다. 5세 달라이의 영탑을 건조하는 데 11만 9812.37냥의 황금에 헤아릴 수 없을 만큼 많은 보석이 들었다.

달라이 영탑전의 한편에는 스시핑춰(司西平措)라는 전당이 있다. 그 면적은 700제곱미터에 달한다. 전당 내부에는 건륭황제가 하사한 '용봉초지(湧蓬初地)'라는 네 글자가 새겨진 편액이 걸려 있다. 전당의 네 벽에는 주로 5세 달라이의 생애와 업적을 담은 벽화가 그려져 있다. 특히 17세기 중엽에 북경에서 순치황제의 접견을 받는 장면은 비교적 돌출한 위치에 놓여 있었다. 스시핑춰 2층의 화랑은 전문적인 벽화 전시관으로서 약 700폭의 벽화가 전시되어 있다. 벽화의 내용은 주로 티베트 각 지방의 풍토와 생활을 그리고 있으며, 포탈라궁을 건설할 때의 고단한 정경을 묘사한 것도 있다.

스시핑춰 화랑에서 계단을 따라 3층으로 올라가면 포탈라궁의 최초의 건물인 췌제둘포(曲傑竹普)에 이른다. 전하는 바에 의하면, 토번 제27대 찬보인 라뛰뛰르네찬이 이곳에서 수행한 적이 있고, 송첸감포가 라싸로 도읍을 옮긴 후에도 이곳에서 수행한 적이 있으며, 건축물에 대해 전면적인 보수를 하기도 했다. 이곳은 7세기에 송첸감포가 포탈라궁을 건축하기 시작할 때부터 줄곧 남겨온 건축물이다. 1300년 전의 포탈라궁은 999칸의 방에 동굴식으로 지어진 췌제둘포를 포함하여 도합 1000칸이 되었다. 그 후, 자연재해와 전쟁을 겪으면서 원래의 건축물들은 거의 모두 사라졌고 오직 췌제둘포와 파바라캉(帕巴拉康)만 남았다. 오늘날에도 췌제둘포를 자세히 둘러보면 불에 타다 남은 흔적을 발견할 수 있다. 어둑한 불빛 아래 놓인 송첸감포, 문성공주, 적존공주 및 루둥짠과 톤미삼보타 등의 조각상은 마치 살아있는 듯이 생생하게 느껴진다. 30제곱미터밖에 안 되는 췌제둘포는 1300년 전의 운치를 고스란히 전달하고 있다.

파바라캉은 췌제둘포의 바로 위층에 있고, 역시 포탈라궁에서 가장 일찍 세워진 건축물 중 하나이다. 파바라캉의 내부에는 단향목 자재관음상(自在觀音像)이 안치되어 있는데, 포탈라궁에서도 보기 드문 보물이다. 불당의 정면에는 청나라 동치황제가 어필로 적은 '복전묘과(福田妙果)'라는 편액이 걸려 있다. 5세 달라이로부터 시작하여 청나라는 티베트에 대한 통제를 강화하였고, 달라이와 중앙정부 사이의 관계는 더욱 긴밀해졌다. 포탈라궁 곳곳에서 이에 관한 증거들을 발견할 수 있다. 포탈라궁의 또 다른 전당 싸숭랑제(薩松朗傑)에는 건륭황제의 화상이 놓여 있고, 한어, 티베트어, 몽골어, 만주어 등 4가지 언어로 적힌 황제 위패가 봉안되어 있는데, 이는 8세 달라이 쟝바이가취(降白嘉措)가 1788년에 세운 것이다.

포탈라궁은 300여 년 동안 티베트의 정치와 종교의 중심이었던 곳으로, 대단히 풍부하고 소중한 역사문물들을 보존하고 있다. 벽화, 조각, 영탑 외에도 패다라(貝葉經)와 대량의 티베트문 문헌과 경전들이 있다. 그중에는 명나라 영락 8년(1410년)의 티베트문판 『간주얼』과 옹정황제가 7세 달라이에게 하사한 티베트문판 『간주얼』, 그리고 역대의 탕카, 명청 시기의 비단, 자기, 법랑(琺瑯), 금과 은으로 된 그릇, 역대 중앙정부가 달라이 라마에게 보낸 금책, 옥책, 금인, 봉호, 편문(匾文) 등이 있다.

포탈라궁은 대량의 보석과 골동품을 소장하고 있다. 그중에는 20여만 개의 진주로 만들어진 진주탑이 매우 높은 예술적 가치를 자랑한다.

포탈라궁을 방문한 사람들은 궁내의 벽화, 조각, 탕카, 공물 등을 관람하고 감탄을 하지 않을 수 없으며, 티베트의 다른 사원에 소장된 것들과 비교하면서 어떠한 차이가 있는지 의문을 갖지 않을 수 없다. 왜 포탈라궁만 '궁(宮)'이고 다른 사원은 '사(寺)'인가? 포탈라궁이 세워질 때의 토번 시기에는, 불교는 아직 티베트를 통치하지 못하였고 티베트는 정교합일의 사회가 아니었다. 당시 포탈라궁은 종교와 관련 없이 단지 왕의 궁전으로 예상하여 지어졌다. 그러므로 궁내에는 불상이나 불탑이 거의 없었고, 찾아드는 불교신도들도 드물었다. 5세 달라이가 청나라 황제의 책봉을 받아 정치와 종교의 수뇌 자리에 올라 드레풍사원에서 포탈라궁으로 거소를 옮기면서 포탈라궁의 성격이 변화되었다. 포탈라궁은 지방정권의 소재지일 뿐만 아니라 티베트 불교의 최고 활불이 소재하는 곳이 되었다. 이로부터 종교 색채가 농후해졌다.

티베트의 정교합일 통치체제가 강화되면서 포탈라궁은 정부, 종교의 중심일 뿐만 아니라 군사 수뇌부의 중심이기도 했다. 해방 전, 티베트 지방부대의 지휘기관이 포탈라궁에 설치되었고, 또한 감옥까지 설치되어 그 성격이 더욱 복잡해졌다.

아담한 노블링카(羅布林卡)

대소사에서 서쪽으로 2킬로미터 떨어진 라싸하 강변에 고목이 우거지고 꽃들이 만발한 원림(園林)이 있는데, 그곳이 바로 '보석 같은 정원' 노블링카이다. 그 총면적은 36만 제곱미터로, 1740년대 7세 달라이 거쌍가춰(格桑加措) 때에 지었다. 노블링카가 세워지기 전에 그곳은 소 떼와 양 떼가 출몰하고 잡초가 무성한 황무지였다. 당시 7세 달라이 거쌍가춰는 자주 병을 앓았고 그럴 때마다 그곳 황무지에 있는 샘물을 찾아 목욕하며 병을 치료하곤 하였다. 그때 청나라 주장대신(駐藏大臣)이 거쌍가취를 위해 샘물 부근에 정자를 세워주었다. 그로부터 1755년 7세 달라이는 정자의 동쪽에 최초로 궁전을 세우고 자신의 이름을 따서 거쌍파장(格桑頗章)이라 명명하였는데, 그것이 바로 노블링카의 전신이다. 거쌍파장은 모두 2층으로 되어 있고, 사각돌로 쌓아졌으며, 내부에는 불당, 객실, 열람실 및 호법신전(護法神殿), 집회전(集會殿) 등의 시설을 갖추고 있다. 호법신전 내부의 네 벽에는 생생하고 고풍스러운 벽화들이 있다. 벽화 중에는 토번왕조의 몇몇 유명한 찬보─송첸감포, 츠송더찬, 러바진 등의 화상과 각종 호법신의 화상에다 티베트 불교의 여러 교파의 대표 인물들의 화상도 있다.

거쌍파장이 세워진 후, 역대 달라이는 집정하기 전의 미성년 시절을 이곳에서 티베트어와 불경을 공부하면서 보냈다. 그리고 일단 집정하게 되면 거쌍파장은 달라이의 여름 궁전으로 사용되고 포탈라궁은 겨울 궁전이 된다. 매년 장력 3월 중순부터 10월까지 달라이는 거쌍파장에서 경문을 읽고 문건을 열람하거나 다른 대신들과 국정을 토론하면서 지낸다. 또한 원림 속에서 여유로운 휴가를 즐기기도 한다.

각 대의 달라이마다 증축공사에 주력하였으므로 노블링카의 규모는 날로 커졌다. 8세 달라이 때, 거쌍파장의 뒷마당에 변경대(辯經臺), 호심정(湖心亭), 지주전(持舟殿) 및 외곽의 담장을 세우고 대량의 화초와 나무를 심었으며, 이로부터 노블링카는 원림의 규모를 갖추게 되었다.

13세 달라이 시기, 노블링카는 또다시 대규모 증축공사를 맞이하였다. 거쌍파장의 2층 위에는 전당이 올라가고 호심정 주변에는 돌난간이 세워졌다. 1922년부터 노블링카의 서쪽 편에는 금색파장(金色頗

章)이 새롭게 지어졌다. 금색파장은 3층짜리 티베트식 층집으로서 경당, 침실, 경법독학실, 조배실 등이 모두 구비되었다. 파장의 꼭대기에는 상린법륜(祥麟法輪)과 법당(法幢)이 있고, 변백여아장(卞白女兒牆)에는 길상팔보(八寶吉祥) 도안이 새겨져 있어 매우 화려하고 장엄하다. 금색파장은 거쌍파장처럼 네 벽에 도안이 그려져 있는 것 외에도 숱한 조각들이 새겨져 있다. 또한 벽면에는 오대산, 만수산(萬壽山) 등 명산들의 전경을 비롯해 한족들의 길상을 의미하는 복록수희(福祿壽禧)의 도안이 그려져 있다. 따라서 벽화 양식은 티베트족과 한족의 심미 관념의 결합체이다. 궁전 꼭대기의 건축 재료는 모주궁카현의 민간예술품인 유리기와이다.

금색파장의 서쪽에는 13세 달라이 라마의 밀종 수행지인 거쌍디지궁(格桑第吉宮)이 있다. 궁전은 2층으로 되었고, 위층에는 하야그리바(말 머리를 한 성소 수호 신성), 대위덕금강(大威德金剛) 등 밀종의 신들이 모셔져 있다.

거쌍디지궁의 서남측에 위치한 치밍최지궁(齊明確吉宮)은 13세 달라이가 자신을 위해 건축한 거실로서 티베트식 전통 단층집이다. 그는 만년에 원적할 때까지 줄곧 이곳에서 생활했다.

1954년에 이르러 노블링카에서는 또 한 차례의 대규모 증축공사가 벌어졌는데, 주로 14세 달라이의 궁전인 다뎬밍쥬궁(達顚明久宮)을 지었다. 새롭게 건축된 이 궁전은 황홀하기 그지없으며 티베트 건축 예술의 높은 수준을 자랑하고 있다. 궁벽에는 한 층의 두터운 홍색 변백(卞白)이 있는데 정류(檉柳) 가지로 염색하여 생긴 것이다.

변백으로 벽을 쌓는 데는 엄격한 규정이 있다. 사원과 달라이 및 후투커투(呼圖克圖)의 궁전을 제외한 기타 일반적인 건물에는 사용할 수 없다. 변백 벽은 황동에 도금한 팔상휘(八相徽), 칠정보(七政寶) 등으로 장식하여 매우 장엄하고 숙연하다.

다덴밍쥬궁의 계단에 들어서면 정문 양측에 걸린 호랑이 가죽 채찍을 발견할 수 있다. 이는 허락 없이 마음대로 드나들지 못함을 의미한다. 길이가 약 1미터인 이 채찍은 츠송더찬을 호위하던 무사가 갖고 있다가 달라이에게 전수되었고, 외출 순방할 때 길을 여는 데 사용되었다. 정문을 밀고 궁전 내부로 들어서면 사자와 호랑이가 그려진 대형 화폭이 한눈에 들어오는데, 티베트 정권과 종교의 최고수뇌의 위엄을 대변하는 듯하다.

다덴밍쥬궁은 노블링카의 신궁이라고도 불린다. 그 벽화는 티베트 여러 사원의 벽화 양식을 종합하여 이루어졌다. 각양각색의 종교벽화, 신상(神像), 탕카, 불탑 및 등잔은 보는 이로 하여금 깊은 예술세계로 빠져들게 한다. 신궁 남쪽 벽면에는 독특한 벽화가 있는데 찬시도(贊詩圖)라고 부른다. 그 형태는 주로 방형과 원형이고 여러 가지 시구들의 배열로 이루어졌는데 종횡으로 읽어보면 모두 의미를 담고 있어 설계가 아주 묘하다.

신궁의 벽화 중에는 1652년 5세 달라이가 북경에서 순치황제로부터 달라이 라마로 책봉받고 금책과 금인을 수여받는 장면이 있다. 이는 거루파에게 매우 중대한 의의가 있다. 이로부터 거루파는 티베트 전역을 통치하게 되었고, 후세 달라이들도 모두 이 역사를 기념하게 되었다. 궁내의 가장 새로운 벽화는 1954년 14세 달라이가 방금 개통한 캉짱공로(康藏公路)를 지나 전국인민대표대회에 참석하러 북경으로 떠나는 장면을 그린 것이다.

노블링카 황벽(黃墻)의 동쪽에는 우로파장(烏堯頗章)이 있고, 그 바로 정면에 노천 연극무대가 설치되어 있다. 매년 설돈절이면 티베트 각 지역의 공연팀들이 이곳에 모여 연극을 펼치고, 달라이 라마는 우로파장에서 연극을 감상한다. 연극무대의 양측에는 옛 티베트 지방정부인 가샤(噶廈) 관원들의 사무실과 의창(議倉), 경사(經師)의 거실 등이 있다.

노블링카는 정원인 만큼 그 주요 특색은 무성한 원림에 있다. 무성하게 우거진 나무와 다양한 화초들은 금빛 찬란한 다덴밍쥬궁을 둘러쌌고, 가로수길 양측에는 백양나무와 버드나무들이 줄느런히 서 있다. 금색파장 주위에도 다양한 식물들이 밀림을 이루었고 기이한 화초들이 향기를 풍기면서 자라나고 있다. 그 밀림 속에 빠져들어 알록달록한 색채들을 배경으로 멀리 바라보이는 설산과 곳곳에서 날아드는 새들을 감상하면 참으로 후련하고 유쾌한 기분이 든다.

노블링카에는 티베트 현지에서 찾아볼 수 있는 각종 화초와 나무 외에도 내지에서 들여온 진귀한 식물들이 있다. 또한 호랑이, 표범, 원숭이, 노루 등 동물들을 우리에 가두고 있어 마치 공원과도 같다. 화려하고 우아한 왕실 원림인 노블링카는 티베트 근대시기 각 단계의 역사, 문화, 예술 등의 상황을 고스란히 보여준다.

라싸의 3대 사원

라싸의 동쪽 교외, 북쪽 교외 그리고 서쪽 교외에는 제각기 웅위한 거루파 사원이 하나씩 있다. 바로 유명한 간덴사, 세라사, 드레풍사이다. 이는 라싸의 3대 사원으로서 장전불교 거루파의 시조인 총카파 및 그의 제자들이 창설하였으며, 거루파의 3대 주요 사원이기도 하다. 규정에 따라서 3대 사원에 거하는 승려는 간덴사 3300명, 세라사 5500명, 드레풍사 7700명이다. 그러나 실제로 승려 인원수는 이를 넘는다. 이렇게 많은 승려들이 거하고 있으므로 사원의 규모가 매우 크다는 것을 알 수 있다. '문화대혁명' 시기, 3대 사원은 모두 큰 피해를 입었고 많이 파괴되었지만 현재는 많이 복구된 상태. 5킬로미터나 떨어진 곳에서도 3대 사원의 건축물들을 바라볼 수 있다.

간덴사는 1409년에 건축되었다. 간덴사를 말하자면 거루파의 시조 총카파를 빼뜨릴 수 없다. 총카파는 중국 칭하이성 시닝(西寧) 부근의 종객(宗喀)이라는 곳에서 태어났다. 그의 이름은 종객 지방의 사람이라는 뜻이며, 나상찰파(洛桑札巴)가 본명이다. 그는 8세에 출가하였고 16세에 티베트로 와서 법도를 닦으며 경전을 공부했다. 그리고 22세에 야룽 지방의 즈취바(孜措巴)에서 칸부 추천런친(堪布·楚臣仁欽)으로부터 비구계를 받았다. 그로부터 밀종 경전을 체계적으로 학습하였고, 동시에 스승을 모시면서 밀종 교리의 문제를 탐구하였다. 총카파는 40세 무렵에 광범한 종교활동을 펼치면서 점차 자신의 사상체계를 이루었다. 44세 때, 그는 나이우 난커쌍부(乃烏·南喀桑布)의 요청을 받고 라싸 서쪽 교외에서 수백 명의 사원 주지 및 승려들에게 중관(中

觀), 율부도차제(律部道次第) 등 정법을 가르쳤다. 당시 불교계 계율이 느슨하고 승려 생활이 방탕한 현상에 대하여 총카파는 승려로서 반드시 계율을 엄격히 준수해야 하고 단정한 생활을 해야 함을 강조했다. 그 후, 총카파는 취수랑즈딩(曲水朗孜頂)에서 600여 명의 승려와 함께 여름 수행을 하는 동안 준런다와(尊仁達瓦), 대역사(大譯師) 쟈쵸바이(甲喬白) 등과 율부의 취지를 토론하면서 종교계의 계율을 정돈할 것을 상의하여 결정하였다. 율부경교(律部經敎)의 근본 학설을 널리 선양하기 위해 총카파는 『보리도차제광론(菩提道次第廣論)』을 썼다. 또한 49세 때는 『밀종도차제(密宗道次第)』를 써냈다. 이 2부의 밀종 대작은 총카파의 대표작으로서 그의 사상체계를 전면적으로 체현함과 동시에 거루파를 창설하는 이론적 기초가 되었다. 1408년, 명성조(明成祖)가 라싸에 사람을 파견하여 총카파를 북경으로 청하자 총카파는 수제자 석가이시(釋迦益西)를 보냈고, 석가이시는 명나라 중앙정부로부터 '대자법왕(大慈法王)'으로 책봉받았다. 1409년, 총카파가 라싸에서 동쪽으로 30여 킬로미터 떨어진 왕구르산(旺古日山)에 간덴사를 세움으로써 거루파가 정식으로 형성되었다. 1416년, 총카파의 제자 쟝양취지자시반단(降央曲吉紥西班丹)은 나이우난커쌍부의 도움으로 라싸 서쪽 교외 긍피우즈산(更丕烏孜山) 아래에 드레풍사를 세우고 초대 칸부(堪布)를 맡았다.

『황유리(黃琉璃)』의 기록에 따르면, 드레풍사원을 지을 때 총카파는 랑부산화쿠(廊布山法庫)에서 발굴한 법라(法螺)를 제자 자시반단(紥西班丹)에게 하사하였다. 그로부터 자시반단은 드레풍사원을 기지로 불법을 널리 전파하고 여러 곳에 사원을 세웠다. 자시반단은 총카파가 하사한 법라를 드레풍사의 최대 보물로 삼고 사원 내부에 고스란히 안치했다. 오늘날에도 우리는 드레풍사원에서 그 법라를 찾아볼 수 있다.

드레풍사원은 세워진 후에 가장 큰 규모와 실력을 갖춘 거루파 사원으로 신속히 발전하였다. 최초에 사원은 춰친(措欽) 외에도 궈망(郭芒), 뤄서린(洛色林), 투이쌍무린(推桑木林), 샤궈(夏廓), 두와(都瓦), 더앙(德央), 아바(阿巴) 등 7개의 자창(紮倉)이 있었으며, 승려는 무려 7000명이 넘었다.

이와 같은 자창은 각자 산하에 몇 개에서 몇십 개의 '강촌(康村)', 승사(僧舍)를 두고 엄밀한 구조를 갖춘 건축단위를 이루었다. 건축단위의 내부는 기본적으로 원락지평, 경당지평 및 불당지평 등 3개의 지평 층차로 나뉜다. 이로써 대문으로부터 불당에 이르기까지 점차 상승지세를 이루어 불당의 고귀한 지위를 돌출시키고 있다. 대전과 경당의 외부는 금정(金頂), 상륜(相輪), 보당(寶幢), 팔보 등 불교 색채를 물씬 풍기는 요소들로 장식되어 불교의 장엄함을 강화하였다.

몇 대의 달라이들이 드레풍사원에서 거주하였다. 5세 달라이 뤄상가춰는 청나라 황제의 책봉을 받기 전까지 줄곧 드레풍사원에서 거주하다가 포탈라궁이 세워지면서 포탈라궁으로 이주하였다.

세라사는 1419년에 총카파의 제자 석가이시가 세웠다. 세라사가 완공되기 전에 총카파는 원적하였다.

세라사 주지 석가이시는 도합 두 차례 중원에 간 적이 있다. 그가 처음으로 중원 지역에 간 때는 1409년이다. 당시 명성조는 4명의 흠차대신을 티베트로 파견하여 총카파를 남경으로 초청하였지만, 총카파는 나이가 많아 행동이 불편하여 제자 석가이시를 보냈다. 따라서 석가이시는 '대자법왕'으로 책봉받았다. 세라사가 세워진 후, 그는 재차 몽골 등으로 다니면서 불법을 선양하고 설교하였으므로 명선종으로부터 '국사'로 책봉받기도 했다. 그는 티베트로 돌아오면서 숱한 진귀한 물품들을 갖고 왔다. 그중에는 금가루로 쓴 대반야경(大般若經), 주사(朱砂)가루로 쓴 중국어와 티베트어 대조본 대장경, 백단향(白檀香)으로 조각된 16존자(尊者) 소상, 그리고 금가루로 비단에 그린 석가모니 화상 등이 있다. 이런 진품들은 오늘날까지 세라사에 보존되어오면서 사보(寺寶)가 되었다.

세라사는 명나라 때 자랑스러운 역사를 남겼고, 근대에 들어서도 유명한 사건들에 연루되었다. 1947년 4월부터 5월 사이에 일어난 '라쳉 사건(熱振事件)'이 바로 그러하다.

중국 국내혁명이 승승장구하고 전국이 해방을 맞이할 시점에 티베트의 친제국주의 세력과 애국세력 간의 투쟁은 날로 첨예해졌다. 라쳉활불은 13세 달라이가 원적한 후에 섭정하기 시작하였다. 그는 상당한 애국사상을 갖춘 인물로서 섭정하는 동안 친제국주의 세력을 탄압하고 애국세력을 키우는 조치를 취하여 친제국주의 세력으로부터 증오를 받아왔다. 그가 은퇴하고 라쳉사(熱振寺)에서 정양하고 있을 때, 가샤(噶廈) 정권을 장악한 친제국주의자들은 자다(劄達)활불을 암살하려 했다는 혐의로 그를 모함하고 체포하려 하였다.

가샤 정권의 이런 행동은 수많은 승려들의 분노를 일으켰다. 세라사의 승려들은 라쳉활불을 보호하기 위해 무장세력을 조직하고 투쟁에 나섰지만 결국 적들을 이겨내지 못했다. 라쳉활불은 라싸로 붙잡

혀갔다. 세라사 승려들은 다시 라싸로 향하여 치열한 투쟁을 벌였다. 그러나 또 실패하고 말았다.

세라사와 가샤 정권의 충돌은 티베트 근대사상 중대 사건 중 하나이다. 비록 쌍방 실력의 현저한 차이로 세라사가 실패하고 말았지만 그 의의는 크다.

라싸의 기념비

1300여 년의 역사를 가진 옛 성 라싸는 티베트의 수도로서 여러 정치적 사건을 겪으며 기념할 만한 숱한 일화를 품고 있다. 라싸에는 수많은 기념비가 세워졌고, 대소사 정문 앞에만 해도 2개의 기념비가 세워져 있다. 그중 하나는 토번 시기 찬보가 세운 유명한 '외삼촌과 조카 회맹비(甥舅和盟碑)'이고 다른 하나는 청나라 정부가 티베트로 파견한 주장대신이 세운 권인종우두비(勸人種牛痘碑)이다. 그리고 포탈라궁 주변에는 다자루궁공적비(達紮路恭紀功碑), 무자비(無字碑), 강희비, 건륭비 등이 세워져 있다. 또한 라싸에서 좀 멀리 떨어진 모주궁카현 동북쪽의 라싸하 강변에는 세라캉비(協拉康碑), 라싸하 남쪽 기슭에는 가중사비(噶迥寺碑)가 각각 세워져 있다. 이런 기념비들은 티베트 역사 및 티베트족과 한족 관계를 연구하는 소중한 자료이다. 물론 기념비에 대한 전문가들의 연구성과들이 속속 발표되고 있다. 이 책에서는 중요한 역사적 의의를 갖고 있는 '외삼촌과 조카 회맹비', 다자루궁공적비, 강희비와 건륭비에 대하여 간단하게 소개한다.

당번회맹비(외삼촌과 조카 회맹비)

대소사 앞의 돌담 안에는 편주형(扁柱型)에 윗막이가 있는 석비가 있다. 네 면에는 글자가 새겨져 있는데, 정면과 좌우 양면에는 티베트 문과 한문 2가지 문자가 동시에 새겨져 있으며 뒷면에는 티베트문으로 된 서약이 적혀 있다. 이것이 바로 사람들이 흔히 말하는 외삼촌과 조카 회맹비이다.

당나라 문성공주와 금성공주가 토번 찬보에게 시집온 사적과 당과 토번이 외삼촌과 조카의 관계를 맺은 사적을 적은 이 석비는 당나라 장경(長慶) 3년, 토번 이태(彝泰) 9년, 즉 기원후 823년 2월 14일에 세워졌다. 회맹은 당목종(唐穆宗)과 토번 찬보 츠주더찬 사이에서 821년에 진행되었다.

당번회맹비를 외삼촌과 조카 회맹비라고 부르는 것은 송첸감포가 문성공주를 얻은 후, 역대 찬보들이 당나라 황제 앞에서 조카라고 자칭하고 사위의 예를 지켰기 때문이다. 따라서 당시 당목종과 츠주더찬 사이는 외삼촌과 조카의 관계였고, 이러한 우호적 관계를 이어나가기 위해 회맹비를 세운 것이다.

7~9세기 사이, 당나라는 국력이 강성하였고 중국 봉건사회는 번영기에 접어들었으며, 특히 경제와 문화 방면에서 세계의 으뜸을 차지했다. 당시 당나라 주변에는 여러 속국이 있었고, 그중에서 토번의 실력이 가장 컸다. 지리적 위치를 놓고 볼 때, 토번은 남쪽으로 천축, 동쪽으로 남소(南昭), 서쪽으로 대식(大食), 북쪽으로 회홀(回紇)과 인접했다. 토번은 다른 속국처럼 당나라와 통혼을 통하여 우의를 맺었다. 물론 변경지역에서 마찰이 발생하는 상황이 없는 것은 아니었다. 장

기적인 우호관계를 유지하기 위해 두 나라 통치자들은 회맹을 가졌다. 821년 당목종 이항(李恒)이 왕위에 오른 후, 츠주더찬은 장안으로 사신을 파견하여 화친할 것을 제안했다. 당나라 조정은 대리경어사대부(大理卿禦史大夫) 유문정(劉元鼎)을 회맹사로 임명하고 토번으로 파견하여 회맹하도록 하고, 동시에 장안성 서쪽에서 같은 해 10월 10일에 회맹 의식을 가졌다.

회맹 장소의 북쪽에는 제단을 설치하였고, 회맹 의식은 서약을 공포하고 짐승을 잡아 삽혈하며 서명 및 제단에 절을 올리는 순서로 진행되었다.

서약에 따르면, 회맹의 목적은 군사를 철수하고 휴전하며 우호적 관계를 존중하고 평화를 유지하며 쌍방의 장구한 이익을 도모하는 데 있다. 그리고 중원 지역의 영토는 당나라가 관할하고 서부 변경지역은 주로 토번이 차지한다고 명시하였다. 따라서 쌍방은 과거 외삼촌과 조카의 관계를 회복하고 선린우호를 유지하기로 했다.

장안에서의 담판은 비교적 성공적이었다. 당나라는 또 사신을 파견하여, 사신이 토번 사절과 함께 라싸로 향하였는데 이듬해인 822년 4월에 라싸에 도착했다. 그리하여 5월에 라싸에서 정식으로 당과 토번의 최종적인 회맹이 이루어졌다. 그다음 823년에 회맹비가 세워지면서 그들의 회맹 관계를 영원히 기념하게 되었다.

823년 회맹비가 준공될 때, 당나라에서 파견한 사절단이 낙성식에 참석하였고, 라싸의 승려와 군중들은 흥겹게 노래하고 춤추며 축제 분위기를 이루었다. 당번회맹비는 당나라와 토번의 우호적 상징으로서 오늘날에도 대소사 앞에 우뚝 서 있다.

1100여 년이 흘렀음에도 당번회맹비의 비문은 여전히 뚜렷하다. 비문의 내용은 이러하다.

대당(大唐) 문무효덕(文武孝德) 황제와 대번(大蕃) 성신찬보(聖神贊普)는 외삼촌과 조카의 관계로서 두 나라 앞날에 대해 협의하고 맹약을 맺으며 영원히 변함없을 것임을 약속한다. 신과 인간이 모두 견증(見證)하고 세세대대 맹약을 칭송할 것을 다짐하며 맹약 내용을 비석에 새겨둔다. 문무효덕 황제와 성신찬보 엽찬(獵贊)은 현명한 군주로서 백성을 연민하고 아끼는 마음으로 오늘날의 곤궁을 영원히 해결하고자 한다. 서로 협의한 끝에 백성들의 평안을 도모하고 장기적인 안정을 유지하는 데 합의했으며 혈육 간의 정을 나누고 이웃 간의 우의를 돈독히 하기로 했다. 오늘날 당과 토번은 각자가 관할하는 영토를 수호하고 조민(洮岷)을 경계로 동쪽은 당나라 영토, 서쪽은 토번 영토임을 확인하며 서로 적대시하지 않고 서로 군사충돌을 일으키지 않으며 서로 침략을 감행하지 않는다. 혹여 서로 의심하고 갈등이 생긴다 한들 간청하는 자는 관대하게 양식과 옷을 주어 풀어줌으로써 평화를 이룬다. 외삼촌과 조카의 의리를 지키고 선의를 갖고 왕래하며 장군곡(將軍谷)에서 말을 교환한다. 수융책(綏戎柵) 동쪽은 당나라가, 청수현(淸水縣) 서쪽은 토번이 왕래하는 여비를 공급하고 쌍방은 외삼촌과 조카 간의 예의를 행하며 오직 평화와 안위를 수호하고 천추만대 길이길이 좋은 명성을 남겨야 한다. 토번은 토번의 안위, 당은 당의 평화를 첫째가는 대업으로 여긴다. 맹약에 따라 이를 영원히 지켜나가기를 약속한다. 하늘과 땅의 모든 성현이 이 맹약의 견증자이다. 각자는 옛것을 잊고 짐승을 잡아 맹약을 맺으며 어느 일방이 맹약을 위반한다면 기필코 재앙에 들어설 것임을 명심한다. 당과 토번은 맹약 내용을 명기하고 각자 대표관리가 낙인하고 서명하여 맹약의 효력을 승인한다.

당번회맹비는 부인할 수 없는 사실로 당나라와 토번 사이의 우호적 관계를 말해준다. 동시에 예로부터 티베트족과 한족들은 문성공주와 금성공주의 탁월한 공헌을 인식하고 있었다. 당나라와 토번은 회맹을 거쳐 관계가 더욱더 밀접해졌고, 특히 경제와 문화 교류가 활발해졌다.

다자루궁공적비

다자루궁공적비는 츠송더찬찬보(755~797년) 재위 시절에 세운 것으로 포탈라궁 남측에 있다. 비문에 언급된 다자루궁이 군사를 거느리고 당나라를 침입했다는 사실에 따라 공적비를 세운 구체적인 시간을 당대종 광덕 원년(763년) 이후로 추측할 수 있다. 오늘날까지 1200여 년의 세월이 흘렀음에도 공적비에 새겨진 비문은 여전히 뚜렷하다. 공적비의 동, 남, 북, 3개 면에 비문이 적혀 있다.

남면의 비문은 다자루궁의 공적을 칭송하면서 찬보에 대한 그의 충심, 전쟁에 나아가 이룬 공적 등을 언급하였으며, 토번의 국가발전을 위해 큰 공을 세웠음을 밝혔다. 북면의 비문에는 츠송더찬찬보가 다자루궁 장군의 공적을 인증하고 그의 충심을 찬양하는 내용이 담겨 있다. 동면의 비문은 북면의 비문 내용을 계속하여 적은 것으로서 주로 다자루궁 후손들의 특권을 명시하면서 후손들도 계속하여 나라의 발전을 위해 노력할 것을 희망하였다.

다자루궁공적비는 토번 봉건농노사회의 정치적 특징을 연구하고 티베트어의 발전 변화를 연구하는 중요한 사료로서 아주 진귀한 가치를 갖고 있다.

강희비와 건륭비

포탈라궁 대문 앞에는 2개의 석정(石亭)이 있고 각기 높이가 약 3미터 되는 비석이 세워져 있는데, 그것이 바로 강희비와 건륭비이다. 두 비석의 비문은 또렷하고 완벽하다. 오른쪽에 놓여 있는 강희비는 정식 명칭이 '어제평정서장비(禦制平定西藏碑)'이다. 비문은 강희황제가 강희 60년, 즉 1721년에 직접 쓴 것으로서 옹정 2년인 1725년에 내각학사(內閣學士) 악분(鄂賁) 등이 비석에 새겨서 포탈라궁 앞에 세웠다. 강희비를 세운 목적은 청나라 정부가 티베트로 군대를 파견하여 몽골 준가얼부(準噶爾部)의 침략을 물리친 공로를 기념하기 위해서이다. 강희비 비문은 『서장지(西藏誌)』, 『위장통지(衛藏通誌)』, 『청실록(清實錄)』 「고종실록(高宗實錄)」 등 문헌에 기록되어 있다.

준가얼은 몽골 4대 부락 중 하나로서 신강(新疆) 이리(伊犁) 일대에서 생활하며 거루파를 신봉하였다. 5세 달라이 때부터 제파 쌍제가춰는 세력 범위를 확장하기 위해 몽골 준가얼부 수령과 암암리에 결탁하였다. 그는 준가얼부의 병사를 칭하이, 티베트 등의 지역으로 끌어들여서 고시한의 손자 라짱칸(拉藏汗)을 물리치려 했다. 그러나 그 책략이 실행되기도 전에 라짱칸에게 발각되어 목이 잘리고 말았다. 따라서 쌍제가춰의 부하들은 다시 준가얼부와 연합하여 티베트를 공격하고 라짱칸을 살해하였으며, 티베트 내부의 각 파별들은 서로 무장 충돌을 벌이면서 혼란에 빠지고 말았다. 청나라 정부는 티베트 지방의 안정을 도모하기 위해 각기 1717년과 1720년에 군사를 파견하여 준가얼 병사를 물리쳤다. 그리하여 티베트 지방은 사회질서를 회복하였고, 중국 서남 변경은 평화를 되찾았다.

준가얼부의 난동을 평정하는 행동에 참가한 일부 칭하이 지역의 부락 수령들은 강희황제에게 비석을 세워 기념할 것을 제의하였다. 강희황제는 친히 비문을 작성하여, 순치황제로부터 자신이 집정하는 시기까지 80년간의 티베트 역사를 되짚어보고 티베트 지방정권과 중앙의 밀접한 관계를 상세히 밝히면서 준가얼부를 물리친 의의를 높이 평가하였다.

포탈라궁의 왼쪽에는 건륭비라고 속칭하는 '어제십전기비(禦制十全記碑)'가 세워져 있다. 비문은 건륭황제가 건륭 57년인 1792년에 직접 작성하여, 즉위 57년간의 10대 공적을 기술하였다. 쓰촨총독 혜령(惠齡), 주장대신 화림(和琳)이 비석을 세우는 데 참여하였으며, 비문은 『위장통지』, 『청실록』 「고종실록」에 수록되었다.

건륭 56년인 1791년에 티베트 남부와 인접한 구르카(廓爾喀)왕국은 티베트를 대거 침략하고 지룽(吉隆), 딩르(定日), 르카쩌 등 지역을 점령하였으며, 타쉬룬포사원을 비롯한 여러 문물 유적들을 약탈함과 동시에 7세 반첸을 협박하여 라싸에서 물러나게 하고 티베트 민중들에게 막대한 재난을 가져다주었다. 따라서 달라이와 반첸은 신속히 중앙정부에 도움을 요청하였다. 건륭황제는 달라이와 반첸의 요청을 받아들이고, 대신 복강안(福康安)에게 군사를 이끌고 칭하이, 쓰촨 두 방향으로 나누어 티베트에 진입하여 돌격전을 벌이도록 명령하였다. 이 반침략전쟁은 티베트 각지 민중들의 열렬한 옹호와 적극적인 지지를 받았다. 이듬해에 구르카 침략군은 철수하고 말았다. 1793년, 복강안은 구르카왕국의 투항을 받아들이고 티베트 지방 인사들과 티베트 지방조례인 『장내선후장정(藏內善後章程)』을 제정하였다. 이로부터 금병추첨(金瓶掣簽)이라고 불리는 달라이, 반첸의 환생후계자를 추첨하는 제도, 병사훈련 제도, 재정과 무역 개혁 제도 등을 확립하였고, 티베트 지방에 관한 중앙의 관할을 한층 강화하였다.

건륭비는 청나라 정부가 파병하여 티베트를 침략한 외국 세력들을 물리치고 서남 변경의 안정을 수호한 사적들을 고스란히 기록하였다. 동시에 티베트 지방 관리제도의 제정과 개혁의 의의를 반영함으로써 중요한 역사적 가치를 갖고 있다.

10장 티베트의 '강남' 린즈(林芝)

라싸에서 출발하여 천장공로(川藏公路)를 따라 동쪽으로 미라산(米拉山)을 넘고 니양하(尼洋河)를 건너서 울울창창한 밀림을 가로질러 100여 킬로미터 달리면 린즈의 행서(行署) 소재지인 팔일진(八一鎭)에 도착한다. 30여 년 전으로 거슬러 오르면 이곳은 강가의 모래톱으로서, 몇 안 되는 농가로 구성된 자연촌락이 있었다. 그러나 오늘날의 팔일진은 전혀 다른 모습으로 변하였다. 넓고 평탄한 아스팔트 길들이 놓이고 현대식 건물들이 곳곳에 들어서서 의연히 현대 도시의 윤곽이 드러난다. 린즈의 번화한 모습은 사람들을 놀라게 하지 않을 수 없었다.

'티베트의 강남'이라는 미칭을 달고 있는 린즈 지방은 티베트의 동남부, 즉 야루짱부강 중하류에 위치하여 있고, 지세는 북이 높고 남이 낮으며 기후가 적절하고 자연자원이 풍부하다. 린즈 지방의 면적은 264헥타르이고 삼림률은 46.09퍼센트이다. 유명한 남차바르와봉(南迦巴瓦峰)은 중국에서 가장 완벽한 식물의 수직분포를 가진 유일한 산지이다. 이 아열대 산지의 생태계에는 대단히 풍부한 식물종들이 있어 여러 생물학자들은 '식물종의 천연 박물관' 또는 '산지 생물

자원의 유전자 은행'이라고 부른다. 이렇듯 독특한 지역환경과 매혹적인 수려한 산천 및 농후한 특색을 가진 풍토와 인정은 린즈라는 야루짱부강의 '녹색명주'가 사람들의 마음을 끄는 매력이다.

아름다운 파송호(巴松湖)

파송호는 린즈 지방의 궁부장다현(工布江達縣)에 자리해 있다. 파송교로부터 동쪽 비탈을 따라 30분쯤 달리면 유명한 파송호에 이른다. '파송'은 3개의 산바위라는 뜻이다. 파송호는 삼면이 산에 둘러싸여 있는데, 산 정상에는 사시장철 백설이 뒤덮여 있으며 산 아래에는 삼림이 무성하다. 호수면의 해발고도는 약 3000미터이고, 장방형 모양으로 길이가 15킬로미터, 너비는 2.5킬로미터이며, 평균 수심은 60여 미터에 달한다. 파송호의 수면은 마치 거울처럼 티 없이 맑고 평온하며 주변은 울창한 수림과 갖가지 들꽃들로 둘러싸여 있어서 관광객들은 걷잡을 수 없이 풍겨오는 향기를 만끽할 수 있다. 호수 가운데 위치한 섬에는 고목들이 하늘 높이 치솟았고 구불구불한 오솔길들이 아름다운 풍경을 이룬다. 섬에는 닝마파를 신봉하는 '춰쿼종묘(措廓宗廟)'가 있으며, 그 속에는 파드마삼바바 등 신불상이 안치되어 있다.

파송호는 티베트의 유명한 생태관광명소로서 세계관광기구로부터 세계관광명소로 지정되었다. 매년 여름철이면 국내외에서 숱한 관광객들이 파송호를 찾아들어 주변의 호텔 객실은 만원이 된다.

파송호 주변의 주민들은 호수를 따라 맴도는 전통풍속이 있다. 매년 장력 정월은 석가모니가 온갖 신통력으로 마귀들을 물리치는 달이다. 정월 보름은 마귀들을 모두 물리쳐서 승리를 거두는 날이므로 십오신변절(十五神變節)이라고 부른다. 이 사이에 라싸의 3대 사원은 모두 성대한 전소대법회를 열고, 사람들은 모두 사원을 찾아 향불을 올리며 기념한다. 파송호 주변의 주민들은 이날 일찍 도심의 사원을 찾아 경문을 읽으면서 기도하고 사원을 맴돌면서 전경(轉經)을 한다. 이런 의식에는 불법이 창성하기를 기원하는 사람들의 염원이 깃들어 있다. 뿐만 아니라 사원에서는 해마다 경번 깃발을 세우는 의식을 거행하는데, 사람들은 '제증난라가부신(結曾南拉嘎布神)'에게 재앙을 피하게 해주도록 빌기도 한다. 그리고 사원 앞에서 사람들은 저녁 늦게까지 춤을 추다가 귀가한다.

만물이 소생하는 봄철, 즉 장력 4월은 '샤가다와(薩嘎達瓦)' 종교활동을 벌이는 시기로서 저수월절(氐宿月節)이라고 한다. 전하는 바에 의하면 불조 석가모니는 4월 15일에 태어나서 같은 날에 열반하였다. 따라서 티베트의 풍속대로라면 4월에 선행을 많이 베풀고 종교활동을 많이 벌인다. 4월 15일 파송호 부근의 승려와 민중들은 자발적으로 취고향(措高鄕) 취지우촌(措久村)에 모여들어서 종교활동을 벌인다. 사람들은 경문을 읊고 시계 방향으로 파송호를 맴돌면서 기도한다. 사람들은 마음속의 염원을 호수의 신에게 고하면서 위안을 얻고 또한 건강과 행복을 빈다.

본교(笨敎)의 성산 본일(笨日)

'본일'은 본교의 성산이라는 뜻으로 린즈현 미루이향(米瑞鄕) 부근에 위치하여 있다. 전하는 바에 의하면 본교의 창시자 둔바싱로우(敦巴辛繞)가 이곳을 찾은 적이 있으므로 본교 신도들에게 본일은 매우 성스러운 곳이다. 민간설화에는 마왕 챠바라런(恰巴拉仁)이 궁부 일대를 차지하고 멋대로 살생하여 백성들을 고통 속에 빠뜨렸다는 대목이 나온다. 싱로우는 이를 듣고 궁부를 찾아 마왕을 진압하기로 결심했다. 싱로우가 야루짱부강과 니양하의 합류점에 이르렀을 때 챠바라런은 높은 산으로 변하여 그의 앞길을 막았다. 이에 싱로우는 더 높은 산으로 변하여 웅장한 기세를 부리며 챠바라런을 제압하였다. 둔바싱로우가 본일로 변신하여 마귀를 제압하고 중생들을 살린 사적은 민간에서 신속히 전파되었다. 따라서 본교 신도들은 둔바싱라우에 대한 믿음이 더욱더 굳건해졌고, 본일을 본교의 성산으로 높이 받들면서 해마다 본일을 찾아 조배하였다.

전하는 바에 의하면 본일의 주변에는 오늘날에도 제르사(傑日寺), 다줘사사(達卓薩寺), 서쟈궁친사(色加更欽寺), 다즈사(達孜寺) 등 4개의 사원이 완벽하게 보존되어 있다고 한다.

토번의 초대 찬보인 츠네는 자신의 출생지 보위를 떠나 궁부의 라르챵퉈(拉日强托)를 찾았다. 이 라르챵퉈가 바로 그 후에 본교의 성산이라 부르는 본일이었다.

일찍이 루라이지(茹來吉)가 야룽시부예부락의 수령 지굼찬보를 살해한 뤄앙(洛昻)을 처벌한 후, 야룽에서 탈출한 지굼찬보의 아들을 찾으러 갔다가 드디어 본일 부근의 나어띠(那俄地)에서 그의 작은아들 '챠츠(恰赤)'를 찾았으며, 그를 야룽으로 데려와 찬보로 즉위시켰다. 그가 바로 야룽시부예부락의 제9대 찬보 더궁제(德貢傑)이다.

궁부디무마애석각(工布第穆摩崖石刻)

궁부디무마애석각은 린즈현 동남쪽에 있는 미루이향 다위룽증촌(達域龍增村) 부근에 위치하여 있다. 석각은 서남쪽을 향해 있는데, 석각에 새겨진 일부 문자는 이미 지표를 뚫고 땅속에 파묻혔다. 마애는 아주 견고하고 표면에 석판이 뒤덮여 있으며 주변에는 담이 쳐져 있다.

궁부가부왕(工布嘎布王)의 역사적 연원은 티베트문으로 된 사서에 모두 기록되어 있다. 토번의 제8대 찬보 지굼은 그의 신하 뤄앙에게 살해당하고 정권을 박탈당했다. 지굼찬보의 아들들은 어쩔 수 없이 궁부, 냥부(娘布), 파부(波布) 등의 지역을 떠돌아다니면서 망명생활을 하다가, 드디어 장남인 샤츠가 궁부에서 그곳 민중들로부터 궁부가부왕으로 추대되었다. 궁부가부왕은 토번 왕실의 종친으로서 토번의 츠송더찬 찬보 시기에 맹약의 형식으로 승인받았다. 그러나 궁부의 소란으로 내부에 갈등이 생겼고 게다가 관부의 부패 등까지 더해지자, 궁부가부왕의 후예들은 부득이 새롭게 맹약을 맺어서 사회 안정을 되찾고자 하였다. 토번 찬보 츠더송찬은 그들의 염원을 들어주어 새롭게 맹약을 맺고 그 내용을 비석에 새겼는데, 그것이 바로 궁부디무마애석각의 유래이다.

맹약의 주요 내용은 궁부가부망부제 가족의 기득권을 보호한다는 것이다. 석각에는 "어떤 상황에서도 다른 성씨의 사람이 궁부가부의 왕위를 계승할 수 없으며 오직 가부망부제의 후손만이 왕위를 계승할 수 있다", "가부망부제의 후손이 없다고 하여 가부라는 이름이 소실되는 것이 아니라 왕위는 가부의 근친에게 전해진다" 등과 같은 내용이 새겨져 있다. 경제 방면에 대해서도 맹약에는 명확한 기록이 있었다. "궁부가부왕의 노예, 토지, 목장 등은 감소되지 않고 관리를 분담하지 않으며 세금을 징수하거나 유산을 분배하지 않아도 된다." 이는 궁부가부왕 가족이 맹약의 형식으로 토번 왕실로부터 특허를 받은 셈이다.

'디무'는 린즈의 한 지명으로서 린즈와 파밀(波密) 사이의 산어귀를 '디무라(第穆拉)'라고 부른다. 디무라산어귀의 린즈 쪽으로 향한 곳에는 디무사(第穆寺)가 놓여 있다. 청나라 황제는 디무사의 활불을 후투커투로 책봉하였다. 7세 달라이 라마 거쌍가춰가 원적한 후, 청나라 건륭황제는 교지를 내려 디무후투커투 아왕장바이더레가춰(第穆呼圖克圖阿旺降白德列嘉措)를 티베트 섭정왕으로 임명하는 동시에 장전불교 거루교주(格魯教主) 눠문한(諾門汗)으로 책봉하였다.

신비로운 야루짱부(雅魯藏布)대협곡

야루짱부강 하류의 대협곡 구역은 린즈현의 파룽향(排龍鄉), 미린현(米林縣)의 파향(派鄉) 및 모퉈현(墨脫縣)을 포괄한다. 이곳에는 주로 야루짱부대협곡, 야루짱부강대협만, 남차바르와봉, 가랍백루봉(加拉白壘峰), 열대 및 아열대 원시림 등의 경관이 모여 있다.

야루짱부강은 동쪽으로 짱난곡지(藏南谷地)를 가로질러 남차바르와봉의 말발굽 모양으로 된 협만을 따라 줄곧 남쪽으로 가다가 인도양으로 흘러든다. 과학자들의 측정에 의하면, 야루짱부대협곡의 가장 깊은 곳은 5382미터로서 세계에서 가장 깊다는 페루의 콜카대협곡보다 2182미터 더 깊고, 협곡의 길이는 496.3킬로미터로서 세계 제일의 미국 콜로라도대협곡보다 56.3킬로미터 더 긴 것으로 나타났다. 때문에 야루짱부대협곡이야말로 세계에서 가장 길고 가장 깊으며 해발고도가 가장 높은 대협곡이다.

인도양에서 형성된 따뜻하고 습윤한 기류는 히말라야산맥의 산세를 따라 야루짱부강의 출구까지 와 닿는다. 야루짱부대협곡은 인도양에서 불어오는 수증기가 칭장고원에 진입하는 주요 통로가 된다. 대협곡이라는 수증기 수송로의 존재는 짱난 지방의 자연환경에 결정적인 영향을 미친다. 인도양의 기류와 열량은 끊임없이 대협곡으로 진입하면서 이곳의 독특한 수열(水熱) 분포를 이룬다. 이곳은 해양성 기후의 영향을 받아 강수량이 풍부하므로, 빙설 아래에 녹색의 세계가 존재하게 되었다.

대협곡 지역은 삼림률이 아주 높으며 천연림이 대부분을 차지한다. 이곳은 중국에서 동북지역과 윈난에 이어 셋째 가는 삼림지대이다. 식물학자들의 연구에 따르면, 대협곡 지역은 현재 세계적으로 보기 드문 아주 특수한 삼림지대로서 식물종이 다양하고 분포구조가 복잡하다. 수직분포 현상이 명확하여 열대식물부터 한온대식물까지 모두 분포되어 있으며, 심지어 1억 년 전 빙하기의 식물까지 찾아볼 수 있다. 대협곡 핵심 지역의 약 1000미터 되는 구간은 무인경으로서 풍부한 자연자원과 여러 가지 신비로운 자연현상들이 숨겨져 있어 인류의 탐사가 필요하다.

대협곡의 아열대 위도 지구는 열대, 아열대, 온대 및 한대의 식물종을 모두 찾아볼 수 있어서 한곳에 사계절이 동시에 존재하고 매일 다양한 경치를 구경할 수 있는 자연경관의 특징이 있다. 이곳은 환경오염이 없고 인류의 활동이 미치지 못한 곳으로 가장 자연스럽고 이상적인 절묘한 가경이다.

대협곡의 독특한 지세와 다채로운 자연경관 그리고 풍부한 자연자원들은 원시적인 매력으로 국내외의 많은 탐험가들과 과학자 및 여행자들의 눈길을 끌고 있다.

린즈 지방은 관광자원이 매우 풍부한 곳이다. 끊임없이 흐르는 하천, 험준한 고산과 협곡, 무성한 원시림, 신비로운 빙천과 구릉, 오랜 세월을 겪은 고목, 장엄한 대폭포, 색채가 화려한 화초, 건축양식이 독특한 부구라마린사(布久喇嘛林寺), 풍부하고 다채로운 민족적 정취 등이 존재한다. 티베트 동남부의 '녹색명주' 린즈는 생기발랄한 모습으로 곳곳에서 모여드는 관광객들을 기다리고 있다.

먼바족(門巴族) 풍속

120만 제곱킬로미터인 티베트고원에는 10여 개의 민족, 300여만 명의 인구가 있다. 그중에는 티베트족이 90퍼센트를 차지하고, 한족, 회족, 먼바족, 뤄바족 등 민족과 등인(僜人) 및 샤얼바인(夏爾巴人)이 있다. 그들은 모두 중화민족 대가정의 일원이다. 먼바족, 뤄바족, 등인 은 주로 티베트 동남부에서 생활하고 있다.

사서의 기록에 따르면, 칭장고원에는 상고시대부터 인류가 거주하였다. 한문으로 된 은허복사(殷墟蔔辭)와 주금명문(周金銘文)에는 이에 대한 기록이 있다. 그 역사는 적어도 4000~5000년이 된다.

해방 후, 중국 과학자들은 칭장고원에 대하여 고고학 및 지질학 조사를 진행하였다. 그 결과 숱한 고인류의 화석과 활동 유적을 발굴해 냈다. 1958년 린즈현에서 최초로 고원지대의 고인류 유해와 유적을 발굴해냈는데, 그중에는 청년 여성의 골격이 있었다. 이 골격에는 원시인류의 주요 특징이 없어졌다. 고인류학자들은 이를 '린즈인(林芝人)'이라 명명했다. 분석에 의하면, '린즈인'의 활동 시기는 중국 중원의 신석기시대와 금석병용기에 해당한다.

먼바족은 1964년에 국무원으로부터 인정받은 중국의 소수민족이다. '먼'은 티베트어에서 곡지를 가리키고 '문역(門域)'은 산골짜기라는 뜻이다. 그곳에는 송첸감포의 진마녀(鎮魔女) 좌장심(左掌心)의 '문길추신묘(門吉秋神廟)'가 있다. 18세기 초, 티베트 지방정부는 문역에 러부사취(勒布四措), 방친육딩(邦欽六定), 타바팔취(塔巴八措), 라워삼구(拉沃三區), 장랑육취(章朗六措), 융랑사취(絨郎四措), 샤우소쟝다(夏烏紹姜達) 등을 비롯한 32개의 취딩(措定)을 건립하여 취나현(錯那縣)이 관할하도록 하였다. 『티베트왕신기』의 기록에 의하면, 티베트에는 원시사회로부터 전해 내려온 백예(白耶), 흑예(黑耶), 총혜(聰慧),

흑문(黑門) 등 남우(南隅) 4대 성씨가 있었다.『문세계기원명등(門世系起源明燈)』이라는 책에 따르면, 번역(蕃域)의 4대 씨족은 숱한 성씨로 갈라졌는데, 남방 문역의 변경 주민은 번역에서 남우문 지역으로 이주해 온 지가 오래되었으며 모두 4대 씨족의 후손이었다. 백마강(白瑪崗, 오늘날의 모뤄현 모뤄촌)은 사면에 크고 작은 산들이 둘러서 있고 녹음이 우거졌으며, 먼바족의 주요 집거지이다. 먼바족들은 대대로 이곳에서 생활하여오면서 독특한 지방풍속을 이루었다.

먼바족들은 주로 농업에 종사하면서 옥수수와 돌피를 주로 재배하고, 벼, 올벼, 칭커, 콩류 등도 재배한다. 구체적인 환경과 경영방식에 따라 먼바족들의 경작지는 원포지(園圃地)와 상경지(常耕地) 및 화전경작 3가지 부류로 나뉜다. 수렵과 채집은 먼바족들의 경제생활 가운데 중요한 부분을 차지한다. 그들은 수공으로 석기, 철기, 등기(藤器), 목기(木器), 죽기(竹器), 직포 등을 제작한다.

먼바족들의 주식으로는 옥수수, 쌀, 돌피 등이 있다. 그들은 옥수수를 가루를 내서 쌀과 함께 섞어 죽처럼 끓여 먹는다. 메밀로 만든 떡도 먼바족들이 즐겨 먹는 음식이다. 또한 그들은 야채와 산나물, 고기류를 좋아한다. 여름철 야채로는 고추, 오이, 강낭콩, 가지, 죽순 및 갖가지 버섯류가 있고, 겨울철에는 배추, 무, 호박 및 간채(말린 야채) 등이 있다. 먼바족들은 술 빚기에 능하고, 옥수수, 돌피, 쌀, 보리, 칭커 등은 모두 술을 빚기에 안성맞춤한 원료들이다. 이런 원료들로 빚은 술은 알코올 도수가 높지 않고 달콤한 맛이 있으며 피곤함을 풀어주는 기능이 있다. 녹차, 수유차, 유차 등도 먼바족이 즐겨 마시는 음료이다.

먼바족의 복장은 티베트족과 비슷하지만 티베트족보다 더욱 화려한 장식을 좋아한다. 먼바족은 남녀를 불문하고 모두 '바얼샤(巴爾霞)'라는 둥근 모자를 쓴다. 푸루(氆氇)를 짜서 만든 '바얼샤'는 가장자리를 붉은색 양털로 감쌌고 모자챙에 쐐기형 홈이 있다. 다왕(達旺) 일대의 남자들은 야크 꼬리로 짠 둥근 모자를 즐겨 쓰고, 여자들은 둥근 치마에 팔찌, 귀걸이, 목걸이 등 액세서리를 차기 좋아한다. 남자들은 허리에 반달 모양의 작은 칼을 항상 차고 다니는데, 이는 장신구이자 생산도구이다.

먼바족들의 주택은 벽돌로 쌓은 보루, 울타리를 갖춘 목루 및 초가집 등 여러 가지 형태이다. 그들의 주택은 보통 위층이 거실이고, 아래층은 돼지나 소를 키우는 우리이다. 또한 집집마다 나무로 지은 창고가 있어 습기를 방지하는 데 효과적이다. 티베트족과 마찬가지로 먼바족도 부엌에 부엌신이 있음을 굳게 믿으며, 언제나 부엌의 청결함을 유지해야 하고 특히 부엌 아궁이에 가래를 뱉거나 쓰레기를 버리거나 부엌을 가로타서는 절대로 안 된다.

먼바족들의 혼인은 형식상 중매인이 나서고 부모들이 결정한다고 하지만, 부모가 자식들의 혼인을 완전히 도맡아 결정하는 전통과는 성격이 다르다. 결혼적령기에 들어선 청춘남녀들은 일과 생활 속에서 서로 호감을 갖고 자유로이 연애할 수 있다. 결혼 전에 아기를 갖는다고 해도 사회여론의 질책을 받지 않는다. 남녀가 연애할 때 남자는 여자 쪽 집안을 위해 무료로 노동을 해야 한다. 그래야만 여자 쪽 집안의 믿음을 얻어 결혼을 허락받을 수 있다. 먼바족들의 결혼식은 민족적 특색이 짙으며 아주 흥미롭다.

먼바족들은 대다수가 장전불교 닝마파를 신봉하며, 일부 지역에서 본교를 신봉한다. 그들은 험준한 고산을 신산으로 믿으며 신산을 승천하는 지름길로 여긴다. 때문에 죽은 다음에 승천하기 위해서는 살아 있는 동안 신산의 길을 익혀두어야 하므로 산을 자주 찾아 신을 위해 제사를 올린다. 그들이 가장 존경하는 신산은 '쌍뒤바이르(桑多白日, 연화생대사가 거주하는 정토라는 뜻)'이다. 신산에 올라 제사를 지낼 때는 여러 가지 금기가 있다. 신산에서 큰 소리로 떠들지 못하고 사냥을 할 수 없으며 나무를 베거나 돌을 옮겨서도 안 된다.

먼바족들의 종교 및 민간의 전통적인 명절은 티베트족과 거의 비슷하다. 티베트력으로 매월 초여드레, 보름, 30일은 '츠쌍두이쌍(次桑堆桑)'이라고 하여 이날 일반적으로 남자들은 집 문을 나서지 않고 여자들은 밭일을 하지 않으며, 살생하면 큰 죄를 저지른 것이 된다.

뤄바족(珞巴族) 견문

'뤄바'는 티베트족들이 히말라야산맥 동단의 남측에 거주하는 로유인(珞瑜人)을 지칭한 단어이다. 티베트 문헌의 기록에 따르면, 로유는 일찍이 7세기에 토번에 귀속되었고 그 후 티베트 여러 역사 시기에 시종 티베트 지방정부의 관할에 있었다. 1965년 국무원은 정식으로 이들을 '뤄바족'이라 명명하였다.

역사상 지리적 근거에 따라 사람들은 로유를 '상로유'와 '하로유'로 나누어 불렀다. 상로유는 백마강(白馬崗), 마니강(馬尼崗), 매추카(梅

楚卡) 및 미린(米林)과 룽즈(隆子) 일대를 가리키고, 하로유는 바챠시
런(巴恰西仁), 모랑(莫讓), 시바샤춰(西巴霞曲) 및 인도와 접경한 남부
의 광활한 지역을 가리킨다. 로유는 대부분 아열대 기후 지역에 속하
고, 하로유는 평균 해발이 1000~2500미터, 연평균 기온이 18~22도,
연평균 강수량은 1000밀리미터이다. 이곳은 삼림이 무성하고 농작물
이 잘 자라 양식이 풍부하다. 로유의 독특한 자연경관과 지리환경은
뤄바족들의 물질생활과 정신생활의 원천이다.

　로유는 장기적으로 폐쇄 상태에 처해 있어 오늘날에도 여전히 원시
적인 생산방식과 생활풍속을 갖고 있다. 뤄바족들의 거주지는 비교적
분산되어 있고 로유의 사회구조는 씨족부락 형식이다. 로유의 주요
씨족으로는 자르디자와(雜日底絮瓦), 란소브라와(然索勃拉瓦) 및 바이
마구이디딩뤄(白瑪貴底頂珞)가 있다. 옛날에 각 씨족부락은 원 티베트
지방지부의 해당 기관에 귀속되어 있었다. 란나뤄바부족(然納珞巴部
族)은 바랑시카(巴讓谿卡)에, 둥뉘뤄바부족(洞虐珞巴部族)은 미란다춰
(米林達卻)에, 위룽뤄바부족(瑜榮珞巴部族)은 둥둬궁(洞多鞏)에 속했
다. 씨족부락 내부의 중요한 일들은 모두 씨족부락 회의에서 집단 토
론하였다. 일부 씨족부락 회의에서 타당하게 처리할 수 없는 소송안
건은 종본(宗本) 또는 시두이(谿堆)가 나서서 해결했다.

　뤄바족들의 종교신앙, 세습풍속은 먼바족과 기본적으로 같았다. 상
로유 뤄바족들의 언어는 먼바족과 거의 비슷하였고 티베트족과도 소
통이 가능했다. 하로유 뤄바족들의 토속어는 알아듣기가 쉽지 않았
다. 뤄바족과 먼바족은 모두 티베트문을 사용했다.

　뤄바족들의 주택은 거의 생활풍속이 비슷한 먼바족들의 주택과 비

숫하였지만, 대나무와 목재로 지은 허공에 떠 있는 목루만큼은 독특했다. 수렵은 뤄바족들의 생산활동 중 하나로서 광활한 삼림과 풍부한 동물 자원은 수렵활동에 아주 좋은 조건을 제공했다. 수렵은 주로 남성들의 몫으로 단독 수렵과 집단 수렵의 2가지 방식이 있었다. 단독 수렵은 주로 거주지 부근의 삼림에서 진행되며 당일에 갔다가 돌아온다. 여럿이 모여서 하는 집단 수렵은 깊은 산속까지 들어가 며칠 동안 진행된다. 수렵 도구는 주로 대나무로 만든 화살과 창이며, 때로는 손수 만든 화약총도 사용된다. 사냥꾼들은 털모자를 쓰고서 어깨에 화살통을 메고 허리에 칼을 차며 손에는 활을 들고 삼림을 누빈다. 이것이 바로 뤄바족 사냥꾼의 전형적인 모습이다. 뤄바족 사냥꾼들은 모두 활쏘기의 명수로서 수백 미터 내의 목표물은 거의 백발백중으로 맞힌다. 물론 사냥에는 활쏘기뿐만 아니라 올가미나 집게를 이용하는 등 여러 가지 방법이 있다.

뤄바족들은 수공업에 능하여 대나무로 갖가지 모양의 광주리를 만들 수 있다. 로유에서 생산된 대나무 광주리들은 모양새가 아름답고 재질이 좋아 사람들로부터 크게 환영을 받는다. 편직에 사용되는 등나무 덩굴은 굵기가 다양하고 끈질김이 대단하지만, 대나무의 가공은 덩굴보다 훨씬 더 복잡하다. 대나무를 깎은 후 일정 시간을 물에 담가 둔다. 그다음 나무망치로 대나무의 뿌리 부분을 두드린 후 손칼로 대나무를 알맞은 굵기의 대오리로 깎는다. 이렇게 얻어낸 대오리로 뤄바족들은 크고 작은 광주리, 곡식을 저장하는 대나무독, 곡식을 가려내는 키, 가축을 가두는 우리, 양식을 가공할 때 사용하는 체, 빗물을 막는 도롱이 또는 모자 등을 만들어낸다.

뤄바족들은 음주를 좋아하고, 그들의 음식은 보편적으로 맵다. 또한 남녀를 가리지 않고 모두 흡연하기를 즐긴다. 로유 지역은 연초가 많이 생산되고 담배를 제조하는 방법도 간단하여 말린 연초를 빻으면 담배로 말 수 있다.

뤄바족들의 복장과 차림새는 부락에 따라 약간의 차이를 보인다. 버가얼(博嘎爾) 남성들은 소가죽 또는 푸루로 짠 장포를 입고 그 위에 산양털로 짠 검은 조끼를 걸친다. 벙렁(崩冷) 일대 남성들의 옷은 2개의 무명천을 봉합하여 만든 것으로, 착용할 때는 무명옷을 몸에 두르고 오른쪽 어깨를 내놓으며 허리에는 띠를 두른다. 이런 무명옷은 일반적으로 검은색 또는 본색이다. 로유 남부는 날씨가 무더워 사람들이 간편한 옷차림을 선호한다. 상반신은 옷깃과 소매가 없는 짧은 상의를 입고, 하반신은 간단한 천으로 두르며 신발을 신지 않고, 머리에는 덩굴로 편작한 모자를 쓴다. 버가얼 여성들은 무명으로 만든 옷깃이 없고 소매가 짧으며 가슴 중앙에서 두 옷자락을 채우는 스타일의 상의를 입고, 하의로는 통치마를 입는다. 로유 북부 산지의 남성들은 여름에 흰색 무명 상의에 꽃무늬가 달린 반바지를 입으며, 겨울에는 주로 푸루장포를 입는다. 여성들은 여름에 주로 꽃무늬 상의에 통치마를 입고 겨울에는 푸루장포를 입는다. 명절이나 축제일 때 남성들은 은제 장신구를 착용하고, 여성들은 구슬을 꿰어 만든 목걸이를 장신구로 사용한다. 그리고 남녀를 불문하고 모두 귀걸이를 착용하는데, 금, 은, 덩굴로 된 다양한 재질이 있어 그 차이에 따라 빈부를 나타낸다.

차위(察隅)의 등인(僜人)

린즈시 동부의 차위현 내에는 1500명 정도의 등인이 생활하고 있으며, 티베트인들은 그들을 '등바(僜巴)'라고 통칭한다. 등인은 깊은 산속에 거주하면서 원시적인 생산방식으로 주로 옥수수를 재배하였고, 식량이 부족할 때는 사냥을 하거나 산나물로 식량을 보충했다. 오늘날 정부의 도움으로 대부분의 등인은 하곡지대로 이주하여 새로운 생활을 하게 되었으며, 생산 및 생활방식도 날로 현대화되었다. 등인들은 남녀를 불문하고 모두 술과 담배를 즐긴다. 그들은 자체적으로 술을 빚고 담배를 생산한다. 수렵은 등인들의 중요한 부업으로서 이렇게 얻은 동물 고기는 중요한 음식 재료 중 하나이다. 방직은 등인 부녀들이 집에서 하는 중요한 부업이다. 마는 방직의 주요 원료로서 다 자란 마의 껍질을 벗기고 삶은 후에 말려 그로부터 흰색 섬유를 뽑아 마직포를 만들 수 있다. 삼베는 옷을 짜는 주요 원료이다.

등인 남성들은 2~3미터 길이의 검은색 또는 흰색 수건을 머리에 두르고 귀에는 은귀걸이를 단다. 상의로는 소매가 없는 장포를 입고, 하의로는 바지가 아닌 천을 간단하게 두른다. 그리고 허리에는 대개 칼이나 활 또는 담뱃대를 차고 다닌다. 등인 여성들은 은으로 만든 큰 귀걸이를 걸고 머리카락은 감아 뒤통수에서 높이 올려서 비녀를 꽂는다. 그리고 이마에 은제 머리띠를 두르고 목에는 구슬이나 은패를 걸며 손에는 가락지와 팔찌를 장식용으로 낀다. 또한 흔히 꽃무늬가 새겨진 소매 없는 셔츠를 입고, 아래에는 꽃치마를 입는다. 등인은 남녀를 불문하고 보통 신발을 신지 않는다.

티베트 풍토지

등인들은 주로 부권제하의 일부일처제를 시행한다. 과거에는 일부다처의 매매혼이 존재했다. 혼사는 부모들이 결정하거나 형제들과 상의하여 결정해야 한다. 등인들 사이에 일처다부의 현상은 없었고, 성씨가 동일할 경우 3대 이내에서 통혼할 수 없다. 어쩌다가 약탈혼 또는 도주혼이 일어날 때도 있다.

1982년부터 중국 정부는 수백만 위안을 들여 등인들을 위해 새마을을 건설하고 기초시설을 개선하였으며 교육, 위생, 의료 등 사회복지 방면의 건설을 강화하여 그들에게 커다란 도움을 주었다.

티베트가 평화해방을 맞이하면서 중국 정부가 "민족은 크고 작음을 떠나서 일률로 평등하다"는 정책을 제정하여, 먼바족, 뤄바족 및 등인들은 새로운 생활을 하게 되었다. 정부는 그들에게 특별히 자금을 조달하여 가축과 생산도구를 구비해주었고, 기술자를 보내어 생산활동을 지도하였으며, 학교와 병원을 세워주었다. 먼바족, 뤄바족 및 등인의 여러 청년들은 내지 또는 라싸에서 대학 공부를 하게 되었고, 깊은 산속의 원시생활을 접고 현대사회에 적극적으로 진입하였다. 따라서 그들의 문화수준도 날로 제고되었다.

대대로 교육의 권리를 누리지 못했던 먼바족, 뤄바족 및 등인들은 오늘날 숱한 대학생들을 배출했다. 이들은 의사, 농업기술자, 교사 등 인재들로 활약하고 있으며, 일부 사람들은 관직에 올랐고, 인민대표도 배출되었다. 티베트 총인구의 1퍼센트밖에 되지 않는 이들은 새로운 면모로 티베트족들과 함께 단결, 부유, 문명의 사회주의 티베트를 건설하기 위하여 힘을 모으고 있다.

11장 뒤늦게 일어선 허우짱(後藏)

허우짱은 히말라야산맥의 북쪽 기슭과 야루짱부강 상류의 30여만 제곱킬로미터 지역을 가리킨다.

허우짱에는 세계적으로 이름난 산봉우리와 하천들이 있고 여러 명승들이 모여 있다. '지구의 제3극'이라 불리는 주무랑마봉이 허우짱과 네팔의 접경지대에 자리 잡고 있고, 세계에서 가장 높은 하천 야루짱부강이 이곳을 지난다. 그리고 영웅성이라 불리는 짱즈와 여러 유명한 불교사원들이 허우짱의 명승이다. 드넓은 허우짱에는 명승고적들이 모여 있다.

현란하고 다채로운 얌드록초호(羊卓雍湖)

라싸를 서쪽으로 벗어나 웅위한 곡수(曲水)야루짱부강대교를 지나서 라싸-야둥도로를 따라 170여 킬로미터를 남행하면 얌드록초호가 나타난다. 얌드록초호는 바로 티베트 4대 성호(聖湖) 중 하나이다.

곡수교는 라싸와 산난을, 허우짱과 첸짱을 잇는다. 해발고도가

3700여 미터인 곡수는 히말라야산맥과 강디스산맥이 만나면서 형성된 골짜기로, 야루짱부강과 라싸강이 합류하는 곳이기도 하다. 곡수를 지나 해발 5000여 미터인 감바라(崗巴拉)산을 넘으면 허우짱 지역에 이른다. 이는 허우짱으로 통하는, 반드시 거쳐야 할 길이다. 차량은 골짜기에서 반산공로(盤山公路)를 따라 고산으로 향하는데, 1700여 미터의 고도를 오르면 마치 하늘에 닿을 것만 같다. 도로 양측에는 험준한 산세가 펼쳐지고, 골짜기에서 도로면까지의 높이 차이는 100여 미터에서 수백 미터로 들쭉날쭉하다. 그야말로 산은 높고 골짜기가 깊어 매우 험준하다.

지레목을 지나면 맑고 짙푸른 얌드록초호가 현란하고 다채로운 자태를 드러낸다. 겨울철의 얌드록초호는 꽁꽁 얼어 온통 얼음으로 뒤덮이고 은빛으로 단장한 소녀처럼 점잖은 자태를 나타낸다. 그래서일까, 티베트 민간설화에서는 하늘의 선녀가 내려와 얌드록초호로 변했다고 한다. 여름철의 얌드록초호는 또 다른 자태이다. 호숫가에는 수초들이 무성하게 자라고, 주변의 초지에서는 양 떼와 소 떼가 마음껏 뛰어놀며, 짙푸른 수면은 금빛으로 반짝이고 고깃배들이 둥둥 떠다닌다. 호수의 섬에서는 들오리와 백조들이 무리를 지어 다니고, 먼 곳의 산봉우리들은 하얀 투구를 쓰고 은색 갑옷을 입은 것만 같다. 호수와 산은 서로 어울리면서 호광산색(湖光山色)의 경관을 이루어 유난히 요염하다. 얌드록초호 주변의 주민들은 "하늘에는 선경이 있듯이 인간 세상에는 얌드록초가 있다"는 민요를 부르며 찬사를 아끼지 않는다.

얌드록초호의 형태는 부채와도 같아 남쪽이 넓고 북쪽이 좁으며,

호수 주변에서는 여러 지류들이 거미줄처럼 산속으로 뻗어든다. 호수의 서쪽과 북쪽에는 일 년 내내 녹지 않는 설산이 있는데, 구름이나 안개로 늘 가려져 있고 오직 이른 아침 해 뜰 무렵에 얼굴을 드러낸다. 따라서 관광객들은 인내심을 갖고 기다려야만 그 아름다운 풍경을 감상할 수 있다. 호수에는 수십 개의 섬이 있는데, 가장 큰 것은 면적이 8제곱킬로미터이고 가장 작은 것도 3000제곱미터에 달한다. 섬 위에는 들새들이 무리를 짓고, 무성한 숲이 우거졌다. 섬은 천연목장인 만큼 봄이 지나고 여름이 다가올 때면 목축민들은 소가죽배로 가축들을 섬으로 옮겨놓고 초겨울이 되어서야 다시 내륙으로 옮겨 온다. 또한 얌드록초호는 천혜의 어장이다. 호수의 열목어는 육질이 연하고 맛이 좋은 것으로 유명하다. 매년 4월부터 10월까지, 얌드록초호의 생선은 라싸시장으로 대량 공급된다.

얌드록초호는 면적이 621제곱킬로미터이고 수심이 깊으며 저수량이 풍부한 커다란 저수지이다. 수력 탐사기관은 얌드록초호의 수력자원을 충분히 이용하기 위해 수력발전소를 건설하여 시간당 9만 킬로와트의 발전기를 설치하였다.

고성 쨍즈(江孜)의 만불탑(萬佛塔)

울퉁불퉁한 랑카쯔현(浪卡子縣)의 산간지대를 지나면 풍요롭고 광활한 쨍즈평원에 들어서게 된다. 얌드록초호 옆에 위치한 랑카쯔현에서 고성 쨍즈까지의 거리는 약 90킬로미터이다.

짱즈는 오랜 역사를 자랑하는 옛 도시로서 적어도 600~700년의 역사를 갖고 있다. 옛날 짱즈는 편벽하고 비옥한 시골마을로서 주민들은 농업과 목축업에 종사하며 살아왔다. 전하는 바에 의하면, 문성공주가 티베트로 올 때 그녀를 위해 석가모니 불상을 호송하던 라가(拉嘎)와 루가(魯嘎)라는 사람이 짱즈 일대에 이주하였다고 한다.

토번왕조가 멸망한 후, 티베트는 약 400년간의 분열 국면에 처하게 되었고, 각 지방마다 토사(土司, 원나라 이후 중국의 서남에 있는 여러 민족에게 준 관직)들이 할거 세력을 묶어 왕으로 자칭했다. 『낭취충(娘曲瓊)』에는 최초의 법왕 바이쿼찬(白闊贊)이 종산(宗山)에 궁실을 짓고 살았다는 기록이 있다. 종산과 짱즈의 지형이 독특하여 행운의 땅이라고 판단했기 때문이다. 동쪽은 과수가 우거지고, 남쪽은 사자가 높이 뛰어오르는 모양의 지세를 갖고 있으며, 서쪽은 녠추하가 풀어놓은 비단처럼 끝없이 흐르고, 북쪽은 마치 목축민들이 공품을 바치고 있는 듯하다.

하곡평원은 밀밭이 바람에 흔들리며 황금빛 물결을 이루어 멀리서 바라보면 마치 장방형의 황금색 쟁반과도 같다. 따라서 이곳은 복지(福地)로 여겨진다. 당시 짱즈는 '녠두이스슝런무(年堆司雄仁木)'라고 불렸는데, '녠두이'는 녠추하 상류의 짱즈 고성 일대를 가리키고, '스슝'은 금쟁반, '런무'는 장방형이라는 뜻이다. 그리하여 법왕은 이곳에 궁궐을 세웠다.

사캬 시기에 '낭침(囊欽, 사캬 시기 내신을 부르는 칭호)' 파바백(帕巴白)은 48세에 종산에 정식으로 궁궐을 지었다. 궁궐이 세워진 후, 티베트의 저명한 고승 버둥 최레랑제(博東·確列朗傑)는 그 웅위한 건축물에 찬사를 아끼지 않았다. 그는 "성중에 있는 소중한 궁궐이여, 인간세상의 명주보다 진귀하구나. 금빛 궁실은 수도 없지만 아무리 보아도 질리지가 않는다"고 하였다.

'제카얼쯔(傑卡爾孜)'에서, '제'는 티베트어로 왕이라는 뜻이고 '카얼'은 왕궁을, '쯔'는 산봉우리 또는 정상을 의미한다. '제카얼쯔'는 '제쯔'로 약칭하다가 어음의 변화가 생겨 '짱즈'가 되었다. 보다시피 짱즈의 지명은 종산왕궁으로부터 시작되었고, '시카얼짱즈'라고 부르기도 했다. '시카얼짱즈'는 수정처럼 투명하고 밝다는 뜻으로 종산의 형태를 나타낸다.

장력 철마년(鐵馬年, 1390년) 파바백의 서른네 살 난 아들 궁가파(貢嘎帕)는 제사를 지내기 위해 여의보주(如意寶洲) 불전을 세웠다.

낭침 궁가파의 아들 로단궁쌍파(繞丹貢桑帕)는 장력 토사년(土蛇年, 1389년)에 태어났다. 덕망 높은 승려 뤄주이미서(洛追彌色)는 『법왕전』이라는 저서에서 로단궁쌍파에 대해 "상서로운 동방성지에서 태어나 수없이 많은 적을 물리치고 세상에서 정법을 얻은 자는 로단궁쌍파뿐이노라"고 칭찬했다. 로단궁쌍파는 25세에 북방으로부터 커주거레바이쌍(克珠格列白桑)을 초청하여 취번(曲本)을 위해 법사를 주재하게 하였다. 또한 돌아가신 아버지를 추모하여 쟝러(江熱)에서 금강승심심서단성(金剛乘甚深緒壇城)을 이루기 위해 수승밀주수공법회(殊勝密咒修供法會)를 소집하였다.

장력 목마년(木馬年, 1414년), 25세의 로단궁쌍파는 짱즈의 녠추하에 육공대교(六孔大橋)를 놓았다. 당시 녠추하의 물줄기는 바로 종산 기슭을 흘러 지났음을 추측할 수 있다. 그는 또 다리 옆에 웅위한 불탑을 세우기도 했다. 그리하여 짱즈 일대의 주민들은 그 불탑을 소용돌이가 생기는 곳이라는 뜻으로 '바귀취덴(巴郭曲典)'이라고 이름 지었다.

짱즈에서 가장 이름난 이 '대보리탑'은 높이가 32미터로서 9층집에 해당한다. 탑기(塔基)는 계단식으로 되어 있고, 5층 이하는 팔각형, 6층 이상은 원형이다. 사면의 출입문 처마와 탑의 정상에는 동기와로 테를 둘렀고, 문에는 용, 사자, 코끼리 등 동물들이 새겨져 있다. 탑의 내부에는 불당, 감실, 경당 등을 포함하여 모두 77칸이 있고, 대문 12개와 소문 96개로 총 108개의 문이 설치되어 있다. 각각의 문 뒤에는 진흙, 동, 금으로 만든 여래, 금강, 문수, 도모, 대왕제석 등 조각상들이 1000여 개 들어 있다. 그리고 경당 내의 벽화는 매우 형상적이고 생생하다. 이렇게 정교하고 생생한 조각상과 벽화들은 티베트족들의 조각과 회화예술 발전의 한 단계를 보여준다. 또한 불상을 도합 10만 개 소장하고 있어서 '만불보탑'이라는 이름이 생겼다.

『냥지교사(娘地教史)』의 기록에 따르면, '대보리탑' 뒤에는 다섯 봉우리의 산악이 있는데 그 형태가 마치 활짝 피어난 연꽃과도 같았다. 문수도장의 복지라는 이곳에 어느 날 갑자기 꽃비가 내렸다. 로단궁쌍파는 이를 길조로 여기고 쟝러도장보다 규모가 더 큰 사원을 세웠다. 그는 커주거레바이쌍의 협조로 장력 토구년(土狗年, 1418년) 6월 상순에 사원을 건축하기 시작하였다. 사원이 준공되자 센저진메이자바(賢哲晉美紮巴)는 '세간의 현덕이 밀집하는 성덕대악불경원(盛德大樂佛經院)'이라는 이름을 지었고 후세 사람들은 이를 '백거사(白居寺)'라고 약칭하였다.

백거사의 건축 규모는 아주 웅장하여 궁전 면적만 하여도 150주(柱, 티베트식 단위로 1주는 약 30제곱미터)이고, 20개의 큰 전당은 곳곳에서 화려한 장식을 드러낸다. 후전 중앙의 사자좌석과 천축금강좌석에 놓여 있는 마하보디(摩訶菩提)상은 황홀한 빛발을 뿌린다. 대전 2층 좌측의 법왕전 중앙에 세워진 12개의 관음상은 로단궁쌍파가 35세 때 수행을 위하여 세운 것이다. 그중에는 친교사 정명, 규범사 연화생, 법왕 츠더송찬 등과 송첸감포의 조손 3왕이 있으며, 대학자 가마라시라(嘎瑪拉希拉), 아디샤 등도 포함된다. 이런 조각상들은 형태가 정교하고 생생하며 각이한 자태로서 예술진품이라 할 수 있다. 대동불과 나한전 사이에는 수유 불빛이 반짝이고 향연이 줄기차게 피어오르면서 궁내를 채움으로써 신비로움을 더해주어 마치 선경에 이른 느낌을 가져다준다.

백거사는 티베트 여러 교파들이 서로 대립하던 시기에 세워졌으므로, 그 독특한 의미는 여러 교파의 평화적 공존을 이루려는 데 있다. 백거사에서는 구얼바(古爾巴), 르딩(日定), 서캉(色康) 등을 비롯한 6~7개 교파들이 함께 경전을 강론하고 설교를 한다.

짱즈는 라싸의 서쪽, 아동(亞東)통상구의 북쪽, 르카쩌의 동쪽에 위치해 있으므로 숱한 불교신도들과 상인들의 발길이 끊길 줄 모른다. 따라서 짱즈는 급속히 발전하여 오늘날의 규모를 갖추고 티베트에서 이름난 도시로 자리매김하였다.

종산(宗山)의 항영(抗英) 유적지

백거사 뒤편의 산 정상에는 고성보가 있는데, 그것이 바로 유명한 종산보(宗山堡)이다. 1904년 짱즈의 군인과 민중들은 이곳에서 외세 침략에 반대하고 조국 영토를 보위하는 감격스러운 역사의 한 장면을 연출하였다. 오늘날까지도 종산에는 영국 침략군에 저항하던 포루가 남아 있다.

19세기 중엽, 영국 제국주의는 중국 동남연해에서 침략전쟁을 일으 켰고, 동시에 서남변경에서 티베트를 침입하기 시작하였다. 1903년 영국 제국주의는 600명의 군대를 파견하여 티베트 강파종(崗巴宗)을 점령하였고, 계속하여 아동으로 침입하였으며, 1400명의 군대가 짱즈 지역으로 신속히 들어섰다. 이에 짱즈의 민중들은 애국심을 품고 침 략에 용맹하게 저항하고 나섰다. 그 시기 다음과 같은 민요가 유행 했다.

짱즈의 황금대지에
코 큰 노랑머리들이 마구 들어서서
강도짓을 벌이는구나
목숨 걸고 내 땅을 지키자

민요는 외세침략에 반대하고 고향을 열애하는 민중들의 정신을 찬 양하였다.

1886년 영국 제국주의는 티베트를 침략하기 위해 중국 변경지역의 지형을 탐측하였고 특무를 파견하여 정보를 수집하였을 뿐만 아니라 변경지역에 역참을 세우면서 침략 준비를 하였다. 티베트 지방정부와 티베트 인민은 이런 침략 행위에 분노를 토하고 영국 침략자들에게 저항하고 나섰다. 사람들은 군대를 모집하고 양식을 비축하면서 전쟁 준비를 독려했고 변방초소를 엄격히 통제하였다.

1888년 드디어 '룽투산전역(隆吐山戰役)'이 폭발하면서 영국 제국주의는 티베트를 무장 침략하는 서막을 열었다. 영국 침략군은 포화로 티베트 군인들의 방어선을 뚫고 맹렬한 공격을 벌였다. 티베트 군인과 인민은 서로 단합하여 오직 국토를 지키려는 마음으로 재래식 엽총과 온갖 농기구로 적들에 대항하였다. 티베트 군대의 중대장 출신인 오주츠런(歐珠次仁)은 적들과 육박전을 벌이다가 용감하게 희생되었다.

1904년 짱즈보위전에서 영국 침략군은 온갖 병력과 무기를 투입하여 최후의 공세를 벌였다. 첸짱, 허우짱, 산난, 탑공, 파밀, 캉바, 짱베이 등 티베트 곳곳에서 모여든 지원군들은 승려와 민중들과 단합하여 종산보를 굳건히 지켰으며, 적들이 한 발짝도 들어서지 못하도록 하였다.

영국 침략군은 즈친(紫欽)과 쟝러 일대에 주둔하면서 포악무도한 범죄를 저질렀다. 그들은 농민들의 농작물을 말발굽으로 마구 짓밟아 놓았고, 가는 곳마다 약탈을 감행했으며, 살인, 강간, 방화 등 범죄를 저질렀다. 따라서 그들이 지나가는 곳은 온갖 참상이 벌어졌고 울음소리가 그칠 줄 몰랐다.

쟝력 5월 7일 아침, 쟝러 일대의 영국 침략군은 화력을 집중하여 짱즈의 종보와 백거사를 집중공격하였다. 그러나 짱즈보루의 성벽은 아주 두텁고 견고하여 적들의 포탄을 쉽게 막아냈다.

3월 28일, 영국 침략군은 장러와 캉바 2곳에서 짱즈성을 폭격하였다. 그리고 60여 명으로 구성된 돌격대가 기관총을 들고 기습으로 돌격전을 벌였다. 그들은 종산보루를 점령하는 것을 최종목표로 삼고 맹렬한 공세를 펼쳤다. 이에 티베트 군민들은 용맹하게 맞싸웠으며 40여 명의 적군을 살상하였다.

7월 6일, 영국 침략군은 다시 군사를 조직하여 장러와 캉바를 돌파구로 삼아 짱즈종보를 향한 전면공격을 도발하였고, 티베트군은 이에 완강하게 저항하였다. 불행하게도 티베트군은 탄약을 운반하는 과정에서 폭발사고가 생겨 큰 피해를 입었다. 한 달간의 악전고투 끝에 산에서 수비하던 티베트군은 탄약과 식량이 끊기게 되었지만, 돌과 나무를 무기로 삼아 계속하여 저항하였다. 그러나 결국 영국 침략군은 짱즈종산성을 점령하고 만다. 그들은 3개월에 걸쳐 수차례의 전투를 도발하고 커다란 대가를 치르면서 짱즈를 점령하였다. 그 과정에서 그들은 티베트 군대와 민중들의 완강한 저항을 받았다. 티베트 군민은 영웅적 기백을 과시하면서 국토를 지키고 나라와 민족을 수호하기 위해 용맹하게 싸웠다. 그들의 희생은 숭고한 애국주의 정신에서 비롯되었다.

오늘날 종산의 건물들은 이미 허물어져 폐허가 되었고 포루만 그대로 남아 있다. 포루 옆에는 적갈색 암석들이 우뚝 서 있으며 그 돌 틈에서 자수괴들이 피어나고 있다. 전쟁의 포화 속에서도 굳건히 살아남은 화초들은 영웅들의 선혈로 물들었다. 종산은 짱즈의 관광지이자 영웅사적을 기념하는 명소이다.

허우짱의 중심도시 르카쩌(日喀則)

야루짱부강을 거슬러 오르면 야루짱부강과 녠추하의 합류지대인 허우짱의 중심도시 르카쩌에 도착할 수 있다.

르카쩌는 지금으로부터 500여 년 전에 세워졌다. 르카쩌가 허우짱의 중심도시로 발전할 수 있었던 것은 지리적 위치 및 정치, 경제 등의 요소 외에도 아주 중요한 원인이 있다. 전하는 바에 의하면, 티베트에서 불교를 전파하던 저명한 고승 연화생과 아디샤는 모두 르카쩌에서 수행을 하고 설교한 적이 있다고 한다. 8세기에 츠송더찬 찬보는 천축에서 고승 연화생을 초청하여 토번에 쌈예사를 세우도록 하였다. 연화생은 토번으로 가는 길에 르카쩌를 지나다가 이곳에서 수행과 설교를 하였다. 천축에서 티베트로 가는 과정에서 연화생은 티베트의 중심은 라싸라고 예언하였다. 그리고 르카쩌에서 그는 사자가 하늘을 향해 울부짖는 모습을 보고 이곳에 궁실을 세우고 불법을 전파하면 민중들에게 큰 복이 될 것이라 판단했다. 그 후 경건한 불교신도들은 모두 르카쩌를 찾게 되었다. 그리하여 르카쩌는 허우짱의 중심도시로 발전하였다. 오늘날 르카쩌 옛 성의 종산에는 여전히 높은 건물들이 남아 있다. 이는 옛날 지방정부의 소재지이다. 이런 건물들은 포탈라궁과 마찬가지로 산세에 따라 지어졌고, 높이 솟아 위엄을 과시하고 있다.

르카쩌가 세상에 알려진 것은 짱즈보다 늦다. 일찍이 600~700년 전에 사람들이 살았지만 아주 편벽하고 황량하였다. 르카쩌는 최초에 '녠취마이(年曲麥)' 또는 '녠마이(年麥)'라고 불렸는데, 그 뜻은 녠추하의 하류이다. 티베트 사서 『냥취춥』의 기록에 따르면 녠마이 지역은 커다란 연꽃이 만개한 것만 같았다. 동쪽은 녠추하가 풀어놓은 비단처럼 유유히 흘러 지났고, 남쪽은 천계 비사문의 기향원(奇香園)처럼 화초들이 만발하여 아름답기 그지없었다. 그리고 서쪽의 산악은 마치 험상궂은 얼굴에 뻐드렁니를 드러내며 위엄을 과시하는 하늘에서 내려온 장군처럼 자리 잡았고, 북쪽의 야루짱부강은 창룡처럼 거세게 흐르면서 끊임없이 포효했다.

르카쩌의 중심은 휘황찬란하고 주변에는 복록(福祿)이 넘쳐나며 사자 형태를 취한 육봉암(六峰巖)에 궁전이 지어져 '선거주즈(森格朱孜)'라고 불린다. 1354년 챵추젠찬(強秋堅贊)이 사캬파를 물리치고 정교합일의 파죽 지방정권을 수립하였다. 챵추젠찬 때부터 파죽 지방정권은 위장의 각 요충지에 13개의 종계(宗谿)를 세웠다. 그중 마지막으로 설립한 종계가 바로 르카쩌로, '원만하다'는 뜻으로 '시카쌍주즈(谿卡桑珠孜)'라고 불렀다.

시카쌍주즈는 현겁천불(賢劫千佛)과 삼시중불(三時眾佛)이 감로를 내려보냈으므로 도처에 지혜와 복과 상서로운 기운이 흘러넘쳤다. 아디샤는 『도가 천계감로(道歌·天界甘露)』에서 녠마이가 티베트고원의 중심이 될 것이라 예언했다. 그중 한 수의 도가는 "절경에 열 가지 선법(善法)이 있어 원만한 도시 첨부주(瞻部洲)가 있다. 그중 티베트고원에서 녠마이가 중심이다"라고 노래했다.

그러나 르카쩌가 흥성한 시기는 가마왕조(噶瑪王朝)가 티베트를 통치하던 24년간이었다. 이 시기 르카쩌는 티베트의 정치, 경제 및 문화의 중심지로 부상하였고 커다란 발전을 이루었다. 르카쩌에는 동서남북 4개의 방향에 따라 모두 4개의 린카(원림)가 세워졌다. 남쪽의 자시긍저(紮西更則)는 풍경이 아름답고 화초가 무성하였으며, 동쪽은 고요한 백화원으로서 희귀동물들이 자주 드나들어 챠춰긍저(洽措更則, 짐승들이 드나드는 곳)라고 불렀다. 그리고 북쪽은 무성한 나무들이 우거지고 과실들이 주렁주렁 달려 있어 가와저(嘎哇則, 좋은 곳)라 불렀으며, 서쪽은 시냇물이 졸졸 흐르고 들놀이를 하기 좋은 공원이 있어서 루딩저(魯定則)라고 했다. 쌍주즈중(桑珠孜宗) 뒤쪽의 가버제(嘎蔔傑)에는 유심한 산굴이 있는데, 연화생과 그의 명비(明妃) 이시춰제(益西措傑)가 이곳에서 은거하며 수행했다고 한다. 그 후, 이시춰제는 수행을 거쳐 올바른 결실을 얻었다. 이 사실에 감동한 용왕은 동굴 옆에 감천이 흐르게 하였다. 그로부터 이곳은 유명세를 탔고 불교의 성지로 거듭났다. 해마다 여름철에 르카쩌의 남자들은 당나귀를 타고 가버제를 찾아 순례한다. 순례를 마치고 돌아오면 아내와 자식들이 그들을 반갑게 맞이한다. 이와 같은 순례는 해마다 반복되면서 르카쩌 교외에서 진행되는, 말 타고 활 쏘는 풍속으로 바뀌었으며 오늘날까지 전해지고 있다.

웅위한 타쉬룬포사(紮什倫布寺)

르카쩌에 와서 타쉬룬포사원을 찾지 않는 사람은 없다. 궁전으로 성을 이룬 타쉬룬포사원은 반첸의 행궁으로서 라마의 포탈라궁에 해당되며, 오늘날에도 570여 명의 승려들이 생활하고 있다.

타쉬룬포사원은 르카쩌성의 서쪽 니마르산(尼瑪日山) 끝자락에 자리 잡았는데, 그 산등성이는 형태가 마치 달리는 코끼리와 같아 르카쩌의 천연장벽이 된다. 연화생대사가 『연화유교(蓮花遺教)』에서 "녠마이 니마르산에 궁전이 세워질 것"이라고 예언하였는데, 타쉬룬포사원이 바로 그 궁전이다. 오늘날 타쉬룬포사원은 르카쩌 시가지와 잇닿아 있다. 멀리서 바라보면 사원이 산세에 따라 세워져 있고 궁전들이 즐비하게 늘어섰다. 건축물들은 웅위하고 장엄하기가 그지없어 허우짱 거루파의 최대 사원이라 하기에 손색이 없다. 타쉬룬포사원의 건축 면적은 30만 제곱미터이고 잇닿은 산등성이마루를 포함하지 않은 둘레 길이는 1500미터에 달한다. 이토록 규모가 큰 사원을 세심히 돌아보려면 적어도 2~3일이 소요된다.

타쉬룬포사원은 1447년 총카파의 제자 젠단줍파(根敦珠巴)가 세웠다. 젠단줍파는 당시 허우짱의 대귀족인 취슝랑바 쉬랑바이쌍(曲雄朗巴·索朗白桑)과 츙제바 쉬랑바이줴(瓊傑巴·索朗白覺)의 도움을 받아 타쉬룬포사원을 세울 수 있었다. 최초에 사원은 '설역에서 불교를 흥성한다'는 의미로 '캉젠취피(康建曲批)'라고 불렸다. 그러나 사원이 준공되면서 젠단줍파는 '길상수미(吉祥須弥)'라는 뜻으로 '타쉬룬포사원'이라고 정식 명명했다.

타쉬룬포사원에는 지캉(吉康), 두이쌍린(堆桑林), 샤즈(夏孜), 아바(阿巴) 등 4개의 자창(紮倉)이 있는데, 그중 '아바자창'은 4세 반첸 뤄쌍취지젠찬(洛桑曲吉堅贊) 시기에 건립한 것이다. 자창의 산하에는 '미층(彌層)'이라는 10여 개의 승방 조직이 있다.

12년간 건축한 대경당(大經堂)

타쉬룬포사원의 본전은 가장 일찍 세워진 건축물로서 12년의 시간을 들여 완공되었다.

본전 내부로 들어서면 약 500제곱미터인 승려들의 강경장(講經場)이 있다. 그 지면에는 히말라야 산기슭의 편암이 깔렸고, 네 벽에는 돌로 조각한 1000개의 불상이 있다. 불상의 크기는 비슷하지만 그 형상은 모두 각기 다르다. 강경장은 반첸이 승려들에게 경을 강의하고 논하는 장소로서 법도를 수행하는 분위기가 농후하다.

강경장의 계단을 따라 올라가면 대경당이 나타난다. 48개의 기둥이 받치고 있는 대경당은 약 2000명을 수용할 수 있는 공간으로서 전 사원 법사 활동의 중심지이다. 거루파의 규정에 따르면 타쉬룬포사원은 총 3800명의 승려를 수용할 수 있다. 대경당만 전체 인원의 절반 이상을 수용할 수 있으니 그 규모가 대단하다. 대경당 내에는 아주 정교하게 조각된 금빛 찬란한 반첸의 보좌가 놓여 있다. 그리고 정중앙에는 젠단줍파가 자신의 스승 시로선거(西繞森格)를 기념하기 위하여 세운 5미터가량의 석가모니상이 놓여 있다. 석가모니상의 양 옆에는 그의 8대 제자가 각각 세워져 있다.

대경당의 좌측에는 1461년 아리의 구게왕 좌우자방(覺吾紮蚌)의 지원으로 건축한 창캉(強康)이라는 대불당이 있다. 불당에는 높이가 11미터 되는 미륵불상이 세워져 있다. 이 미륵불상을 조각하기 위해 당시 네팔에서 장인들을 데려왔고, 네팔 장인과 티베트 장인들이 손을 잡고 함께 조각하였다. 따라서 이 미륵불상은 중국과 네팔 양국의 두터운 우의를 상징하기도 한다. 미륵불상 옆에는 1세 달라이 젠단줍파의 주도로 조각된 2개의 보살상이 있는데, 이는 타쉬룬포사원에서 가장 오래된 조각상이다.

대경당의 우측은 도모전(度母殿)이다. 그 안에는 2미터 높이의 백도모 동상이 놓여 있고, 양쪽에는 흙으로 빚은 녹도모상이 있으며, 조각상의 뒷면은 도모의 화상이다. 그 밖에 도모전에는 일책수(一磔手, 엄지손가락과 가운뎃손가락을 벌린 길이, 불상을 재는 척도)의 천연생성 도모상도 있다.

대경당에는 숱한 벽화들이 걸려 있는데, 그중에는 총카파사도상(師徒像)과 80명의 불교 고승상 및 여러 가지 선녀상, 보살상 등이 있다. 이런 불교 벽화들은 색채가 화려하고 형태가 아름다우며 매우 정교하게 그려졌다. 그중 대부분은 유명한 화가들의 작품이다.

한불당(漢佛堂) 쟈나라캉(甲納拉康)

대경당 옆에는 다른 사원에서 찾아볼 수 없는 불당인 한불당이 있는데, 티베트어로 '쟈나라캉'이라고 부른다. 이는 7세 반첸 시기에 세워진 것이다. 한불당은 청나라 황제와 반첸 사이의 군신관계를 보여주는 곳으로, 그 내부에는 중국 역대 황제가 각 대 반첸에게 증정한 예물들이 진열되어 있다.

한불당에는 고궁(故宮) 원작의 대형 건륭황제 화상이 걸려 있고, "도광황제 만세 만세 만만세"라는 문구가 적힌 위패를 볼 수 있다. 황제의 위패를 봉안한 사실로 당시 허우짱과 청나라 사이의 종속관계를 알 수 있다.

황제 화상과 위패가 있는 정전(正殿) 옆에는 반첸이 청나라 주장대신(駐藏大臣)을 접견했던 객실인 편전(偏殿)이 있다. 객실 내부의 진열은 예전 그대로 보존되었다. 황제가 성지를 내릴 때마다 반첸은 이곳에서 주장대신으로부터 성지를 전달받아야 했다. 반첸은 성지의 내용을 전달받은 후 황제 화상과 위패 앞에 엎드려 절을 올리고 주장대신을 접대해야 했다.

편전에서 뒷문으로 나가면 진열실에 들어선다. 진열실은 한불당의 중요한 구성 부분으로서 역대 반첸이 황제의 접견을 받고 황제로부터 증정받은 예물들을 보관하고 있다. 영락고자(永樂古瓷), 원나라와 명나라 때의 방직물, 옥돌, 금은 술잔, 여러 가지 찻종과 사기그릇 및 불상과 염주 등이 진열실에 보관되어 있다. 그중 보석이 새겨진 염주가 있는데, 이는 청나라 황제가 7세 반첸에게 준 가장 소중한 예물로 오늘날까지 보존되어 있다.

타쉬룬포사원의 한불당에는 예물 외에도 숱한 희귀한 문물들이 소장되어 있다. 예컨대 청동으로 만든 불상 중에서 멧돼지를 타고 있는 나신 도모동상은 원나라 때의 작품이고, 기타 청동불상은 모두 당나라 때의 작품이다. 이런 청동불상은 큰 것은 20센티미터, 작은 것은 10센티미터이다.

사실 타쉬룬포사원의 문물은 현재보다 훨씬 더 풍부했지만, 역사적으로 여러 차례의 약탈을 겪으면서 많이 산실되었다. 규모가 가장 큰 약탈 사건은 18세기에 발생하였다. 당시 구르카부락이 티베트를 침략하면서, 건륭황제가 6세 반첸에게 선사한 옥책(玉冊)과 옥인(玉印), 진주가 새겨진 무량수불(無量壽佛) 및 법기와 경전 등 108가지의 문물이 유실되었다. 그 후 청나라는 복강안을 티베트로 파견하여 침략자를 쫓아내면서 일부 문물을 돌려받았지만 여전히 대부분을 상실한 상태이다. 이는 타쉬룬포사원의 되돌릴 수 없는 커다란 손실이다.

26미터 높이의 대동불

창바전(强巴殿)은 타쉬룬포사원의 서쪽에 있다. 그 높이는 30미터로서 모두 7층으로 되어 있으며, 건축 면적은 860여 제곱미터이다. 창바전은 9세 반첸 취지니마(曲吉尼瑪)가 장력으로 15번째 회귀년인 목호년(木虎年, 1914년)에 세운 것이다.

창바전 내의 대동불은 타쉬룬포사원에서 가장 주목할 만한 불상이다. 비록 쓰촨성의 낙산대불처럼 웅장하지는 않지만 타쉬룬포사원의 대불은 온통 동으로 주조되었으므로 아주 진귀하다. 동불의 높이는 26.5미터로, 그 존좌(尊座)만 해도 3.8미터나 된다. 그리고 중지 길이는 1.2미터, 발 길이는 4.2미터, 어깨 너비는 11.5미터이다. 창바 동불상의 미간백호(眉間白毫)는 31개의 크고 작은 보석과 진주, 호박(琥珀), 녹송석 등 도합 60개로 만들어져 그 규모가 어마어마하다.

창바 대동불은 110명의 장인이 4년의 시간을 들여 주조하였다. 동불을 주조하는 데는 황금 335킬로그램과 황동 11만 5875킬로그램 및 기타 진귀한 장식품들이 수없이 들었다.

대동불의 형상은 매우 생생하고 위엄이 있으며 공예가 정교하다. 이는 티베트족들의 뛰어난 창조적 재능과 공예 수준을 말해준다.

금정(金頂)과 영탑전

거의 모든 거루파의 주요 사원에는 금빛 찬란한 금정과 호화로운 영탑이 있다.

타쉬룬포사원 대경당의 가장 높은 층에 이르면 햇빛을 받아 눈부신 빛발을 뿌리는 금정과 채화(彩畵)로 화려하게 장식된 기둥과 대들보가 한눈에 들어온다. 그 웅위함과 황홀함은 라싸의 포탈라궁에 맞먹는다. 금정의 서북쪽에는 거대한 쇄불대(曬佛臺)가 있는데, 그 높이는 약 10미터이고 벽돌로 쌓아서 마치 커다란 석벽과도 같다. 쇄불대는 1468년에 지어졌고, 해마다 이곳에서 한 차례씩 대형 두루마리 불상화를 전시한다.

타쉬룬포사원의 영탑전에는 1세 달라이 젠단줍파의 유골과 원적한 역대 반첸의 금신(金身)이 보관되어 있다. 그중 최초의 영탑은 4세 반첸 뤄쌍취지젠찬의 것으로서 그 높이가 11미터이고, 순은 1375킬로그램으로 천강탑(天降塔)의 형태로 만들어졌다. 새하얀 빛발을 뿌리는 은탑에는 여러 가지 진귀한 보석들이 박혀 있어 매우 장엄하고 화려하다.

4세 반첸 뤄쌍취지젠찬은 94세에 원적하였는데, 그가 살아 있는 동안 타쉬룬포사원은 크게 발전하였다. 4세 반첸의 공적을 기리기 위해 신도들은 호화로운 영탑을 지었다.

5세 반첸부터 9세 반첸까지의 영탑은 '문화대혁명'의 10년 동란 시기에 엄청나게 파괴되었다. 1985년 국가에서 조달한 특별자금과 신도들의 모금을 합쳐서 그해 4월 10일부터 합장 영탑전을 재건하기 시작하였다. 그로부터 4년이 지나서 영탑전이 준공되었고, 10세 반첸 어얼더니 취에지졔부(額爾德尼·碓吉傑布)가 친히 개안하였다.

10세 반첸 어얼더니 취에지졔부는 위대한 애국주의자, 걸출한 국무활동가, 중국공산당의 충실한 벗이고 중국불교협회 명예회장이며 전국인민대표대회 상무위원회 부위원장직을 역임했다. 그가 원적한 후 그의 영탑은 1990년 9월 8일부터 짓기 시작하여 1993년 8월에 준공되었다. 10세 반첸의 영탑을 건축하기 위해 국무원은 6406만 위안의 특별자금을 조달함과 동시에 황금 640킬로그램과 순은 275킬로그램을 지원하였다. 그리고 티베트자치구 정부는 대량의 원자재와 각종 물자를 지원하였다.

스숭랑졔전(司松朗傑殿) 내의 10세 반첸 영탑은 은으로 겉면을 씌우고 수많은 진주와 마노를 새겨 넣어 눈부신 빛발을 뿌린다.

영탑전은 예술진품이자 중요한 역사적 가치가 있으므로 인류 문화재로서 보호할 필요가 있다.

남다른 색채를 띠고 있는 샤루사(夏魯寺)

르카쩌에서 동쪽으로 향하다가 남쪽으로 꺾어서 20킬로미터를 달리면 유명한 샤루사가 나타난다.

샤루사의 지붕은 녹색 유리타일로 뒤덮여 있고, 내부구조는 티베트의 다른 사원과 비교해볼 때 독특한 점이 많다. 사원 내의 용마루는 아주 높고 처마에는 빗물을 배출하는 공간이 남아 있어 중원의 건축 양식과 흡사하다. 그러나 가까이 다가서서 세심하게 관찰해보면 차이 나는 특징도 많다. 특히 불규칙적인 돌로 쌓은 장벽은 티베트족의 독특한 양식이다. 따라서 샤루사는 한족과 티베트족의 양식을 합쳐놓은 건축물로서 티베트에서 유일무이하다.

샤루사의 본전에는 동이나 진흙으로 만든 보살 그리고 탕카, 불탑 등이 진열되어 있다.

랑다마가 멸불정책을 실시한 후, 루메이추이청시로우(魯梅崔成西繞), 바추이청뤄주이(巴崔成洛追), 뤄둔둬지왕츄(洛敦多吉旺秋) 등 '위장 10걸(衛藏十傑)'은 샤루둬마이단디(下路朵麥丹底)에서 여전히 불교가 전파되고 있다는 소식을 듣고 그곳을 찾았다. 단디에 도착한 후, 그들은 라친굼바로서로부터 수계를 받고, 그의 제자에게 계율과 경론을 배웠다. 975년경 '위장 10걸'은 모두 위장으로 돌아와서 각자 사원을 세우고 불법을 선양하였다. 장전불교는 단디로부터 다시 번창하기 시작하여 위장 전역에 널리 전파되었다.

뤄둔둬지왕츄는 냥마이(娘麥)에 있는 고향 충두이구얼머로커(蔥堆古爾莫繞略)로 돌아가서 충두이구머사(蔥堆古莫寺)에서 경전을 강의하다가 젠궁사(堅貢寺)를 세웠다. 비록 사원의 규모는 작았지만 많은 신도들이 찾아와서 교리를 배우고 선양하였다. 그중에는 지준시로츙나이(吉尊西繞瓊乃)라는 제자가 있었는데, 스승의 발길을 따라 사원을 세우고 불법을 선양하기로 했다.

어느 날, 그는 스승을 찾아가 일전(一箭) 거리가 되는 곳에 샤루(夏

魯, 농작물 새싹)만 한 크기의 도장(道場)을 세울 것을 제의하였다. 뤄둔은 지준의 제의를 허락했다. 따라서 지준은 활시위를 당겨서 뤄둔에게 주었다. 뤄둔은 즉시 활을 쏘았다. 그러자 화살은 오늘날 다펑(達崩)의 옛날 사원이 위치한 곳에 떨어지고 말았다. 그리하여 지준 시로춤나이는 그곳에 샤루사를 세웠으며 여러 가지 진귀한 불상을 조각하였다. 당시 토번 지역의 불교 계율이 순수하지 못하다고 인식되었으므로 샤루사는 궈와 이시융중(郭瓦·益西雍仲)을 법주로 모셨다. 『냥교사(娘教史)』의 기록에 따르면, 고승 아디샤가 티베트로 불법을 전파하러 오는 도중 샤루사를 위해 개안하였다고 한다. 따라서 샤루사의 명성은 날로 높아졌다. 원나라 때에 이르러 지준시로춤나이의 후손은 사캬와 혼인을 맺음으로써 지준의 가계는 고상(古祥)이라는 칭호를 얻었다. 원세조 쿠빌라이는 고상 아자(古祥·阿扎)를 샤루만호 승속부중(夏魯萬戶僧俗部衆)으로 임명하고 사캬 지역 13만 호의 샤루만호장으로 삼았다. 그 후, 고상 궁부바이(古祥·貢布白)가 고상 아자의 샤루만호장을 이어받았고 샤루사를 증축하였다. 1329년, 샤루사는 엄청난 홍수로 인해 괴멸적인 피해를 입었다. 원나라 황제는 고상 자바젠증(古祥·紮巴堅增)에게 상당한 재물을 대주면서 샤루사의 재건을 도왔다. 따라서 그는 중원의 수많은 한족 장인들을 청하여 재건에 참여하게 하였다. 그로부터 샤루사는 오늘날의 규모를 갖게 되었다. 『유리타일제작공예요기(琉璃瓦制作工藝要記)』에는 시닝에서 한족의 고급 장인을 초청하여 유리타일을 제작하는 데 성공했다는 기록이 나온다. 그 장인은 유리타일을 만드는 방법과 기술을 고스란히 티베트 현지인들에게 전수했다. 그로부터 티베트에서는 다양한 유리타일 공예가 성행하였다. 샤루사 지붕의 녹색 유리타일은 바로 이 한족 장인의 지도로 만들어졌다.

병경판(拼經板)은 샤루사에 소장된 4대 보물 중 하나이다. 0.6제곱미터의 정방형 목판에 108개의 작은 목판을 맞추어 이루어졌고, 작은 목판에는 한 글자씩 적혀 있다. 부둔 런칭주(布敦·仁青珠)가 100차례에 걸쳐 개안하고 가지(加持)한 이 병경판은 700여 년의 역사를 자랑하고 있다. 선인들의 유훈에 따르면, 샤루사의 병경판은 마음대로 뜯어서는 안 되며 뜯은 후에는 다시 맞출 수가 없다. 따라서 후세 사람들은 그 유훈을 고스란히 지키면서 병경판을 오늘날까지 그대로 보관하였다. 샤루사에 조불(朝佛)하러 왔다가 병경판으로 인쇄한 경문을 한 장 받아간다면 그보다 큰 행운은 없을 것이다.

샤루사의 대전에는 동으로 된 제단이 있는데, 그 위는 붉은 천으로 봉인되어 있다. 제단 속에 갇힌 물은 12년 만에 한 번씩 바꿀 수 있으므로 그때에만 개봉할 수 있다. 사람들은 12년 동안 저장된 제단 속의 물을 '성수'라고 믿는다. 만약 제단을 개봉하는 날에 샤루사를 방문하였다면 '성수' 한 잔을 얻어 마실 수 있다. 사람들은 '성수'가 108가지 더러운 물질을 씻어낼 수 있다고 믿는다.

대전의 문어귀에는 대야 모양의 거석이 있는데, 실제로 샤루사를 세운 활불 지준시로춤나이가 사용한 세숫대야라고 한다. 사반 궁가젠찬(薩班·貢嘎堅贊)이 비구계를 받을 때 이 세숫대야에서 머리를 감았다고 한다. 전하는 바에 의하면, 비가 올 때 돌대야에 물이 가득 찬 후에는 아무리 빗물이 흘러 쏟아져도 그 속의 물이 넘치지 않는다고 한다.

또한 대전 앞에는 작은 석판이 하나 있다. 그 위에는 '옴 마니 반메훔'이라는 육자진언이 새겨져 있으며, 가장자리에는 4개의 영롱탑이 새겨져 있다. 석판의 육자진언과 영롱탑은 자연스럽게 샤루사의 든든한 기반이 되었다.

비록 샤루사의 4대 보물은 기이한 점이 많지만 그 생성된 시간이 오래되어 상당한 가치가 있다.

계단을 따라 전루(殿樓)에 오르면 지붕의 건축구조를 관찰할 수 있다. 들보와 두공(斗拱)은 튼튼하게 연결되었고, 깔때기 모양으로 된 처마는 빗물을 저장할 수 있으며, 용마루는 정교한 자기 조각으로 뒤덮였다.

본전과 편전 내부에는 유구한 역사를 가진 벽화들이 잘 보존되어 있다. 벽화 내용은 아주 풍부하여, 석가모니가 열두 화신으로 변하여 도를 닦는 불교 이야기 등과 같은 것들은 생생하고 예술적 감화력이 짙다. 벽화는 화법이 정교하여 네팔의 전통 벽화기법을 운용하였을 뿐만 아니라 중국 송나라와 당나라 시기의 기교도 충분히 체현되었다. 따라서 샤루사의 건축과 회화는 티베트족과 한족 문화 교류의 산물이다. 샤루사의 벽화 「부둔 런칭주 업적도」와 부둔 런칭주의 친필 작품 「대문도(大文圖)」는 특히 주목을 끈다. 기나긴 세월 속에서 샤루사가 온갖 풍상고초를 겪으며 이토록 정교하고 다채로운 예술품들을 오늘날까지 그대로 보존하여온 것은 참으로 쉽지 않은 일이다.

건축 규모로 볼 때 샤루사는 17세기 이후의 거루파 사원보다 훨씬 작지만 자신만의 흥성했던 역사를 갖고 있다. 대역사(大譯師) 부둔 런칭주는 대시주(大施主) 고상 자바젠증의 요청으로 장력 철후년(鐵猴

年, 1321년), 31세 되던 해에 샤루사의 주지를 맡아 30여 년간 활동했다. 그사이 그는 겨울철과 여름철의 법회를 조직하면서 『대승아비달마집론(大乘阿毘達磨集論)』, 『양결택론(量抉擇論)』, 『입보살행론(入菩薩行論)』 등 경전들에 대한 해석을 강의함과 동시에 현종과 밀종 경전들을 배우는 데 필요한 주소(註疏), 관정(灌頂), 비결, 가지(加持), 교언(敎言) 등 법도를 가르쳤다. 부둔대사가 샤루사의 주지로 있는 동안 각지의 승려들은 명성을 좇아 찾아와서 경법을 배웠다. 따라서 그의 사상이 날로 전파되면서 장전불교의 일파를 이루었다.

티베트의 문고 나탕사(納唐寺)

'나탕'은 지형에서 따온 이름으로서 '코끼리 코처럼 생긴 산언덕'이라는 뜻이다. 전하는 바에 따르면, 장력으로 첫 번째 윤회년의 토서년(土鼠年, 1039년)에 고승 아디샤가 아리를 지나 냥마이(娘麥)로 향하는 도중 나탕에 이르렀다고 한다. 그때 그들 일행이 코끼리 코 모양의 산언덕을 발견하고, 커다란 암석에 16마리의 꿀벌이 채집을 하고 있다는 상황을 보고하였다. 그러자 아디샤는, 이곳이 상서로운 땅이고 16마리의 꿀벌은 16존자(尊者)가 수행하고 있음을 의미한다고 밝혔다. 그는 머지않아 이곳에 사원이 세워지고 불법이 흥성할 것이라고 예언했다. 그로부터 신도들은 아디샤의 예언을 마음속에 새겨두고 서로 전달하였다.

그 후, 장력으로 세 번째 윤회년의 수계년(水雞年, 1153년) 겨울에

둔뤄주이자바(敦洛追紮巴)가 그곳에 나탕사를 세웠다. 그리고 아디샤가 창설한 가당파의 교법과 쟈스니뤄반친석가시르(迦濕彌邏班欽釋迦西日)가 전한 계율을 계승하여 오늘날까지 850여 년 동안 이어졌다.

나탕사가 세워진 후 수많은 저명한 고승들이 찾아와 경전을 강론하고 설교하였다. 나탕사에는 2개의 자창과 10여 칸의 경당 등 주요 건물이 있었다. 나탕사가 가장 흥성할 때는 3000여 명의 승려가 있었고, 사내에는 가당대탑(噶當大塔)이 세워졌다고 한다.

나탕사의 인경원(印經院)은 티베트에서 가장 일찍 세워졌다. 13세기에, 나탕사의 칸부쥔단르러(堪布君丹日熱)와 그의 제자 외바뤄서(衛巴洛色)는 당시 모든 티베트어로 번역된 율장, 경장, 논장을 수집한 후 『간주얼』과 『단주얼』로 편찬해냈고 일부는 목판 인쇄하였다. 1732~1742년 사이에 퍼뤄나이 쉬랑둬제(頗羅鼐·索朗多傑)가 자금을 대고 반첸 뤄쌍이시(洛桑益西)가 구체적으로 책임을 맡아 『간주얼』과 『단주얼』을 모두 인쇄해냈다. 나탕사의 인경원은 10여 년에 걸쳐 건축되었다. 『퍼뤄나이전』의 기록에 따르면, 인경원을 짓기 위해 퍼뤄나이는 티베트 인민들에게 강제노역을 시켰다. 동시에 서예가, 조각가 및 화가 등을 초빙하여 젊은이들에게 목판인쇄술을 가르치게 하였다. 오랜 시간의 노력을 거쳐 나탕사의 인경원은 대량의 티베트문 대작들을 인쇄해냈다. 대장경 『간주얼』108부와 불경 소주(疏註) 『단주얼』215부가 바로 그 대표적인 결과물이다. 경판(經板)에는 글자가 적혀 있는 것 외에 색판으로 단장되어 있다. 『석가백행전(釋迦百行傳)』과 같은 여러 명작들도 나탕사의 인경원에서 인쇄되었다. 티베트가 평화적 해방을 맞이할 때까지도 나탕사의 인경원에는 경판이 산더미처럼 쌓여 있었다. 경전 인쇄를 놓고 볼 때, 나탕사의 인경원은 라싸 포탈라궁의 인경원보다도 공헌이 크다. 동시에 실천 과정에서 나탕사의 인경원은 수많은 티베트족 인쇄 장인을 배출하였고, 티베트의 인쇄와 문화 사업의 발전을 위해 커다란 업적을 남겼다.

오늘날, 인쇄기술이 발달하면서 티베트의 경전들은 쉽게 인쇄할 수 있다. 그러나 역사적으로 볼 때, 나탕사의 인경원은 티베트 최초로 경전을 인쇄하는 곳으로서 그 지위가 중요하다.

풍부한 예술의 보고 사캬사(薩迦寺)

허우쨩에 와서 사캬를 방문하지 않으면 허우쨩을 제대로 알 수가 없다. 700여 년 전, 티베트의 정치, 경제, 군사, 문화 및 종교의 중심이었던 사캬는 티베트 역사를 알고 싶어 하는 사람이나 관광객에게 커다란 흡인력을 발휘한다.

르카쩌에서 출발하여 자춰라산(加措拉山)을 넘어 서남쪽으로 60킬로미터를 달리면 사캬현 경계에 이른다. 이곳은 하곡지대의 입구로서 다리가 놓여 있다. 다리 위에 올라서서 멀리 내다보면 중취하(仲曲河) 양쪽 기슭의 지형이 아주 독특함을 발견할 수 있다. 하곡의 윗부분은 아주 평탄하며, 멀지 않은 곳에 2개의 산봉우리가 서로 마주하여 하곡지대를 봉쇄하고 있다. 그리고 산봉우리 뒤쪽에도 평지가 잇달아 있고, 또한 산봉우리들로 봉쇄되어, 전체 하곡지대는 마치 꽃병을 눕혀놓은 듯하다.

사캬 지역에는 예로부터 전해 내려온 민요가 있다.

> 아줘산(阿卓山)에 올라 굽어보면
> 사캬는 수정과도 같다
> 수정병에 들어 있는 다무(達姆, 사캬 활불의 아내)는
> 그 모습이 선녀와도 같다
> 사캬를 경멸하지 마시오
> 이곳의 사원이 빛을 발하니
> 사원에는 경전들이 가득 차
> 사캬를 성지로 거듭나게 하는구나

옛날, 사캬로 통하는 도로가 개통되기 전, 사캬 사람들은 말을 타고 아줘산을 넘어야만 외부와 연결이 닿았다. 이 민요는 외출하였다가 사캬로 돌아오는 사람이 아줘산에서 사캬를 굽어보며 지은 것이다. 사캬의 남북 양쪽에는 각각 불당이 놓여 있는데, 이는 사캬사의 창시자가 세운 것으로 수많은 진귀한 경전들을 소장하고 있다. 사캬 사람들은 불당을 매우 자랑스럽게 여긴다.

사캬 시가지는 해발 4200미터에 자리 잡았고, 중원 지역의 번화한 도시에 비하면 아주 황량하다. 대신 이곳은 초원과 가까워 아름다운 대자연의 풍경을 그대로 감상할 수 있다. 웅위한 사캬사와 교외의 쌀보리밭은 사람들이 자주 몰려드는 곳으로 생기발랄하다. 쌈예사의 마지막 주지 둔단(頓旦)은 사캬 출신으로서 고령임에도 여전히 고향을 찾아 사캬사에서 사원 경전을 정리하고 역사를 복구하는 작업에 종

사하고 있었다. 그는 사캬사의 역사에 대해 누구보다 잘 알고 있었고, 이곳을 찾는 사람들을 열정적으로 접대하였다.

곤씨(昆氏) 가문의 유래

곤씨 가문의 시조는 원수끼리 엮여 탄생하였다.

'곤'은 '원한'이라는 뜻이다. 전하는 바에 의하면, 상고시대 '야빵지(雅蚌吉)'라는 씨족부락이 '쟈런차매(迦仁査梅)'부락을 접수하면서 수령 '야빵지'는 '쟈런차매'를 죽이고 그의 처를 빼앗았으며, '곤파지(昆帕吉)'라는 아들을 얻었다. '곤파지'는 '원수와의 결합'이라는 뜻으로서, 그가 바로 곤씨 가문의 시조이다.

곤파지의 후손 곤 파우제(昆·巴烏傑)는 지략이 뛰어난 인물이었다. 1200여 년 전, 토번왕조가 티베트고원을 통치할 때, 토번의 걸출한 찬보 중 하나인 츠송더찬이 집권하면서 곤 파우제를 대신으로 임명하였다. 그로부터 곤씨 가문은 명성을 떨치기 시작하였다. 곤 파우제의 아들 곤 루이왕브(昆·魯益汪波)는 티베트 역사상 가장 일찍 쌈예사에서 출가한 7인 중 한 명이다. 곤씨 가문은 정계에서 지위를 얻었을 뿐만 아니라 종교계에서도 명망이 높아지면서 티베트 전역에 큰 영향을 끼쳤다. 오늘날까지 곤씨 가문은 50여 대에 걸쳐 전해졌다.

사캬와 사캬파

사캬파와 곤씨 가문은 어떤 관계를 가지는가?

이는 곤 루이왕브의 제7대손 곤 굼죄제부(昆·貢覺傑布)로부터 따져야 한다.

루이왕브는 출가하여 법도를 닦아 티베트 최초의 저명한 불교학자가 되었다. 곤씨 가문은 불법 선양에 줄곧 주력하였고, 특히 제7대손 곤 굼죄제부는 더욱더 그리하였다. 그는 쥐미역사(卓彌譯師) 석가슌누(釋迦勛努)를 스승으로 모시고 신밀승을 고학하면서 대량의 불교신법을 번역하였고 전통적인 구밀승을 차츰차츰 포기하였다.

곤 굼죄제부는 자신이 신봉하는 신밀승을 전수하기 위해 충두이(沖堆) 지역 중취남면(仲曲南面)의 차우룽(査吳龍)에 사원을 세우고 '바이친궁(白欽宮)'이라 하였다. 어느 날, 사원을 나선 그가 중취북면의 뭇 산들을 바라보니 마치 커다란 코끼리가 초지 위에 엎드려 있는 듯했다. 코끼리의 복부에 해당되는 지역에서는 중취하가 거세게 흐르고 있어 보기 드문 행운의 땅이라 여겨졌다. 굼죄제부는 이곳에 사원을 세우면 부처님의 지혜 광명이 일체 중생들의 마음을 비출 것이라 판단했다.

그래서 그는 중취하를 건너 땅의 영주를 찾아 사원을 세울 것을 건의했다. 영주는 사원을 세우는 데 동의했고, 불법 선양에 적극적으로 나섰다. 굼죄제부는 40세가 되던 1073년에 중취하 북쪽 기슭에 흰색 궁전을 세웠다. 후세 사람들은 이를 구룽사(古絨寺)라고 불렀다. 사원은 회백토산의 옆에 위치했는데, 티베트어로 회백토를 '사캬'라고 했기에 사원의 이름이 사캬사가 되었다.

중취하의 높은 기슭에 올라서서 멀리 내다보면 첩첩산중에 산재되어 있는 궁전의 흔적들을 발견할 수 있다. 비록 오랜 세월을 겪으면서 지금은 허물어진 담벼락과 같은 유적만 남았지만, 그로부터 당시 건축 규모의 웅장함을 추측해낼 수 있다. 역대 곤씨 자손들은 모두 사캬사를 증축하는 데 일조하여 커다란 궁전 군락을 이루었다. 굼죄제부의 아들인 곧 굼가닝부(昆·貢嘎寧布) 때에 이르러서는 신밀승이 크게 발전하여 하나의 체계를 이루었다.

굼가닝부는 어려서부터 똑똑하기로 소문났고, 부친을 따라 고학의 길에 올라 방방곡곡을 답사하고 숱한 명인들을 스승으로 모시면서 경전들을 탐독했다. 그 후, 그는 사캬사를 증축하고 많은 제자들을 문하에 두었다. 그리하여 그의 부친이 선도하던 사캬교법이 날로 흥성해졌고 점차 완벽해졌다. 굼가닝부는 사캬파의 시조가 되었고, 사캬파의 현밀교법 체계화를 이루었으며, 자신의 교리체계를 확립하였다.

사캬오조(釋迦五祖)

사캬파가 창설되는 과정에서 굼가닝부는 불멸의 공적을 쌓았으므로 사캬오조, 즉 다섯 창시자 중의 으뜸으로 추대되었다.

12세기 중엽, 굼가닝부의 둘째 아들 곧 소랑저무(昆·索朗則姆)가 부친의 의지를 이어받아 많은 제자를 양성하였으므로 사캬오조의 두 번째 자리를 차지했다.

세 번째 창시자는 소랑저무의 아들이 아니라 그의 동생 자바장찬(紮巴絳贊)이었다. 그는 불교의 현종과 밀종에 모두 능통하였고 계율을 엄수하였다.

이상 세 창시자는 비록 불교를 신앙하지만 결혼할 수 있었기에 후세 사람들로부터 '백의삼조(白衣三祖)'라고 불렸다. 그 후의 궁가젠찬과 파스파는 출가한 승인으로서 계율을 지켜야 했고, '홍의이조(紅衣二祖)'라 불렸다. 이들을 통칭하여 사캬오조라고 하는데, 모두 사캬파의 창설에 뚜렷한 공헌을 한 인물들이다.

민간에서는 사캬파를 '화교(花敎)'라고 속칭하기도 하는데 그 이유는 무엇일까?

사캬사의 묘문(廟門)에는 붉은색, 흰색, 검은색 3가지 색깔로 된 줄무늬가 새겨져 있다. 이는 사캬파 사원의 상징이다. 일부 사람들은 알록달록한 색깔이 사캬파의 상징이므로 사캬파를 '화교'라고 부르는데, 이는 터무니없는 말이다. 사실 사캬파를 대표하는 붉은색, 흰색, 검은색 3가지 색상에는 모두 각자의 종교적 의미가 담겨 있다. 붉은색은 문수보살, 흰색은 관음보살, 검은색은 금강수보살을 의미한다. 이것이 바로 불교신도 마음속의 '밀종사부삼호주(密宗事部三怙主)'이다.

사캬남사와 사캬왕조

사캬남사를 세운 것은 사캬오조의 마지막 창시자 파스파의 공적이다.

사캬남사의 대문을 들어서서 널따란 뜰을 통과하면 사원의 본전인 라캉친무(拉康欽姆)에 이른다.

이것은 방대한 사원 건축물로서 부지 면적이 4만 5000제곱미터이고 높이는 10미터이며, 40개의 굵다란 기둥으로 지탱되어 있다. 일부 사서에는 108개의 기둥이라고 기록되어 있지만 사실이 아니다. 기둥의 굵기는 세 사람이 두 팔을 벌리고 함께 안아야 할 만큼이다. 가장 굵은 기둥은 직경이 1.5미터에 달하는데, 이는 원나라 때 중앙정부에서 보내온 것이다. 기둥은 모두 목재로 되어 있고, 지면에서 천장까지 곧바르게 세워졌다. 이와 같은 목재기둥은 모두 사원에서 200여 리 떨어진 딩제현(定結縣)의 삼림에서 벌채해 온 것들이다. 본전의 벽에는 사원을 세울 당시의 상황이 벽화로 고스란히 남아 있다. 벽화에서 볼 수 있듯이, 사원을 건축하는 데 수많은 인력이 동원되었고 그 규모는 현재로 놓고 보아도 어마어마할 정도였다. 전하는 바에 의하면, 당시 티베트 곳곳에서 인력이 동원되어 건축에 참여하였다.

사캬남사 본전의 신단에는 창시자 파스파의 상이 놓여 있다. 몽골 나이마진후(乃馬真後) 3년(1244년)에 샤카반디다 궁가젠찬은 몽골 황자 쿼단(闊端)의 요청으로 량저우(涼州)를 찾았다. 이는 원나라 중앙 정부가 티베트에 대한 통치를 강화하는 데 유리했다. 1251년 궁가젠찬은 량저우에서 병사하였다. 파스파는 그의 후계자로서 원나라 황실로부터 높은 예우를 받았다. 1260년 파스파는 원세조 쿠빌라이로부터 국사(國師)로 책봉받았고, 1264년에는 총제원(總制院)을 통솔하여 전국의 불교와 티베트 지방 사무를 관할하게 되었다. 원나라 지원(至元) 4년(1267년), 파스파는 티베트로 돌아와 사캬파의 정교합일 지방 정권을 세우고 번친(本欽)을 설치하여 티베트 지방 행정사무를 관할하게 하고, 낭친(囊欽)을 설치하여 종교 사무를 책임지게 하였다. 이 듬해, 그는 사캬번친 석가상부(釋迦桑布)에게 위장에서 13만 호의 인력을 동원하여 사캬남사를 건축할 것을 지시했다. 1269년, 파스파는 몽골신자(蒙古新字)를 창제하였고, 원세조 쿠빌라이가 이를 반포하였다. 얼마 후, 파스파는 제사(帝師, 제왕의 스승)로 존경받았고 대보법왕(大寶法王)으로 책봉되었다. 1276년, 사캬남사가 준공될 때 파스파는 다시 티베트로 돌아와서 수만 명의 위장 승도들과 함께 성대한 법회를 열었다. 1280년, 파스파는 사캬에서 원적하였다.

사캬남사는 성보(城堡)식 건물군으로서 중원의 성곽을 모방하여 지었다고 한다. 사캬남사의 총 부지 면적은 1만 4760제곱미터이고, 대체로 사각형을 유지하여 그 남북 길이가 132미터, 동서 길이가 112미터이다. 사원의 주변은 2겹으로 된 견고한 성벽으로 둘러싸여 있다. 안쪽 성벽은 벽돌에 진흙을 발라 쌓았고, 4개의 모퉁이에는 각각 성루가 세워졌으며 윗부분에는 총안이 있다. 안쪽 성벽의 높이는 12미터, 두께는 3미터에 달한다. 바깥쪽 성벽은 양마성(羊馬城)이라 하고, 흙으로 쌓았다. 다시 그 바깥쪽에 벽돌로 쌓은 참호도 있다. 성벽은 오직 동쪽에만 출입문이 나 있는데, 입구가 비교적 좁으며 '정(丁)' 자 모양으로 되어 있다. 출입문의 윗부분은 견고한 성곽이고, 내부로 들어오려면 갑문을 지나야 했다. 이러한 것들은 모두 외적을 막기 위한 방어시설이다.

사캬사는 방어를 목적으로 한 건축물이다. 사원을 건축할 때는 중원에서 온 한족과 몽골족을 비롯한 여러 민족의 장인들이 참여하였다. 사캬사는 티베트 중세 문화번영의 상징으로서 티베트 건축사에 한 획을 그었을 뿐만 아니라 여러 민족문화가 서로 교류하는 중요한 본보기로 꼽힌다.

사캬에는 규모가 웅위한 사원 외에도 양식이 독특한 관부 저택들이 있다. 사캬 혈통이 굼가뤄주이젠찬(貢嘎洛追堅贊)까지 전해졌을 때, 곤씨 가문은 4개의 라랑(喇讓)으로 분열되었다. 그들은 모두 부친이 아들에게 물려주는 형식으로 전승되었고, 사캬법왕의 보좌는 4개의 라랑이 번갈아 차지했다. 시퉈(細妥), 라캉(拉康), 런칭강(仁靑崗), 두최(杜郤) 등 4개의 라랑은 제각기 방대한 저택을 소유하였다.

사캬사 내부에는 약 2만 개의 불상이 있는데, 그 대부분은 원조, 명조 이전의 진귀한 문물이다. 사캬에는 4가지 보물이 있다. 바로 주친 바이바(竹欽白巴)가 천축에서 모셔 온 사캬호주(怙主)신상인 굼부구루(貢布古如), 파일역사(巴日譯師)가 세운 신수(神水)가 흘러나오는 존승탑(尊勝塔), 궁가젠찬의 본존상인 문수보살상, 파스파가 공양했던 본존상인 옥낙도모상(玉洛度母像) 등이다.

사캬사는 오늘날까지 900여 년의 역사를 가지고 있고, 그사이 사캬 정권은 티베트를 70여 년간 통치하였다. 사원의 본전에는 송조, 원조 시기의 고자기들이 수두룩하고 그 형태가 다양하다. 그중에서 명조 때의 청화오채완(青花五彩碗)과 청조 때의 제청묘금병(霽青描金瓶)은 국보급이다. 그 밖에도 봉고(封誥), 조서(詔書), 인감, 법기, 공기(供器), 옥기 등이 있으며 모두 극히 소중한 문물이다.

벽화도 사캬사의 중요한 예술진품이다. 본전 입구 옆의 계단을 따라 한 층 올라가면 온갖 벽화들을 소장한 방에 이른다. 그곳에는 무구곤씨세계화상(無垢昆氏世系畫像)과 구덕사캬세계화상(具德薩迦世系畫像)이 있고, 시륜금강단성도(時輪金剛壇城圖), 집밀쟝바이둬지단성도(集密降白多吉壇城圖), 희금강해생파단성도(喜金剛海生派壇城圖) 등 139개의 단성(壇城) 벽화가 보존되어 있다. 이런 벽화들은 모두 티베트 특유의 광물 안료로 제작되었으므로 오늘날까지 그 색채가 화려하다.

본전의 뒤편은 커다란 장서실로서 벽면을 따라 진열된 서가에는 각종 경전들이 빼곡히 들어차 있다. 이곳은 총 2만여 권의 경전들을 소장하고 있고, 그 대다수가 원조, 명조 시기의 수사본으로서 티베트 필사 장인들이 모여서 금, 은, 주사, 먹 등 다양한 안료로 옮겨놓은 진품이다. 그중에서 길이 1.31미터, 너비 1.12미터인 경서 『팔천송(八千頌)』이 가장 진귀하다. 또한 사원에는 티베트문, 몽골문, 범문 등 3가지 문자로 쓴 10여 부의 패엽경이 소장되어 있는데, 그 역사적, 학술적 가치가 대단하다. 사캬사의 장서는 수만 권에 달하고, 그 내용으로는 종교 외에도 천문, 역법, 의학, 역사, 인물전기, 철학, 문법, 수사학 등 다양한 방면을 아우르고 있다. 따라서 일부 학자들은 사캬사의 장서와 벽화를 둔황(敦煌)에 비유하여 '제2의 둔황'이라 부르기도 한다.

본전에 놓여 있는 몇몇 상자에는 티베트족들의 독특한 회화 예술형식인 탕카가 보관되어 있다. 사캬사의 탕카는 600여 년 전에 그려진 사보(寺寶)로서 '파탕(帕唐)'이라 불리는데, 그 뜻은 '파스파화전(八思巴畫傳)'이다. '화전'은 탕카 형식으로 사캬법왕 파스파의 생애를 그려냈다. '화전'은 모두 30축 가운데 현재 25축이 남아 있어 비교적 완벽한 티베트 고대 회화예술의 수작이다. '화전'은 다양한 이야기로 법왕 파스파 일생 중의 주요한 종교 및 정치활동을 생생하게 전면적으로 묘사하였고, 이는 역사 사실과 부합되었다. '화전'은 티베트 전통회화의 특색과 풍부한 예술 표현 기법을 충분히 선보이고 있다. 인물과 경물들이 다양한 선(線)으로 명확하게 부각되었는데, 가령 황금으로 장식된 꽃무늬들이 그러하다. 특히 '화전' 속의 티베트 중세 승려들의 인물 형상과 복장 등이 매우 사실적으로 그려졌고, 파스파가 두 번 도읍으로 올라가면서 본 산수풍경 및 풍속들이 고스란히 표현되었다. 게다가 회화 그룹마다 표제처럼 티베트 소문(疏文)이 적혀 있다. 따라서 '화전'은 예술적 가치뿐만 아니라 학술적 가치마저 갖춘 매우 소중한 문물이다.

'파스파화전'의 첫 번째 화폭의 주인공은 사반 궁가젠찬이다. 그림은 사반이 조카 파스파를 데리고 량저우로 향하는 내용을 담고 있다. 사반 궁가젠찬은 뛰어난 불학 지식으로 티베트에서 명성이 자자하였다. 그는 천축의 고승 쥬단가와(卓旦嘎娃)와 불경을 두고 13일간 토론을 벌인 끝에 결국 승리를 거두어, 쥬단가와는 사반 궁가젠찬을 스승으로 모시게 되었다.

 사반 궁가젠찬은 해박한 인물로서 수많은 저서를 남겼다. 그가 쓴 『사캬격언(薩迦格言)』은 민요 형식으로 봉건사회의 윤리도덕과 처세 철학을 기록하였고, 오늘날까지 널리 전해지고 있다. 그리고 불학 저서 『분별삼사의론(分別三事儀論)』과 『장명론(藏明論)』 등은 사캬파의 필독 경전이다.

 사캬사는 확실히 거대한 예술의 보고로서, 거의 모든 예술품은 티베트족과 한족, 몽골족, 만주족 등 타민족 간의 밀접한 관계를 대변해주는 증거로 민족단결의 결실이다.

 사캬파와 사캬 정권은 역사에 굵은 획을 그었고, 사캬오조 중의 사반 궁가젠찬과 파스파 등 위대한 인물들은 숱한 공적을 남겼으며 특히 여러 민족 간의 단결을 수호하는 데 이바지하였으므로 오늘날까지 후세 사람들의 추대를 받고 있다.

12장 아리(阿裏) ─신화로 가득 찬 세계의 용마루

사람들은 흔히 티베트고원을 '세계의 용마루'라고 부른다. 그렇다면 티베트고원의 서쪽에 위치한, 첩첩산중에 100여 갈래의 하천이 흘러 지나는 아리는 '세계의 용마루 중의 용마루'이다.

험난하고도 멀리 뻗은 산길, 희소한 인가, 그리고 '신산(神山)', '신수(神水)', '성호(聖湖)'에 관한 여러 전설은 아리를 신비로움으로 한층 더 끌어들인다. 아리의 북쪽에는 『서유기』 중에 나오는 '화염산(火焰山)'의 원형이라 여겨지는 쿤룬산맥이 자리 잡고 있다. 화염산은 바로 지금의 봉화산(烽火山)이고, 봉화산 정상에는 손오공이 산불을 끈 흔적이 남아 있다고 한다. 아리의 남쪽은 히말라야산맥인데, 굽이굽이 뻗어나간 설원 중에 5개 산봉우리가 우뚝 솟아 '선녀가 세상에 내려온 곳'이라는 일화가 전해진다. 주무랑마가 바로 그 다섯 봉우리 중 하나로서 '취안선녀봉(翠顔仙女峰)'이라는 별칭을 갖고 있다.

그러나 쿤룬산맥과 히말라야산맥의 전설은 그 어느 것도 강디스산맥의 신비로움을 능가하지 못한다.

'신산(神山)의 왕' 강린포체(岡仁波齊)

험준한 강디스산맥은 쿤룬산맥과 히말라야산맥 사이를 가로지른다. 갈기갈기 찢어진 절벽 사이로 빙하들이 널려 있어 기세가 드높다.

'강디스산'이라는 명칭은 티베트문, 범문, 한문 등 3가지 문자가 합쳐져 만들어졌다. '강'은 티베트문으로서 '설(雪)'이란 뜻이고, '디스'는 범문인바 여전히 '설(雪)'이라는 뜻이며, '산'은 한문이다. 강디스산맥은 설봉들이 숲속의 나무처럼 빽빽이 늘어서 있고 매섭게 춥다. 산에서는 때때로 반짝반짝 빛나는 고드름이 드리운 산굴과 하늘을 향해 치솟은 죽순 모양의 얼음덩어리들이 수정궁을 이룬다. 그리고 산봉우리들 사이에는 거대한 고드름들이 허공 중에서 '얼음다리'를 이룬다. 강디스산은 거대한 암벽과 암석을 제외하고는 온통 빙설의 세계이다. 그래서 '강디스'는 이름 그대로 빙설에 빙설이 겹쳐진 곳이다.

강디스산 주봉은 강린포체로, 아리고원의 자다현에 위치하여 있으며 그 해발고도는 무려 6714미터로서 사시장철 빙설에 뒤덮여 있다. 티베트어로 강린포체의 뜻은 '신령이 있는 산'이다. 범어로는 '스포(濕婆)의 천당'인데, '스포'는 힌두교의 주신이므로 '신의 천당'이라는 뜻이 담겨 있다. 『강디스산해지(岡底斯山海誌)』의 기록에 따르면, 저명한 불존 지준 다즈와(吉尊·達孜瓦)는 강디스산의 산세와 이곳에서 발원하는 4갈래의 하천에 대하여 묘파한 적이 있다. 그는 강린포체의 산세가 마치 감람나무 같고, 뾰족한 산봉우리는 송곳처럼 하늘 높이 치솟았다고 묘사했다. 그리고 산봉우리의 남단에서 뭉게뭉게 흘러가는 구름들은 마치 산을 향해 참배하는 순례자 같고, 산 정상은 칠색 모자를 썼으며, 산체(山體)는 수정을 깎아놓은 듯이 눈부시게 빛을 뿌린다. 특히 햇빛이나 달빛이 내리쬐일 때면 산체는 반사작용으로 기이한 빛살을 내뿜는다. 산기슭에서는 맑은 샘물이 암벽을 따라 리듬을 타며 졸졸 흘러내려, 신선들이 즐겨 듣던 풍악을 방불케 한다. 황혼 무렵, 서쪽 하늘의 낙조가 높디높은 산봉우리에 내려앉고, 채색 구름 사이로 반사되는 광환은 산 정상을 온통 채색 비단으로 뒤덮는다. 이때 산기슭은 무지개를 끼고 마치 칠색 허리띠를 차고 있는 것처럼 보인다. 정오가 다가오면 햇볕이 위에서 수직으로 내리쬐여, 산은 알록달록한 치마로 갈아입고 산기슭의 화초들은 치마 아랫단에 수를 놓은 듯하다. 산봉우리의 둘레는 연꽃처럼 보이고, 산 뒤쪽에는 진귀한 약초들이 많이 자라며, 앞쪽에는 해맑고 성스러운 호수 '마팡융춰'가 자리 잡고 있다. 맑고 투명한 호수면은 반들반들하고 평탄한 거울처럼 강린포체를 거꾸로 비춘다. 저녁 무렵마다 호수의 수증기들이 한데 응집되어 옅은 안개가 되며, 살살 스치는 바람으로 인하여 새하얀 비단처럼 호수면에서 출렁이는데, 이때 산수풍경은 더없이 신기하고 미묘한 느낌을 자아낸다. 웅위한 강린포체의 주위에는 수없이 많은 크고 작은 설봉들이 소복을 입은 소녀처럼 아름다운 자태로 순례하며 강린포체를 받든다. 강린포체의 정상은 하늘에 있는 무량궁의 궁전처럼 사람들을 위해 감천을 졸졸 내뿜는데, 그것이 바로 말, 사자, 코끼리, 공작새 등 4대 하천이다. 4대 하천은 모두 강린포체에서 사방으로 흘러 나아가고, 그 샘구멍이 말, 사자, 코끼리, 공작새 등 동물을 닮았기에 사람들은 동물 이름으로 4대 하천을 명명하였다.

강디스산 주봉에 대한 지준 다즈와의 묘파는 어느 정도 과장이 없지 않다. 그러나 강린포체가 있으므로 강디스산이 한층 더 신비로운 것은 사실이다. 강디스산에서 발원한 4대 하천은 각각 말, 사자, 코끼리, 공작새 등 4가지 동물로 명명되었는데, 이들은 모두 하늘의 신령이었다. 이와 같은 묘사는 모두 '불존'의 입에서 나온 것이므로, 국내외의 수많은 불교신도들은 강디스산을 '신산'이라 믿고 마팡융춰를 신성한 호수로 여겼으며 4대 하천에서 흘러내리는 물을 성수라 믿었다. 따라서 이곳은 유명한 불교 성지의 하나로 자리매김하여 해마다 수많은 경건한 신도들의 순례를 받고 있다. 특히 말의 해가 되면 이곳은 인산인해를 이룬다. 아랍 국가의 무슬림들이 메카로 성지순례를 가듯이 많은 불교신도들은 일생에 단 한 번이라도 강디산을 순례하기를 그토록 갈망한다. 만약 순례 도중에 별세하면 평소에 쌓은 덕망이 높아 성지에서 승천한 것으로 여긴다. 그리고 순례를 순조롭게 마치고 귀가하면 현지 주민들의 무한한 존경을 받게 된다. 그것은 '성지'에 이르러 '성수'와 '성토'를 얻은 것 자체가 높은 덕행을 수행한 행동이기 때문이다. 강디스산은 사람들의 마음속에서 아주 신성한 위치를 차지하고 있다.

'신산'은 왜 그토록 신비로울까?

역사상 수많은 국내외 불교 고승들이 강디스산에 머물며 경을 읊고 수행한 사실은 이곳에 신비로운 색채를 한층 더 보태주고 있다.

『강디스산해지』의 기록에 따르면, 주봉 강린포체의 꼭대기에는 승낙륜궁(勝樂輪宮)이 있고 500명의 나한이 궁전 아래에 모여 수행하였으며, 산 중턱에는 수많은 혜공행모(慧空行母, 지혜와 자비의 여신)들이 석가모니를 보살피고 궁전 관리의 임무를 맡고 있었다. 수백 년 전, 방글라데시의 고승 아디샤가 티베트로 선교하러 가는 도중 이곳을 지나게 되었다고 한다. 산기슭에 도착한 그는 시간을 몰라 망설였는데 마침 산 정상에서 은은한 목탁 소리가 울려 퍼졌다. 이로써 그는 수행 중인 500명의 나한이 점심시간을 가진다는 것을 알아차리고 자신도 휴식을 취하였다. 이로부터 강디스산을 순례하러 온 신도들이 목탁 소리를 듣게 되면 행운이 주어진 것이라는 설이 전해졌다.

밀라레파에 관한 전설은 강디스산의 신비로움을 가일층 보태주고 있다.

밀라레파는 허우짱 지방의 가난한 가정에서 태어났다. 당시 산남 뤄자현(洛禁縣)에 마얼바라는 득도한 고승이 살고 있었다. 밀라레파는 마얼바를 스승으로 모시기 위해 간난신고를 거쳐 뤄자에 도착했다. 그는 뤄자에서 6년간 고역을 치르며 온갖 수난을 당한 후, 결국 마얼바로부터 믿음을 얻고 가르침을 받게 되었다. 밀라레파는 득도한 후 강디스산의 산굴에 은거하여 쐐기풀만 먹으며 수행에 전념하였다. 이곳에서 그는 서사시의 형식으로 제자 르춍바(日瓊巴)에게 도를 전하였는데, 르춍바는 이를 기록하여 '밀라레파 도가(道歌)'를 지어 냈다.

하루는 나뤄븐춍(納若奔瓊)이라는 본교 신도가 강디스산을 찾았다. 그는 젊었음에도 신통한 능력을 갖고 있었다. 오만한 나뤄븐춍은 밀라레파의 권위에 도전장을 내밀며 강디스산의 주인이 되려 하였다.

그들은 치열한 경쟁을 벌였지만 결국 승부를 가리지 못했다. 그러자 나뤄븐츙은 날짜를 잡아 밀라레파와 등산 시합을 벌여 시합에서 이기는 자가 강디스산의 주인 자리를 차지하자고 제의하였다. 밀라레파는 흔쾌히 제의를 받아들였다. 시합 당일, 나뤄븐츙은 가죽 북을 차고 단발(單鈸)을 흔들며 산꼭대기로 돌진하였다. 그러나 밀라레파는 전혀 당황하지 않고 여전히 동굴에 앉아 제자들에게 경전을 강의하였다. 이런 상황을 보고 몹시 초조해진 제자들은 어서 움직일 것을 밀라레파에게 재촉하였다. 해가 중천에 떠올라서야 밀라레파는 서서히 동굴에서 나와 나뤄븐츙의 행적을 살피었다. 이때 나뤄븐츙은 한창 힘겹게 산을 에돌아 오르는 중이었다. 밀라레파는 동굴에 돌아오더니 제자들에게 "이 사람은 참 무능한 자네"라고 말하였다. 그리고 그는 가사를 펄럭이며 산 정상을 향해 질주하였다. 정상에 오른 후 밀라레파는 주위의 아름다운 절경에 매혹되어 경을 읊조렸다. 한참이 지나서야 나뤄븐츙은 헐떡이며 산 정상에 도착하였다. 그는 정상에 미리 도착하여 차분히 수행하는 밀라레파의 모습을 보고 허탈해져 털썩 주저앉다가 그만 산 밑으로 굴러떨어지고 말았다. 오늘날, 강린포체의 주봉에는 깊게 팬 산골짜기가 있는데 폭설이 아무리 쏟아져도 파묻히지 않는다고 한다. 아마도 나뤄븐츙이 굴러떨어지면서 남긴 흔적이 아닌가 한다. 더구나 산기슭에 놓여 있는 큰 바위에도 그가 남긴 자국이 선명하였다.

나뤄븐츙은 패배를 인정하고 밀라레파를 스승으로 모시면서 수행할 자리를 청하였다. 밀라레파는 그를 제자로 받아들이고 강디스산 기슭의 어느 동굴을 그의 수행 자리로 정해주었다. 오늘날에도 강디스산 기슭에는 나뤄븐춤이 수행했던 곳이 선명하게 남아 있다고 한다.

밀라레파와 나뤄븐춤에 관한 전설 중 많은 내용은 허구적이며 과장되었다. 그러나 두 인물만큼은 실제로 존재한 것으로 역사에 기록되어 있다. 이런 이야기들은 토번국이 멸망한 후 장전불교가 '후홍기(後弘期)'에 들어선 상황을 반영하였다. 가쥐파 대표 인물 밀라레파와 본교 대표 인물 나뤄븐춤의 투쟁은 분열 시기에 처한 티베트의 여러 교파 간의 경쟁을 그대로 보여주었다.

밀라레파의 승리는 강디스산 '불(佛)'의 위력을 가일층 과시하여 더욱더 많은 사람들이 순례하도록 불을 지폈다. 특히 산기슭의 큰 바위는 순례자들이 꼭 한 번씩 밟고 지나야 하는 명소가 되었다. 날이 갈수록 바위에는 선명한 발자국들이 남게 되었는데, 사람들은 이를 석가모니와 혜공행모가 남긴 것이라 믿었다. 전하는 바에 의하면, "성산을 한 바퀴 돌면 평생 동안 저지른 죄악을 씻을 수 있고, 열 바퀴 돌면 오백 윤회 중 지옥으로 가는 것을 면할 수 있으며, 백 바퀴를 돌면 부처가 되어 승천할 수 있다"고 한다.

아디샤, 밀라레파 등 국내외 고승들의 현덕한 일화가 있었기 때문에 불교신도들의 강디스산에 대한 숭배의식이 더욱 높아졌고 강디스산은 불교의 성지로 자리매김하게 되었다. 해마다 수천수만의 경건한 신도들이 강디스산을 찾아 순례한다. 그들은 밀라레파가 이교도를 물리친 말의 해가 가장 좋은 순례의 시기라고 믿는다. 따라서 말해가 되면 강디스산은 언제나 인산인해를 이룬다.

'성수'와 잇닿은 '신산'

히말라야산맥과 강디스산맥은 두 마리의 거대한 용처럼 완연하게 아리고원을 가로지르고 있다. 마천하(馬泉河)는 우뚝 솟은 설봉 사이에서 동쪽으로 거세게 흐른다. 마천하는 사자, 코끼리, 공작새를 닮은 샘구멍처럼 말 머리 모양의 샘구멍을 갖고 있으며, 거기서 샘물이 솟구쳐 나오는데, 드넓은 골짜기와 끊임없이 이어지는 설산을 흘러 지나고 르카쩌 지방의 중바현(仲巴縣)을 경유하여 '천하(天河)' 야루짱부강의 젖줄기가 된다. 사자, 코끼리, 공작 등 샘구멍에서 발원한 세 하천은 제각기 카슈미르, 인도, 방글라데시를 가로질러 인도양으로 흘러든다.

야루짱부는 '고산에서 눈이 녹아 흘러내린 물'이라는 뜻이다. 사람들이 야루짱부강을 '천하'로 부르는 이유는 바로 상류인 마천하가 평균 해발 5200미터 이상인 지대에 놓여 있기 때문이다. 그리하여 전체 길이 2057킬로미터인 야루짱부강은 세계에서 해발이 가장 높은 하천이 되었다. 강디스산맥과 히말라야산맥에 모여 있는 빙하들은 하나의 거대한 고체 저수지와도 같다. 빙설이 녹아 하천을 이루고, 또한 여러 빙적호(冰磧湖)를 이어놓아 야루짱부강의 발원인 제마양중취(傑馬央宗曲)를 이룬다. 이곳에 줄지어 선 설산들은 골짜기를 감싸 안았고, 빙설로 뒤덮인 산봉우리 주위에는 옅은 운무가 서서히 피어오른다. 빙하호는 티 없이 맑아 짙푸른 밑바닥이 보이고, 수면 위에 둥둥 떠 있는 얼음덩이들은 부단히 녹아내리면서 때로는 하릴없이 떠다니는 백조로, 때로는 수정을 깎아 만든 기이한 조각품으로 변하여 한적한 호수에 신비로움을 더해준다.

마천하의 서북쪽과 강린포체의 동남쪽에 자리 잡은 '성호(聖湖)' 마팡융춰는 세상에서 해발고도가 가장 높은 담수호 중 하나이며, 그 면적은 무려 400여 제곱킬로미터로서 거대한 천연 담수자원을 갖고 있다.

고대 경전과 불교도의 전설에 의하면, 마팡융춰는 세계 '성호' 중에서도 으뜸이라고 한다. 마팡융춰는 강디스산의 빙설이 녹아 형성되었으므로 수면이 맑고 투명하여 16미터 이내의 고기 떼가 한눈에 들어온다. 불교도들은 마팡융춰를 석가모니께서 인류에게 선사한 감로로 믿고 있다. 호수의 '성수(聖水)'는 인간의 탐욕, 분노, 어리석음, 게으름, 질투 등 '오독(五毒)'을 지워줄 뿐만 아니라 피부의 노폐물까지 깨끗이 제거해준다. 이곳에서 목욕을 하고 나면 영혼의 세례를 받는 동시에 신체가 깨끗이 씻기므로 장수할 수 있다. 해마다 여름과 가을이면 여러 경건한 신도들은 뭇 친지들을 데리고 '성호'를 찾아 목욕을 한다. 그들은 목욕을 마친 후 깨끗한 호숫물을 담아 고향으로 가져가서 친구들에게 나누어준다.

『강디스산해지』에는 '성호' 안에 재물을 관할하는 용왕의 궁전이 있고, 세속의 많은 금은보화들이 용궁에 모여 있다는 기록이 나온다. 때문에 이곳을 찾은 순례자들이 물고기나 돌멩이, 또는 새 깃털 하나만이라도 줍는다면 용왕의 상을 받는 셈이 되므로 평생 부유하게 살 것이다. 900년 전, 호수는 용왕의 이름 '마추이춰(馬垂挫)'로 명명되기도 했다. '마팡융춰'는 훗날 불교신도들이 지은 이름으로 '영원불패'라는 뜻이 담겨 있다.

사실 마팡융춰가 사람들의 관심을 끌게 된 이유는 아마도 아름다운 산수풍경에 있을 것이다. 일찍이 불교가 티베트로 전해지기 이전, 당나라 고승 현장이 지은 『대당서역기(大唐西域記)』에서는 마팡융춰를 '서천(西天)의 요지(瑤池)'라고 하였다. 보다시피, 이곳의 수려한 강산은 벌써부터 널리 알려졌고 사람들이 마음속으로 갈망해왔던 것이다. 시간이 흐름에 따라 그리고 신도들의 신념이 깊어짐에 따라 마팡융춰는 더욱더 신비롭고 성스러운 곳이 되었다.

'신산' 부근의 고국(古國)

강디스산 주봉 강린포체의 서북 비탈에는 코끼리가 코로 물을 들이켜는 모양을 한 샘구멍이 있는데, 사람들은 이곳에서 발원한 하천을 상천하(象泉河)라고 부른다. 상천하는 히말라야산과 강디스산 사이를 서북쪽으로 도도히 흘러 아리 지방의 자다현을 지나 인도 국경을 적시며 인도양으로 흘러든다.

자다현 경계, 상천하 남안의 저부(澤布)에는 300여 미터 높이의 황토산이 있다. 산 위에는 성벽과 궁전의 유적이 남아 있는데, 이것이 바로 역사에 기록된 구거왕국(古格王國)의 주요 유적지이다. 산의 동북쪽에는 흙으로 쌓은 7개의 보루가 우뚝 서 있고, 10여 미터 높이의 불탑이 3줄로 가지런히 세워져 있다. 산비탈에는 300여 개의 동굴집이 벌집처럼 촘촘히 분포되어 있고, 그 사이에는 붉은 담에 흰 벽으로 장식한 집이 여러 채 있는데 그것은 완벽하게 보존되어 내려온 불당

티베트 풍토지

들이다. 이런 불당은 도합 300여 칸이나 된다. 불당들은 산세를 따라 첩첩이 놓여 있고, 유적으로 남겨진 성벽은 하늘 높이 치솟았으며, 지면으로부터 산 정상까지 건축물들의 높이만 300미터나 된다. 이 모든 것들은 완벽한 조화를 이루어 웅위한 건축 경관을 세인들에게 선보인다. 건축 단지 내부에는 사통팔달의 지하도가 있고, 외곽은 황토로 쌓은 성벽인데 그 위에는 돌로 깎아 만든 수많은 불상들이 놓여 있다. 이로부터 이 고국의 번영한 생활과 찬란한 문화를 쉽게 그려낼 수 있다.

황토산 아래의 구불구불한 길을 따라 유적지를 넘어 낭떠러지의 정상에 올라서서 멀리 내다보면 궁전 남쪽의 산봉우리들과 동서 양쪽의 푸르른 산골짜기가 보인다. 그리고 북쪽의 반짝이는 상천하의 건너편에는 작은 산봉우리들이 병풍처럼 가로놓여 있다. 산봉우리 중 보탑을 연상케 하는 석봉들은 궁전과 서로 마주 보고 있다. 랑다마 자손들의 지혜에 감탄을 보내지 않을 수 없다. 이토록 기백이 웅장하고 지세가 험준한 곳을 택하여 궁전을 지으려면 전략가의 안목이 없어서는 안 되기 때문이다.

우뚝한 절벽 위의 성벽을 따라 아래로 내려가면 성곽 주변에 놓인 수많은 자갈들을 발견할 수 있다. 이는 옛날에 전쟁 중에 무기로 사용되었다고 한다. 16세기 초, 구거왕국이 외세의 침략을 당하였는데 국왕은 유리한 지형을 이용하여 완강하게 저항하였다고 한다. 침략자들은 높다란 담을 쌓아 성을 공격하였다. 쌍방의 대치가 길어지고 무기가 고갈되자 산에 널려 있는 자갈들은 자연적으로 전투에 소요되는 강력한 무기가 되었다.

궁전의 남면에는 허물어진 정원이 있다. 연기에 그을리고 불에 타다 남은 성벽은 노랗고 까맣게 변하였지만 전쟁의 흔적이 고스란히 남아 있다. 성벽 뒤편에는 땔나무를 저장하는 창고가 있는데, 이는 아마도 국왕의 주방이자 조리사의 주택이었을 것이다.

주방에서 나와 북쪽으로 가다 보면 4000~5000제곱미터의 마당에 들어선다. 이곳은 포탈라궁의 '더양샤'처럼 국왕이 가무를 감상하고 오락을 즐기던 장소이다. 무도장에서 북쪽으로 향하면 또 다른 대청이 나타난다. 대청의 지붕은 이미 허물어졌고 주위의 담장만이 우두커니 남겨져 있다. 담장 겉면에 완벽하게 보존된 삼합토 표면에는 옛날 회화작품의 흔적이 간혹 보인다. 대청 내부의 바닥에는 두터운 나무 껍질이 한 층 깔려 있는데, 이는 국왕과 대신들이 모여앉아 회의를 열던 장소라고 한다.

궁전을 떠나 산 중턱의 가운데에 이르면 홍묘(紅廟), 백묘(白廟), 윤회묘(輪回廟) 등 3개의 사원이 눈앞에 다가온다. 사원의 윗부분에는 목조 비첨이 있고, 그 형상은 사자, 코끼리, 말, 용, 공작새 등 동물들로 다양하다. 이런 장식은 강디스산에서 흘러내리는 사천하(獅泉河), 마천하, 상천하 및 공작하(孔雀河)의 전설과 연관된다. 경당의 위쪽과 네 벽에는 불교 전설, 나체인형, 화초수목, 짐승 등 여러 주제의 그림들이 새겨져 있다. 이러한 인물이나 동물 형상들은 아주 생생하게 그려져 희로애락과 공포의 정서마저 표정을 통하여 똑똑히 나타내고 있다. 게다가 앉거나 서거나 서로 싸우거나 하면서 다양한 자태를 취하고 있고, 빨간색, 남색, 청색, 흰색 등 여러 가지 색채의 조합은 아주 자연스럽다. 이런 색채들은 모두 현지의 광석에서 채취한 안료로 만든 것이라고 한다. 구거왕국도 분명히 불교를 숭배하였다. 이곳 사람들은 사자, 코끼리, 말, 공작새 등 동물을 숭상하였는데, 이것이 오늘날 아리 사람들도 이런 동물들을 숭상하는 원인이 아닐까.

사원 주위에는 10여 개의 동굴이 있다. 이런 동굴들은 국왕의 창고로 사용되었다. 그 안에는 화약, 갑옷이 들어 있었는가 하면 자기, 동, 나무소래, 쟁기, 호미 등도 있었고, 또한 말안장, 철갑, 투구, 화살, 화총, 칼, 검, 방패 및 티베트어 서적 등도 보존되어 있었다. 이러한 것들은 아주 소중한 역사문물들이다. 건조하고 산소가 결핍된 고원 환경에서 문물들은 수백 년간 아무런 파손 없이 보존되어 내려왔다. 대자연은 관리가 미치지 못한 '천연 역사 박물관'에 소장된 여러 문물들을 그대로 지켜주었다.

티베트 사서의 기록에 따르면, 토번왕조의 마지막 찬보 랑다마는 멸불정책을 실행하였지만 불교신도들을 몰살시키지는 않았으며, 결국 그 자신은 불교신도 라룽바이둬(拉龍白多)에게 암살당하였다. 랑다마는 부인과 첩을 각각 1명씩 두었는데, 부인은 자식을 낳지 못했고 첩이 아들을 낳았다. 이로부터 왕위계승 문제를 두고 치열한 권력쟁탈이 벌어졌다. 왕후는 아들을 낳은 왕비를 몹시 질투하였다. 왕비는 아들을 보호하기 위해 궁중의 모든 등불을 밝게 켜놓아 자객을 막았다. 그리고 아들의 이름을 랑디위이숭(朗迪維宋)이라 지었는데, 한자로 '위광(衛光)'이라는 뜻이다. 암살이 무산되자 왕후는 민간에서 갓난아이를 얻어 와 자신이 낳은 랑다마의 유복자라며 궁중에 널리 알렸다. 왕후는 자기 아들의 이름을 '운목전(雲木巔)', 즉 '모친의 지위를 안정시킨다'는 뜻으로 지어 일부러 왕위의 계승권을 나타냈다. 운목전은 온갖 권모술수를 꾸며내 위이숭을 뭇사람들의 적으로 만들었다. 위이숭은 비교적 개명하고 정직한 사람으로서 부친이 감행한 멸불정책이 민심을 잃고 있다는 것을 발견하고 일부 불교 활동을 적극적으로 회복시켰다. 그러나 운목전은 부친 랑다마의 정책을 끝까지 고수하려 하였다. 결국 두 형제는 제각기 우루와 웨루를 중심으로 한 지역을 차지하고 분할 통치를 실시하였다. 그런 과정에서 둬캉과 야룽 등 여러 지역에서는 반란이 일어났고, 티베트는 또다시 할거 국면을 맞이하였다.

운목전과 위이숭 형제 간의 싸움은 그들의 자식 대까지 이어졌다. 결국 위이숭의 아들 백과찬(白果贊)은 31세 때(기원후 923년경) 중바라즈(仲巴拉孜)에서 운목전의 부하 다즈네(達孜聶)에게 살해되었다. 백과찬의 아들 자시즈바바이(紮西孜巴白)와 지더니마군(吉德尼瑪袞)은 법신(法臣)의 호송으로 라싸를 탈출하여 서쪽으로 질주하였다. 법신은 그들이 멀리 도망가서 후손을 이어가도록 당부하였다. 결국 자시즈바바이는 라뚜이(拉堆)에 자리 잡았고, 그의 동생 지더니마군은 곧장 아리로 가서 권력을 확보하여 푸란(普蘭), 구거(古格), 망위(芒域) 등의 지역을 통치하였다. 지더니마군은 법왕 쥐루례자라리(覺如列紮拉利)의 딸 쌍카마(桑卡瑪)와 결혼하고, 큰아들 러바군(熱巴袞), 둘째 아들 자시더군(紮西德袞), 막내아들 더주군(德祖袞) 등 3명의 아들을 얻었다. 세 아들이 커서 어른이 되자 지더니마군은 그들에게 아리 삼환(三環)을 관리하도록 하였다. 큰아들 러바군은 망위의 호수 주변지역을 맡았는데, 지금의 푸란현 내의 마파무춰(瑪琺木措) 주변이다. 그리고 둘째 아들 자시더군은 다모설산(達莫雪山)이 둘러싼 지역을 관리하였는데, 오늘날 푸란현의 위쪽에 위치한 강디스산 주봉의 주변이었다. 막내아들 더주군이 관할한 지역은 구거암석이 둘러싸인 오늘날 자다현 내의 구거왕국 유적지 일대였다. 후세 사람들은 그들의 이런 관할통치를 '삼군이 삼환을 지키다(三食占三環)'라고 명명하였다. 지금에 이르러 아리에는 여전히 삼환이라는 지역이 남아 있지만, 사서에 기록된 지역이 아니라 물을 에두른 르투현(日土縣)과 가얼현(噶爾縣), 산을 둘러싼 자다현과 푸란현, 그리고 초원을 껴안고 있는 가이쩌현(改則縣)과 춰친현(措勤縣)을 가리킨다.

보다시피 지금의 구거왕국 유적지는 자다현 내 지더니마군의 셋째 아들 더주군이 차지했던 옛터이며, 다른 두 형제가 건립한 왕조의 유적이 아직 남아 있는지는 더 고증해봐야 할 숙제로 남았다. 구거왕국 유적지에 남아 있는 불상, 불경과 불탑은 위이숭의 후대가 그의 사상, 즉 불교를 전멸하지 않은 정책을 이어받았음을 말해준다. 『티베트 왕신기』의 기록에 의하면, 구거왕국은 모두 16명의 국왕이 세습해왔고, 자다현의 궁전은 10~16세기 사이에 건축되었으며 그 면적이 차츰 늘어났다고 한다. 구거왕국은 외세 침략을 물리치고 티베트를 수호하며 중국 서남변경의 안정을 보장하는 데 큰 공헌을 하였다. 구거왕국은 한때 서쪽으로 세력을 확장하여 라다크(拉達克) 일대를 통치하기도 했다.

구거왕국은 티베트 역사상 아주 중요한 지위를 차지하고 있다. 토번왕조가 멸망한 후 분열 국면에 처한 티베트의 400년에 이르는 역사 중 구거왕국은 세력이 비교적 강대한 왕조였다. 구거왕국은 중국 서부에 세워진 철벽처럼 외부세력의 동부 확장을 막아내어 국가통일을 수호하였다.

아리는 오늘날에도 아주 신비롭고 독특한 매력으로 가득 찬 지방이다. 등산객들은 '세계의 용마루 중의 용마루'에 발을 들여놓아 스스로 긍지를 느끼게 되고, 자연과학과 사회과학 분야에 종사하는 많은 연구자들은 이곳의 수수께끼를 풀기 위해 찾아든다. 불교신도들은 지난 날과 다름없이 이곳의 신산과 성수를 갈망하고, 호기심을 품은 유람객들은 아름다운 경치를 감상하러 찾아온다. 아리는 유람객들이 찾아드는 성지가 되었다.

13장 티베트 동부의 중심도시 창두(昌都)

당나라 때 창두시는 토번왕조의 일부분이었고, 명청 시기 이후에는 '둬캉무(朵康木)'라고 불렸으며, 오늘날에는 티베트 자치구에 소속된 중요한 한 지역이다. 창두는 티베트 동부 헝돤산맥의 중심부에 위치하여 있고, 마침 천장공로(川藏公路)의 중간에 자리해 있다. 천장공로의 서단인 라싸 혹은 동단인 청두에서 버스를 타고 대략 나흘이 지나면 창두에 도착할 수 있다.

창두시는 티베트 동부에 위치하여 있고, 동쪽에는 진사강이 있으며, 쓰촨성 간쯔(甘孜) 티베트족 자치주와 인접하여 있다. 그리고 남쪽은 윈난성과 인접하고, 일부 지역은 인도 및 미얀마와 접경하고 있다. 북쪽은 칭하이성 위수(玉樹) 티베트족 자치주, 서남쪽은 린즈시와 인접한다. 창두시는 동서로 총 길이가 850킬로미터이고 남북으로 약 470킬로미터이며 총 면적은 30여만 제곱킬로미터이다.

창두시는 캉짱고원(康藏高原) 헝돤산맥에 위치하여 있다. 남부의 러간(惹幹)하곡지대의 지세가 상대적으로 낮은 편이고, 기타 지역은 평균 해발고도가 3000~4000미터에 달한다. 이 지역은 산맥들이 종횡으로 놓여 있고 협곡들이 도처에 분포되어 있다. 진사강, 란창강, 누강 등이 이 지역을 흘러 지나는 주요 하천들이다. 창두시는 고산협곡에 위치한 만큼 지형이 아주 복잡하고 기후 유형이 다양한데, 전반적으로 대륙성 고원기후라고 볼 수 있다. 이곳은 농업 및 임업 자원이 극히 풍부하다. 차야(察雅), 뤄룽(洛隆) 등 농업이 위주인 지역에서는 칭커를 제외한 밀, 순무, 메밀, 쌀, 보리, 완두 등 농산품들을 생산한다. 목축업은 창두 곳곳에 분포되어 있고, 딩칭현(丁青縣)과 창두진이 그 대표 지역으로 꼽힌다. 창두시는 삼림자원이 극히 풍부하여 하늘 높이 우뚝 솟은 고목들이 밀집되어 있으며 그 종류도 매우 다양하다.

창두시는 광물자원도 풍부하여 관련 기관의 조사에 따르면 금, 은, 동, 철, 주석, 납, 석탄, 석유, 석고 등 다양한 광물들이 매장되어 있다. 이런 자원들은 창두시의 소중한 보물이다.

카눠(卡若) 유적과 창두

비록 창두와 관련된 사료는 많지 않지만 이것만으로 창두의 역사가 짧다고 단정하기에는 무리이며, 창두의 역사를 논하자면 카눠 유적으로부터 시작해야 타당하다.

창두진에서 동남쪽으로 약 12킬로미터 떨어진 곳, 즉 란창강 기슭의 창두시멘트공장 북측의 고지에는 1990년대 말에 발견한, 지금으로부터 4000여 년 전의 신석기시대 유적인 카눠 유적이 있다. 카눠 유적지의 면적은 약 10만 제곱미터로, 원시촌락을 비롯하여 각종 석기, 골기, 도기 및 곡물 등 문물들이 발굴되었다. 카눠 유적의 발굴은 고고학 분야뿐만 아니라 지질학, 인류학, 동식물학 등 다양한 분야로부터 주목을 받았다.

티베트고원이 일찍이 4000~5000년 전부터 황하 유역의 문명과 밀접한 접촉이 있었음을 증명해주는 카눠 유적의 발굴은 티베트 역사 및 기타 과학 분야를 연구함에 있어서 중요한 의의를 가진다. 동시에 헝돤산맥의 중심에 놓인 창두의 역사를 말해준다.

사서의 기록에 따르면 창두가 도읍으로 된 지는 200여 년의 역사를 가진다. 그러나 이곳은 예로부터 인류가 거주하고 있었다. 카눠 유적에서 출토된 돌도끼, 돌삽 등 석기류 생산도구들, 그리고 대량으로 출토된 여러 가지 곡물들은 수천 년 전부터 창두 부근에서 사람들이 생활하면서 농업에 종사했음을 말해준다. 『주서(周書)』에는 "신농 때 하늘에서 좁쌀이 떨어지니 이를 밭에 심었다"는 기록이 나온다. 보다시피 농업생산에 종사한 선조들은 이미 예로부터 좁쌀을 심을 수 있음을 알고 있었다. 좁쌀을 심는 방법이 란창강 기슭의 창두에까지 전파되면서 사람들은 이곳에서 농사를 시작하고 자연스레 거주하게 되었다.

한나라, 위나라 때에 창두는 이미 세상에 알려졌다. 당시 사람들은 창두 일대를 '캉(康)'이라고 불렀다. '캉'은 근대의 시캉성(西康省)을 가리키는 것이 아니라 고대의 '캉'으로서 자취(雜曲)와 앙취(昂曲), 2갈래의 하천이 서로 교차하는 '챠무둬(治木多)' 일대를 일컫는다. 티베트어에서 '창두'는 수로의 교차지점을 가리킨다. 창두 일대에 관한 기록은 양한(兩漢), 진(晉), 수(隋) 등 왕조 때 간단히 언급되었다.

당나라 때에 이르러 토번왕조가 굴기하면서 야룽하곡의 여러 부락을 정복하였을 뿐만 아니라 초하(楚河) 유역의 송파부락까지 합병하면서 캉 지방에 이르렀다. 따라서 창두 일대는 토번왕조에 소속되었다. 토번왕조가 붕괴된 후, 티베트는 거의 400년간의 분열 국면을 맞이하였다. 창두 일대는 분열을 겪으면서 지방 토사들에 의해 분할되었다. 원나라 때에 이르러 사캬 정권이 티베트를 통치하면서 창두도 사캬 정권의 지배를 받았다. 명나라 때는 파모죽파 정권이 통치하는 티베트를 우스짱이라고 불렀고, 창두는 그에 소속되어 '둬캉'이라고 불렀다. 명, 청 두 왕조에 걸쳐 중앙정부는 이 지역에 대해 회유정책을 실시하였다. 청조 순치황제는 창두의 정교대권을 관할하는 대활불을 '박선선사(博善禪師)', '후투커투', '눠먼한(諾門罕)'으로 책봉하였고, 이로부터 대활불은 정기적으로 조정에 조공을 올려바쳤다. 1719년 강희황제는 정서장군(定西將軍) 가얼비(噶爾弼)를 파견하여 윈난, 쓰촨 2갈래로 길을 나누어 티베트로 진군하게 하였다. 가얼비는 몽골 준가얼부락의 침략을 물리치고 창두까지 수복하였다. 그는 청나라 정부를 대표하여 창바린사(强巴林寺) 주지 파바라후투커투(帕巴拉呼圖克圖)와 변파시와라대사(邊壩西瓦喇大寺) 주지인 시와라의 후투커투에게 만주어, 몽골어, 티베트어 3가지 언어가 새겨진 인감을 주고 그들로 하여금 정교합일의 방식으로 창두를 통치하게 하였다. 따라서 창두를 중심으로 후투커투는 이 지역의 정교대권을 모두 장악하였다. 또한 청나라 정부는 후투커투를 위해 양관(糧官), 수비(守備), 천총(千總) 등 문무관원을 배치하였고, 쓰촨, 윈난으로부터 병력을 배분하여 수백 명의 수비군을 창두 지역에 주둔시켰다. 이를 토대로 창두는 헝돤산맥의 중심도시로 발전하여 오늘날까지 200여 년을 이어졌다.

군사가들이 탐내던 전략적 요지

쓰촨성의 서부, 라싸의 동부에 위치한 창두는 북으로 칭하이성, 남으로 윈난성, 미얀마와 인접하여 천장공로의 교통중추이므로 매우 중요한 지리적 위치를 차지하고 있다. 첩첩산중에 둘러싸인 창두진은 고산과 계곡이 서로 겹쳐 있는 지형이다. 누강, 란창강 등 하천들이 헝돤산맥을 가로지르면서 형성된 수많은 계곡과 산골짜기들은 아주 웅장한 기세를 선보인다. 이처럼 창두는 중요한 지리적 위치를 차지하고 지세가 험악했으므로 예로부터 군사가들이 탐내던 전략적 요지였다. 1719년(강희 58년), 청 정부가 준가얼부에 넘어간 캉장(康藏) 일대의 반란을 진압할 때 가얼비 장군은 군사를 거느리고 우선 창두를 점령하였다. 그리하여 주변의 사원과 지방은 모두 귀순하였다. 청나라 말기의 선통 원년, 촨뎬변무대신(川滇邊務大臣) 자오얼펑(趙爾豐)이 '개토귀류(改土歸流)' 정책을 실시할 때도 우선 창두에 병사를 주둔시켰다가 주변을 정복했다. 1950년 중국인민해방군이 티베트로 진군하여 제국주의 침략세력을 물리치고 조국통일의 신성한 사명을 완수할 때 티베트 농노주계급 상층세력은 제국주의의 지지로 창두에 병사를 모아두었다. 그들은 창두의 유리한 지세를 빌려서 인민해방군과 결전을 벌일 작정이었다. 인민해방군은 하는 수 없이 티베트 반동상층의 주요 무장세력과 전투를 벌여 티베트를 평화적 방식으로 해방시킬 '17조 조약'을 체결하고 조국통일의 관건적 승리를 거두었다.

창두의 명찰 창바린사(強巴林寺)

다마라산(達馬拉山) 정상에 올라서면 산과 물을 끼고 있는 창두를 한눈에 내려다볼 수 있다. 자취와 앙취 사이를 바라보면 헝돤산맥 아래에 고빙하기에 형성된 적색토층 위에 우뚝 서 있는 창두창바린사가 있다. 이 사원은 명나라 때 총카파가 거루파를 창립한 이후에 그의 제자가 세운 것이다. 거루파의 규정에 의하면 창두창바린사에는 2500명의 승려들을 수용할 수 있다.

1373년, 총카파가 티베트로 입성하는 도중 창두를 지나면서 장래에 이곳에 사원이 들어서서 불도를 흥성시킬 것이라 예언하였다. 1437년(명영종 정통 2년), 총카파의 제자 시로쌍부(喜繞桑布)가 자취와 앙취 사이의 독수리바위에 사원을 세우고 창바대자비불을 주세불로 하였으므로 사원 명칭을 창두창바린사로 지었다. 창두창바린사는 창두의 장전불교 거루파 사원 중에서 규모가 가장 큰 것이다. 창두창바린사는 린두이(林堆), 린마이(林麥), 누린(奴林), 쿠치우(庫秋), 쟈러카바(夾惹卡巴) 등 5개의 자창으로 나뉜다. 거루파의 상습 왕자바(祥雄 · 旺紮巴), 추둔랑카바이(楚頓朗卡白), 넨두이충즈와지충굼가자시(年堆沖孜瓦吉沖貢嘎紮西), 3세 달라이 쉬랑가취(索朗加措) 등 저명한 고승들이 창두창바린사의 주지를 담당한 적이 있고, 사원은 13세 칸부(堪布)까지 전승되었다. 그 후, 파바라삼세통와둔단(帕巴拉三世通娃頓丹)으로부터 대대로 이곳의 주지를 도맡았다. 이 시기 캉 지방에는 130개의 분사가 생겼으며, 주로 창두, 차야, 바쑤(八宿), 쉬반둬(碩板多), 쌍앙취중(桑昂曲宗, 지금의 차위현) 등의 지역에 분포되었다.

창두는 쓰촨성과 티베트를 연결하는 중요한 문호로서 이곳 주민들은 주로 상업에 종사한다. 따라서 이곳 승려들은 신앙을 닦는 동시에 상업에도 종사한다. 사원은 상업 활동으로 벌어들인 수익을 승려들에게 고르게 분배하는데, 그 방식은 현금 대신 수유, 츠바, 찻잎 등 생활필수품으로 지불하는 것이다. 연말이 되면 사원은 수익을 결산하고 승려들에게 생활필수품을 분배한다. 창두창바린사 내부에는 벽화, 조각, 건축, 경전 등 다양한 예술진품들이 보관되어 있으며, 이는 다른 티베트 지방의 사원과 대동소이하다.

창두의 새 모습

평화해방을 맞이하면서 창두는 커다란 변화를 겪었다. 마초댐(馬草壩) 동북 비탈의 산 중턱에 올라서서 창두 시내를 조감하면 마치 한 폭의 아름다운 그림을 바라보는 듯한 느낌이 든다. 창두 주변은 푸르른 삼림으로 뒤덮여 있고, 그 중간에 자리 잡은 창두 시가지는 매우 번화하다. 자취와 앙취에 각각 놓여 있는 쓰촨교와 원난교는 아치형 다리로서 무지개처럼 물결이 세차게 출렁이는 강 위에 얹혀 옛 도시와 신도시를 이어놓는다. 지난날, 자취와 앙취의 양안에는 허물어진 건물들이 곳곳에 널려 있어 매우 황량하였다. 그러나 오늘날에는 공장들이 우후죽순처럼 세워졌고, 전력, 석탄, 시멘트, 제혁, 농기구, 인쇄, 식품가공, 민족수공업 등 20여 개의 중소기업들이 현지 자원을 기초로 인민생활 향상을 위해 분투하고 있다. 환경위생이 좋지 못했던 창두의 옛 도시에는 민족적 특색이 농후한 식당, 쇼핑센터, 병원 등의 건물이 들어섰고, 기타 여러 현대식 건물들도 즐비하게 널렸다. 야생동물들이 출몰했던 황무지는 새롭게 개간되면서 정부기관, 은행, 백화점 등이 들어섰다. 현재 창두는 낮에는 현대화 도시의 모습으로 생기발랄하고, 밤에는 황홀한 불빛들이 자연환경과 서로 조화를 이루면서 아름다운 경관을 펼친다.

창두진 남쪽, 란창강 발원지의 동쪽에 위치한, 면적이 14만 제곱미터인 마초댐 위에는 이미 새로운 문화교육 단지가 건립되어 여러 인재들을 적극적으로 키우고 있다.

현재 창두진의 건설은 앙취로부터 자취까지 확대되었을 뿐만 아니라 주변의 기타 산골짜기와 하곡지대로 확대되었다. 창두는 원 면적보다 50여만 제곱미터, 원 면적의 45배나 늘어났다.

쉴 새 없이 흐르는 란창강은 수백 년 동안 창두의 변화와 발전을 지켜왔다. 오늘날의 창두는 황량한 폐허로부터 생기발랄한 새 모습으로 커다란 변화를 이루었다. 그러나 이런 변화발전은 단지 시작일 뿐이다. 중국공산당의 정확한 영도로 근면하고 지혜로운 여러 민족 인민은 광활하고 부유한 농목자원을 기초로 단결, 부유, 문명의 새로운 티베트를 건설할 것이며 창두의 더욱더 큰 발전을 위해 공헌할 것이다.

14장 창탕(羌塘)초원 잡기(雜記)

아름답고 풍요로운 창탕

처음으로 창탕에 이르렀을 때

온통 쓸쓸하고 추운 기운인지라

일단 그 품으로 깊이 빠져드니

초원은 따뜻한 집으로 바뀐다네

_짱베이(藏北) 민요

티베트 면적의 약 절반을 차지하는 짱베이초원은 대체 어떤 모습일까? 베일에 가려진 창탕초원의 진면목을 알아보려면 민요에서 노래한 바와 같이 그 품으로 깊숙이 빠져들어가야만 비로소 알 수 있다.

'창탕'은 티베트어로 '북방의 고원'이라는 뜻이다. 티베트의 중요한 천연목장인 창탕초원은 그 면적이 무려 60만 제곱킬로미터나 되며, 가축 야크와 야생 야크가 이 넓은 초원에서 서식하고 있다. 창탕초원의 북쪽에는 끝없는 쿤룬산맥이 가로놓여 있고, 남쪽에는 강디스산맥과 녠칭탕구라(念青唐古拉)산맥이 굽이굽이 뻗어 있다. 이 광활한 땅

덩어리는 칭장고원의 요충지로서 평균 해발이 4500미터 이상에 달하고, 연평균 기온이 섭씨 영하 5~6도이며, 가장 추울 때는 영하 30~40도를 기록하기도 한다. 이곳에는 번화한 도시와 밀집된 마을도 없으며, 가뭄에 콩 나듯 드문드문 보이는 천막과 무리 지어 다니는 소 떼나 양 떼, 그리고 가없이 펼쳐진 고요한 초원이 있을 뿐이다.

짱베이는 중국 5대 목축지대 중 하나이다. 그 목축지 면적은 12억 4000만 무(畝)로서 나취(那曲), 아리, 르카쩌 서북부와 창두 북부 등의 지역까지 널리 분포되어 있다. 티베트의 축산업은 아주 유구한 역사를 갖고 있으며, '고원의 배'라는 미칭을 가진 야크가 바로 이 빙설이 뒤덮인 고원에서 기원하였다. 야크는 아득히 먼 옛날부터 티베트고원에서 서식하여온 야생동물로서 티베트 선민들이 수천 년의 시간을 들여 가축으로 길들였다. 야크는 한위(漢魏) 때 이미 중원으로 많이 수출되었다. 은(殷)나라, 주(周)나라 때부터 티베트 선민들은 야크와 황소를 교배시켜 성격이 온순하고 젖이 많이 나오며 육질이 좋은 편우(犏牛)를 육성해냈다. 편우는 흔히 밭갈이나 짐 운반에 사용되었다. 편우의 출현은 농업의 발전을 대대적으로 촉진하였다. 주나라, 진(秦)나라 때부터 편우는 이미 중원과의 교역에서 중요한 상품으로 취급받았다. 장면양(藏綿羊)은 티베트 선민들이 고대의 큰뿔양을 오랫동안 길러 순화시킨 또 하나의 중요한 가축이다. 갑골문에 최초로 기록된 '양(羊)'이라는 글자가 큰 뿔을 가진 장면양의 형상이었다. 이는 당시 중원에서 기른 양이 바로 티베트 선민들이 순화한 면양의 품종이지 북방에서 들여온 함양(鹹羊, 머리가 작고 뿔이 없는 양)이 아니라는 것을 말해준다. 장견(藏犬, 티베탄 마스티프)은 티베트고원에서 기원한 맹수로서 승냥이와 비슷한 특성을 가졌지만 오랫동안의 순화를 거쳐 가축이 되었다. 지금으로부터 4000년 전에 티베트고원에는 이미 장견이 있었고, 중원에서 낭견(狼犬)을 기르기 시작한 것보다 훨씬 앞섰다.

창탕초원은 땅이 넓고 인적이 드물어 목축민들이 방목하기에 아주 적절하였다. 티베트의 목축민들은 소 떼와 양 떼를 낮은 곳에서 높은 곳으로 몰아 이동하면서 방목한다. 일반적으로 장력(藏歷, 티베트의 전통 역법)으로 6~7월이면 기온이 상승하여 빙설이 녹아 물이 고이고 풀들이 무성하게 자라 가축들에게 풍부한 먹이를 제공한다. 이를테면 방목하기에 가장 적절한 시기에 이르고 가축들의 젖 산량도 일 년 중 최고치를 기록한다. 10월 말에 이르면, 목축민들은 방목을 마치고 하곡으로 돌아와 겨울옷을 만들고 기구들을 수리하며 시장에 나가 축산품을 교역하면서 월동할 채비를 마친다.

창탕은 티베트 목축업의 발상지일 뿐만 아니라 북방의 중요한 교통 요지이기도 하다. 『나취사화(那曲史話)』에 따르면 당나라 때부터 창탕은 북방의 교통 요지였다. 『신당서(新唐書)』 「지리지(地理誌)」 선주(鄯州) 선성(鄯城) 항목의 기록에 따르면, 당나라 때 시닝(西寧)에서 토번 찬보샤야(贊普夏牙, 즉 모주궁카현)까지의 역로 위에 설치한 도합 23개 역참 가운데 골망역(鶻莽驛)과 각천역(閣川驛) 사이에 나취가 위치해 있었으며, 청나라에 이르기까지 노선이 조금씩 변동되긴 했지만 당나라 때 모습을 거의 그대로 유지해오고 있는데 나취는 줄곧 역로의 요충지였다.

창탕의 나취 일대는 중요한 지리적 위치 때문에 항상 병법가들이 전쟁에서 쟁탈하는 요새였다. 청나라 때 티베트에서 전쟁이 일어날 때면 나취 지방은 항상 가장 먼저 재난을 당하는 곳이었다. 청나라 초엽, 고시한은 거루파 세력의 요청에 응하여 칭하이성 췌두칸(卻圖汗)을 물리친 후, 나취를 통해 티베트에 진입하여 5세 달라이의 통치를 안정시키고 난 다음, 다시 군사를 거느리고 북상하여 당슝(當雄)과 나취 일대에 주둔하며 라싸를 수호했었다. 지금까지도 당슝과 나취에 많은 몽골인 후예가 살고 있는 이유는 바로 이 때문이다. 18세기 초엽, 준가얼부 체왕아라푸(策妄阿拉布坦)가 소란을 일으키자, 1718년 강희황제는 대신 어룬터(額倫特)를 토벌에 파견했으며, 나취에서 청군과 준가얼군이 격전을 벌인 결과 청군이 패배했다. 그 후로 퍼뤄나이, 라짱칸도 당슝과 나취 일대에 군사부를 설치하고 여러 날 동안 치열하게 전쟁을 벌여 준가얼군을 격퇴했으며, 그중 나취 남부 나취카(那曲卡)와 당슝에서의 전투가 가장 치열했다. 9년 뒤, 룽푸나이(隆布鼐)를 비롯한 3명의 가룬(噶倫)이 청 정부가 봉한 수석 가룬 캉지나이(康濟鼐)를 살해하고 반란을 일으키자 퍼뤄나이는 아리와 허우짱의 병사들을 인솔하여 나취에서 대전을 치른 끝에 룽푸나이군을 전멸시켰고 계속하여 라싸를 점령하여 티베트의 정세를 안정시켰다.

헤아릴 수 없이 많은 호수

초원에는 아주 많은 호수들이 분포되어 있으며 거의 내륙호이다. 봄이면 설산에서 녹아내린 물이 초원으로 흘러들어 지세가 낮은 곳에

축적되면 바로 호수나 늪이 된다.

초원 깊숙이 들어가보면 부드럽게 이어진 야산과 구릉들이 초원을 하나하나의 큰 양푼처럼 나눠놓았으며, 그 양푼 한가운데는 투명한 호숫물이 담겨 있다. 전국에서 호수 개수가 가장 많은 티베트고원에는 약 1500개나 되는 호수가 널려 있다. 그중 대부분의 호수는 짱베이초원에 분포되어 있으며, 당슝초원의 텅거리해나무호(騰格裏海納木湖), 반거초원(班戈草原)의 기림호(奇林湖)와 반거호(班戈湖)는 모두 면적이 1000제곱킬로미터 이상 되는 대형 호수들이다. 초원의 호수는 함수호와 담수호로 나뉘는데, 함수호 옆에는 중요한 화학공업 원료인 수산화나트륨과 유산나트륨 그리고 붕사가 1척 넘게 쌓여 있다.

호숫가의 초지와 호수 안의 자그마한 섬들은 백조, 들오리, 비둘기들이 서식하기에 아주 좋은 곳이다.

기묘한 지열 현상

고한지대에 위치한 창탕초원은 1년 중 8~9개월은 빙설에 뒤덮여 있지만, 지열과 온천이 널려 있어 뜨거운 열기가 무럭무럭 솟구치는 현상이 자주 나타난다.

나취 이북 지방은 사시장철 솜옷을 벗지 못할 정도로 춥지만, 누군가가 목욕을 한다면 불을 지펴 물을 데우는 번거로움이 없이 바로 온천을 찾아가 목욕을 하면 그만이다. 온천의 수온이 섭씨 60~70도를 유지하고 있어서 찬물을 섞어야만 목욕하기에 적합하다.

유명한 양바징 지열지대 주위의 드넓은 초원의 공기는 항상 뼛속까지 스며들 정도로 차갑다. 그러나 한편 면적이 40제곱킬로미터나 되는 지열지대는 온통 온천에서 무럭무럭 피어오르는 안개에 자욱이 뒤덮여 있다. 온천과 멀지 않은 곳에서는 사시장철 부글부글 끓는 샘물이 흘러나오는데, 거기에 계란을 넣으면 2~3분 만에 충분히 익힐 수 있다.

양바징 지열지대를 시범적으로 개발, 이용하고자 노동자들이 우물을 파려고 지면을 살짝 뒤지기만 해도 지하의 온천이 거침없이 솟아나온다. 그리고 가스정(氣井)이 분출하는 광경도 아주 웅장하다. 갑문을 털기만 하면 따끈따끈한 물과 수증기들이 귀청이 째질 듯한 소리와 함께 100미터 넘도록 솟아올라 10리 밖에서도 그 소리가 들린다.

쨍베이초원에서 발견한 지열지대는 300여 곳이나 되며 티베트 면적의 3분의 2를 차지한다. 그중에는 자주 보는 온천, 열천(熱泉), 비천(沸泉) 외에 분기공(噴氣孔), 모기혈(冒氣穴), 비니천(沸泥泉), 모기지(冒氣地), 염천(鹽泉) 등이 있다.

그래도 가장 신기한 것은 열수하(熱水河)와 열수호(熱水湖)이다.

양바징 지열지대 부근에 아주 황홀한 열수호가 있는데, 그 면적이 무려 7000여 제곱미터, 수온은 섭씨 50도를 넘는다. 이른 아침과 저녁 무렵이 다가올 때 열수호에는 아주 특이한 현상이 나타난다. 호면의 옅은 안개가 10여 미터 뭉게뭉게 피어올라 사람이 그 속에 들어가 노라면 마치 선경에 이른 것과 다름없다. 햇빛이 찬란한 대낮에는 지면 온도가 상승하여 호수로 뛰어들어 수영을 즐기기에도 좋다.

창탕초원의 지열은 높은 경제적 가치를 갖고 있기 때문에 앞으로의 개발과 이용이 기대된다.

아름답고 풍요로운 '무인구(無人區)'

나취진에서 서쪽으로 아리와 나취가 접하는 곳에 광활한 '무인구'가 있는데, 그 면적은 20만 제곱킬로미터로서 저장성(浙江省)의 2배에 달한다. 인적이라곤 찾아보기 힘든 이 지역에 역사상 많은 탐험가들이 찾아왔지만, 모두 굶주림과 추위로 사망하거나 방향을 찾지 못해 행방불명이 되었다고 한다. 그러므로 '무인구'는 사람들에게 공포와 황량함의 이미지를 남겨주었다.

그러나 정작 '무인구'에 들어가보면 단지 인적이 없을 따름이지 황량하지 않고 대자연은 전혀 인색하지 않음을 알 수 있다. 이곳에도 화초들이 널려 있고 시냇물이 졸졸 흐르고 있다.

'무인구'에서 차를 몰고 질주하면 늘 야생나귀, 야생마, 영양들이 차와 겨루기라도 하듯이 함께 달리곤 하는데 세상 물정 모르는 산토끼, 두더지들도 뒤질세라 차 앞에서 이리 뛰고 저리 뛰곤 한다. 산노루와 야생 야크들은 경적 소리에도 전혀 신경 쓰지 않고 한가하게 제 갈 길을 가며 추호의 양보나 두려움도 없이 여유작작하다.

'무인구'에는 여러 야생동물뿐만 아니라 많은 식물과 광물자원이 있다. 얼마 전 나취 지역의 5000여 목축민들이 25만 마리의 가축을 거느리고 '무인구'에 진입하여 천막을 치고 살림을 시작하면서 새로운 방목지를 개발하였다. 때문에 '무인구'는 더 이상 인적이 없는 한

적한 곳이 아니다.

탕구라(唐古拉), 손 내밀면 하늘이 닿는 곳

창탕초원의 서쪽 끝은 눈보라가 자주 휘몰아치는 탕구라산맥이다. 해발이 5000미터 이상인 탕구라산은 상대적으로 그리 높지 않아 '가까이서 보면 산이요, 멀리서 보면 강일세'라는 느낌이 든다. 이곳은 눈보라가 휘몰아치지 않으면 안개가 자욱이 깔려 있어 멀리서 바라보면 마치 산과 하늘이 잇닿아 있고 구름이 산기슭에서 맴돌고 있는 것만 같다. 하여 이곳의 민요에서는 "탕구라, 손 내밀면 하늘이 닿는 곳"이라고 노래한다.

그렇다! 탕구라에는 세상에서 보기 드문 기이한 절경이 있다. 먼 곳을 바라보면 즐비한 설산들과 창탕의 끝머리에서 춤추는 옥룡처럼 줄기차게 쏟아지는 빙하의 그 당당한 기세, 그리고 도고한 기백을 절로 느낄 수 있다. 그리고 가까운 곳에는 빙탑림(冰塔林)들이 빙설세계를 굳건히 지키고 있는 병사처럼 떡하니 서 있어 경외심을 불러일으킨다. 깊은 산속 신화에서나 나타나는 수정궁이 운무 속에서 빛을 뿌려 신선들이 생활하는 달나라 궁전을 연상케 한다. 물론 먹장구름이 일고 광풍이 몰아치며 우박과 폭설이 눈앞을 가릴 정도로 쏟아질 때도 있다. 하지만 이 모든 것이 지나가고 나면 또다시 탕구라의 위엄과 존귀에 경외심을 지니게 되고 조물주의 위대함에 감탄을 금할 수 없게 된다.

티베트 풍토지

밍크모자에 양가죽 차림을 하고 손에 양몰이 '우얼둬(烏爾朵, 방목할 때 작은 돌멩이를 던지는 데 쓰는 노끈)'를 쥔 용감한 목축민들은 빙설에 뒤덮인 탕구라산의 진정한 주인이며, 그들은 탕구라로 인해 큰 자부심을 느끼고 있다. 목축민들은 오래전부터 전해 내려온 탕구라의 전설을 사람들에게 들려준다. "아주 먼 옛날, 옥황상제가 송아지 한 마리를 탕구라에 내려보내며 주변의 풀을 깡그리 먹어치워서 이곳을 황막한 사막으로 만들도록 명했다. 그러나 정작 송아지가 내려와보니 탕구라와 탕구라의 백성들은 별로 죄가 없다는 것을 깨닫고 자신의 콧구멍에서 두 가닥의 맑은 샘물을 뿜어내어 이곳의 초지를 더욱 비옥하게 만들었다. 이 일을 알게 된 옥황상제는 화가 치밀어 송아지를 다시는 재생하지 못하도록 돌로 변신시켰다. 그런데 웬걸, 송아지는 돌로 변했음에도 굴하지 않고 다리와 겨드랑이의 돌구멍으로부터 두 줄기 맑은 샘물을 뿜어냈는데, 이것이 바로 황하와 장강의 발원지였다." 중국 양대 하천인 장강과 황하의 젖줄기인 탕구라로 인해 이곳의 목축민들은 자부심을 느낀다.

창탕은 끝없이 넓다. 사람들의 창탕에 대한 이해는 한 조각의 퍼즐처럼 평면적일 수밖에 없지만 조각만 한 이해도 생각을 바꿀 정도로 좋은 인상을 남기게 된다. 마치 민요에서 부르듯이 "일단 그 품으로 깊이 빠져드니 초원은 따뜻한 집으로 바뀐다네"처럼 말이다.

15장 티베트족의 명절

장력신년(藏曆新年)

티베트족은 거의 달마다 명절을 쉰다. 전통 명절 외에도 티베트족에게는 여러 종교 명절이 있다. '린카절(林卡節, 기도일)', '경마절' 등 민속 활동도 티베트족의 명절에 속한다.

장력신년은 티베트족의 새해로서 전통 명절에 속한다. 새해가 되면 아이들은 폭죽을 터뜨리고 어른들은 칭커주와 수유차를 마시면서 서로 축하하며 축제 분위기를 이룬다. 도시 사람들은 한데 모여 전통극, 귀좡(鍋莊), 현자무(弦子舞) 등의 무용을 한다. 목축지대의 목축민들은 모닥불을 피우고 밤새도록 노래와 춤을 즐긴다. 명절을 쇠는 동안 민간에서는 씨름, 투척, 줄다리기, 경마, 활쏘기 등 일련의 경기를 벌인다.

장력신년은 티베트 인민들이 가장 성대하게 즐기는 명절이다. 장력 12월 초부터 사람들은 새해를 맞이할 음식, 옷과 생활용품들을 준비한다. 이때 집집마다 칭커 종자를 접시 물에 담가 싹을 틔운다. 그러다가 정월 초하루가 되면 사람들은 파릇파릇한 새싹들을 불단과 찻상에 올려놓고 새해에는 풍년이 들기를 기원한다. 또한 12월 중순부터 사람들은 준비해둔 수유와 밀가루로 '카사(기름과자)'를 만든다. 이맘 때는 가정주부들이 솜씨를 자랑할 시기다. 카사는 모양새에 따라 종류가 다양하여 귀 모양으로 된 '쿠귀', 길쭉하게 생긴 '냐샤', 꽈배기 모양으로 된 '무둥', 둥글게 생긴 '부루' 및 숟가락 모양으로 된 '빈둬' 등이 있다. 새해에 이르러 집집마다 '주수체마'라고 부르는 오곡두(五谷鬥)를 준비한다. 용기에는 수유에 무친 츠바(糌粑), 보리알 볶음, 인삼 열매 등이 담겨 있고, 그 위에는 '즈줘'라고 부르는 칭커 이삭, 계관초 및 수유로 만든 꽃무늬판이 꽂혀 있으며, 그리고 수유로 '루귀'라고 부르는 채색 양머리 조각을 빚어 올려놓는다. 이러한 장식에는 지나간 한 해의 수확을 상징하는 동시에 새로운 한 해의 풍년을 기원하는 의미가 깃들어 있다.

그믐날이 다가오기 이틀 전부터 사람들은 집 안을 깨끗이 청소하고 바닥에 새롭게 장만한 탄자를 깔며 연화(年畵)를 벽에 건다. 그리고 그믐 바로 전날에 깨끗이 청소한 부엌의 중간벽에 밀가루로 길상을 상징하는 도안을 그리고, 대문에는 석회가루로 길상과 영원함을 상징하는 '卐' 부호를 새긴다. 또 일부 집안에서는 풍년을 기원하기 위해 들보에 숱한 흰색 점을 찍어둔다. 이날 사람들은 '구투'라는 밀가루 음식을 저녁식사로 먹어야 한다. '구'는 아홉이라는 뜻으로 그믐 바로 전날인 29일을 나타내고, '투'는 밀가루로 만든 갱(糊羹, 티베트어로 '투바'라고 한다)을 의미한다. 이날은 집 식구들이 한데 모여 앉아 식사한다. 투바에는 돌멩이, 목탄, 고추, 양털 등이 드물게 들어 있어서 이런 것들이 누구 입에 들어가는지 게임을 한다. 돌멩이는 모짊을, 목탄은

암흑을, 고추는 신랄한 입담을, 양털은 여린 마음씨를 각각 의미한다. 투바를 먹다가 이런 물건이 입에 들어가는 사람은 즉시 내뱉어 크게 웃음을 자아낸다. 그믐날 저녁에는 집집마다 가정의 실제 형편에 따라 불상 앞에 각종 음식을 차려놓고 새해를 맞이할 새 옷을 준비해놓는다. 가정주부들은 홍탕, 크바르크, 츠바 등을 따뜻한 칭커주에 섞어 끓인 '관덴(觀顚)'을 준비해두었다가 정월 초하룻날 아침 일찍 식구들의 침대 머리맡에 가져다 놓는다.

정월 초하룻날에는 가정주부가 가장 일찍 일어나서 세수를 한 후 샘물을 길어 오고 가축들을 먹인 다음 집 식구들을 깨운다. 집 식구들은 새 옷을 차려입고 서열에 따라 자리에 앉고, 어른이 들고 온 오곡두에서 곡식을 몇 알 집어서 하늘로 뿌리고 다시 한번 집어서 자기 입에 넣는다. 이때 손윗사람이 서열에 따라 "자시델레"라고 인사말을 올리면 손아랫사람은 "행복과 건강을 빌면서 내년 새해에도 집 식구들 모두 모여 경축하기를 기원합니다"라고 말해야 한다. 이러한 새해 차례를 마치고 나서 사람들은 투바와 수유로 끓인 인삼과를 먹으며 칭커주를 서로 권한다. 초하룻날에는 일반적으로 집 문을 나서지 않으며 서로 방문하지 않는 것이 예의이다. 그리고 초이튿날이 되면 친척과 친지들끼리 서로 방문하고 새해 인사를 건넨다. 이런 방문은 약 3~5일 동안 지속된다.

장력신년의 확정은 장력(티베트의 전통 역법)의 사용과 밀접한 관계를 가진다.

문자 기록에 의하면, 기원전 100년경에 티베트에는 이미 역법이 있었고, 당시 달의 차고 이지러짐과 삭망을 기준으로 역법을 계산했다고 한다. 그때의 신년 초하루는 오늘날의 장력 11월 1일에 해당되었다. 이는 티베트 최초의 역법이다. 산남 지방에서는 『방선노인월산(紡線老人月算)』이라는 책이 출토되었다. 당시 티베트족의 풍부한 생산 경험과 천문역법 지식을 상세하게 기록하고 있는 이 책은 후세에 커다란 영향을 끼쳤다.

티베트와 중원의 문화 교류가 활성화되면서 티베트 역법은 부단히 보완되고 발전되었다. 당나라 문성공주가 티베트로 시집오면서 가져온 여러 경전 중에는 천문역법에 관한 책들도 있었는데, 이는 티베트 역법의 발전을 크게 촉진하였다. 이때 새해 첫날을 계산하는 방법이 달의 차고 이지러짐을 기준으로 하는 것에서 별자리를 참조하는 것으로 발전하였다. 구체적으로 귀성(鬼星)의 밝음과 위치를 기준으로 새해의 시작을 결정하였는데, 역시 장력 11월 1일에 해당되었다. 오늘날에도 티베트 르카쩌의 일부 지방에서는 여전히 이런 방법으로 새해를 확정한다.

송인종 천성 5년(1027년)부터 장력은 음력과 점차 통일되었다. 사캬 정권이 티베트를 통치할 때에 이르러 장력은 완전히 성숙되었고, 새해를 축하하는 티베트족의 풍속도 기본적으로 고정되어 오늘날까지 이어졌다. 원나라 때부터 장력은 1년 12개월, 큰달 30일, 작은달 29일로 정해졌고, 매 1000일을 앞뒤로 윤달을 두고 달과 계절의 관계를 조정하였다. 동시에 한족의 음력을 따라 배워 천간지지로 기년하였다. 자, 축, 인, 묘 등의 십이지에 금, 목, 수, 화, 토, 오행을 배합하여 기년하였다.

장력은 12년을 하나의 작은 순환, 60년을 하나의 큰 순환으로 보고

'로쭝(繞逈)'이라고 부른다. 이는 1027년에 고대 인도에서 티베트로 전해진 것으로, 그해는 마침 장력으로 화토년(火兔年)으로서 '로쭝'의 첫해였다.

원소절과 수유꽃등절

음력 정월 대보름은 한족 지방의 전통적인 명절인 원소절(元宵節)로서 꽃등절이라고도 한다. 이날 집집마다 등롱을 내걸고 오락 활동을 펼치면서 경축한다. 이는 당나라 때부터 전해 내려온 한족의 전통 풍속이다. 당시 봉건 제왕들은 태평성세를 꾸미기 위해 등불을 환하게 켜서 백성들이 감상하게 하였다. 그러나 통치자들의 목적을 떠나서 민간에서도 원소절 기간에 집집마다 등불을 켜고 비단 띠를 달았으며 꽃등과 사자춤을 감상하면서 폭죽을 터뜨리며 즐겼다.

설역고원에서 장력 정월대보름은 석가모니가 신통력으로 악마를 제압한 기념일로서 티베트족의 종교 명절로 정해졌다. 옛날 이날의 저녁 무렵이 되면 라싸 팔곽거리 주변에는 오색수유로 단장한 꽃들과 인형, 동물 형상 등이 공물로 단장된다. 사람들은 모두 팔곽거리로 나와서 꽃등을 감상한다. 여러 사원의 승려와 민간예술가들은 현지의 특산 수유와 물감으로 정교하고 다채로운 꽃등을 만든다. 또한 신화나 전설에 나오는 인물, 짐승 및 정경들을 재현해내어 입체감 넘치는 그림 이야기를 감상하게 한다. 아름다운 화면과 다채로운 꽃등은 사람들의 눈길을 집중시킨다. 사람들은 이를 감상하고 노래를 부르고 춤을 추면서 밤새도록 즐긴다.

설역고원의 꽃등절은 명나라 영락 7년(1409년)에 거루파의 창시자 총카파가 정월 대보름에 라싸에서 법회를 소집하여 석가모니가 마귀들을 제압한 날을 기념하는 행사로부터 시작되었다. 이로부터 사람들은 매년 정월 대보름을 꽃등놀이하는 날로 정했다. 물론 이 전통 명절이 오늘날까지 전승될 수 있었던 이유로 사람들의 아름다운 생활에 대한 추구를 빼놓을 수 없다. 티베트족은 꽃을 몹시 좋아하여 아무리 열악한 환경일지라도 꽃을 재배하는 습관을 길러왔다. 라싸의 거리에 나서면 곳곳에서 주민들이 진열해놓은 꽃들을 발견할 수 있고, 그로부터 사람들의 대자연에 대한 경애와 아름다운 생활 및 미에 대한 추구를 느낄 수 있다.

원소등절과 티베트족의 꽃등절은 오랜 시간을 거쳐 점차 오늘날의 민족 명절로 변해왔다. 폭죽 터뜨리기, 춘련 붙이기, 꽃등 내걸기 등은 한족과 티베트족의 공통된 풍속이다. 티베트족의 풍속은 과거에 미신 또는 종교적 색채가 농후했지만 생산활동과 문화생활이 발달하면서 새로운 의미가 첨부되었고 그 표현방식도 점차 다양해졌다. 따라서 원소등절과 장력 정월 대보름의 꽃등절은 오늘날에도 한족과 티베트족의 중요한 명절이다.

설돈절(雪頓節)

장력 6월의 라싸는 마치 아리따운 선녀가 꽃밭에 누워 있는 듯하다. 만개한 생화, 포만한 보리 이삭과 푸릇푸릇한 버드나무 새싹들은 선녀의 아름다움을 더해준다. 만약 라싸 주변의 산봉우리들에 새하얀 눈이 내렸다면 라싸 고성의 청아함과 수려함은 한결 돋보인다. 이른 아침, 안개가 산골짜기를 맴돌며 피어오르고 눈부신 햇빛이 옅은 안개를 꿰뚫고 산봉우리를 가로질러 시가지를 비추면 라싸는 스카프를 두른 선녀처럼 모습을 드러낸다. 라싸 서부에 위치한 노블링카는 선녀가 손에 든 꽃과도 같다.

6월 말, 7월 초에는 티베트족의 전통 명절인 설돈절을 맞이하게 된다. 동방의 산봉우리가 금빛을 뿌리고 백양나무에 아직 옅은 안개가 걸려 있을 때 사람들은 노블링카의 대문이 열리기를 손꼽아 기다린다. 그리고 대문이 서서히 열림과 함께 '푸메'를 입은 부녀와 장화를 신은 남성들 그리고 토끼처럼 깡충깡충 뛰는 아이들이 밀물처럼 앞다투어 성내로 뛰어든다.

'보배원림'이라 불리는 노블링카는 과거에 달라이 라마의 여름 궁전이었다. 노블링카의 높디높은 장벽은 일반 백성들이 생활하는 문밖의 세상과 서로 갈라놓았다. 성내의 아기자기한 산수풍경들은 일반 백성이 향수할 수 없었다. 오직 설돈절이 될 때만 개방하여 백성들이 들어가서 즐길 수 있었다. 설돈절이 지나면 노블링카는 대문을 다시 굳게 닫아야 했다. 그러나 오늘날 시대가 바뀌면서 노블링카는 백성들의 낙원이 되어 '보배원림'으로 불린다.

사람들은 경쾌한 발걸음으로 가로수가 우거진 석판로를 지나 노블링카 성내의 광활한 초지에 이른다. 초지의 서쪽에 설치되어 있는, 달라이가 연극을 감상하는 무대는 금빛 찬란하게 단장되어 있고, 사람들이 유람하고 오락을 즐기는 중요한 장소이다. 설이나 명절을 맞이할 때면 티베트 전통극단과 문예단체들이 이곳을 찾아 무대를 펼치면서 관중들을 끌어모아 현장은 열렬한 축제 분위기를 형성한다.

설돈절은 티베트에서 역사가 유구한 전통 명절 중 하나이다. 티베트어에서 '설'은 '요구르트'라는 뜻이고 '돈'은 '연회'라는 뜻으로서, 설돈절은 요구르트를 먹는 명절이다. 그러나 설돈절의 활동이 점차 티베트 전통극을 감상하는 것으로 변화되면서 설돈절을 '티베트 전통극절'이라고도 한다. 설돈절은 라싸뿐만 아니라 르카쩌 일대에도 전파되었는데 '써무친파(色木欽波)'라고 부른다.

17세기 이전, 티베트의 설돈절은 일종의 단순한 종교 활동이었다. 불교의 법칙과 계율에 따르면 여름철에 비구들은 수십 일 동안 집 문을 나서지 못하고 장정(長淨), 절제, 하안거 등 3가지 일을 행하여야 한다. 해금이 되는 날, 그들은 분분히 하산하여 세속의 백성들이 준비한 요구르트를 받는다. 승려들은 요구르트를 향수하는 동시에 오락 활동에 참석하면서 즐기는데, 이것이 바로 설돈절의 유래이다.

17세기 중엽, 청 정부는 5세 달라이와 4세 반첸을 정식으로 책봉하여 티베트의 정교합일 제도를 강화하였다. 이 무렵 설돈절 내용은 더욱더 풍부해졌고 티베트 전통극이 등장하여 설돈절 축제의 고정된 항목이 되었다. 이때 종교와 오락 활동이 서로 결합되었지만 그 범위는 여전히 사원 일대에 제한되었다. 당시 드레풍사원이 설돈절 활동의 중요한 장소였기에 사람들은 설돈절을 '드레풍 설돈절'이라고도 하였다. 5세 달라이가 드레풍사로부터 포탈라궁으로 이주하면서 매년 6월 30일의 설돈절은 우선 드레풍사 일대에서 티베트 전통극을 공연하고 이튿날에 포탈라궁에서 달라이를 위한 공연이 상연되는 것으로 진행되었다. 18세기 초, 노블링카가 준공되면서 설돈절 축제 장소는 포탈라궁에서 노블링카로 변경되었고, 일반 민중들이 성내에 들어와서 공연을 감상할 수 있게 되었다. 그 후, 설돈절 활동은 더욱더 풍부해졌고 고정된 명절로 정해졌다. 설돈절 행사는 대체로 다음과 같다. 매년 장력 6월 29일, 각지의 티베트 전통극단들이 아침 일찍 포탈라궁에 모여서 티베트 전통극을 주관하는 '즈챠레쿵(孜洽列空)'에 등록하고 간단한 이벤트 공연을 마친 후 노블링카에 이르러 달라이에게 경의를 표시하고는 당일 저녁에 드레풍사로 돌아온다. 6월 30일의 '드레풍 설돈절'에는 하루 종일 티베트 전통극이 공연된다. 7월 1일이 되면 라싸, 런부(仁布), 앙런(昂仁), 남무린(南木林) 등의 4개 극단과 총게, 야룽, 두이룽더칭(堆龍德慶), 니무(尼木) 등의 6개 '자시쇠바(紮西雪巴, 티베트 전통극의 일종)' 극단 및 서융의 야크춤 극단과 '줘바(卓巴, 북춤)' 극단까지 노블링카에 모여 연합공연을 진행한다. 그리고 7월 2일부터 5일까지는 라싸, 런부, 앙런, 남무린 등 4개 극단이 광장에서 순회공연을 펼친다. 설돈절 기간, 가샤 지방정부의 관원들은 모두 노블링카에 와서 전통극을 감상한다. 또한 지방정부는 연회를 펼쳐 모든 관원들에게 요구르트를 대접한다.

티베트가 평화해방을 맞이하기 전에도 라싸 민중들은 설돈절 기간에 민족복장 차림으로 노블링카에 모여서 전통극을 감상하였다. 그러나 대부분의 농노들은 억압된 현실 앞에서 웃음을 지을 수 없었고 행복한 명절을 즐길 수 없었다. 극단원들은 무거운 도구를 지방에서 라싸까지 지고 와서 억지로 공연을 펼쳐야 했고 감상하는 사람들은 겉으로는 연극을 즐겼지만 마음속으로는 암흑과 같은 현실에 대한 비감을 억제할 수 없었다.

해방되어서야 설돈절은 광범위한 인민 대중들이 진정으로 즐길 수 있는 오락의 명절이 되었다. 매년 설돈절이 되면 티베트 전통극 외에도 여러 가지 다양한 문예공연과 오락 활동들이 펼쳐진다. 사람들은 다채로운 문예공연을 감상하고 오락 활동에 참여하면서 새로운 생활을 노래한다. 그리고 설돈절 기간에 노블링카를 비롯하여 라싸 곳곳에서 상업 활동이 활발하게 펼쳐진다.

린카절

민족마다 자신의 특징과 애호가 있듯이, 티베트족은 대자연을 무한히 사랑하는 민족이다. 여름철이 되면 라싸는 화창한 날씨가 연이어지고 청신한 공기에 화초들이 만발한다. 높다란 백양나무와 고목 아래에서, 푸르른 초지 위에서 화려한 민족의상을 차려입은 티베트족 민중들은 삼삼오오 모여서 주막을 짓고 칭커주와 수유차를 마시면서 전통악기를 다루며 노래를 부르고 춤을 춘다. 또한 사람들은 캐럼즈를 치고 바둑을 두며 오락을 펼친다. 저녁 무렵이 되도록 사람들은 화목한 분위기 속에서 마음껏 즐기다가 귀갓길에 오른다. 이 밖에 많은 사람들은 계곡을 찾아 물놀이를 하거나 빨래를 하고 힘이 들 때는 초지에 탄자를 깔고 누워 쉬기도 한다. 늘 푸른 초지에 누워서 노곤한 몸을 풀고 고목 아래에 모여앉아 맛있는 음식을 먹으면서 자연풍경을 감상하는 것은 남다른 향수이다.

이것이 바로 티베트족의 특색이 넘치는 린카절이다. 사실 린카절은 티베트족이 야외에 나가 활동하는 들놀이를 가리킨다.

린카절은 고원의 기후와 환경 및 생활조건에 의하여 형성된 티베트족의 민족풍속으로서 라싸 등 일부 지역에서는 '짠린지쌍(贊林吉桑)'이라 부른다. 매년 장력 5월 1일부터 15일까지 약 반달 동안 겨울철이 길고 여름철이 짧은 티베트는 가장 화창한 계절을 맞이한다. 사람들은 집을 나와 녹음이 우거진 린카를 찾아서 대자연이 선사한 풍경을 만끽한다. 이는 티베트족의 오래된 풍속이다. 15일쯤이 되면 린카절은 고조에 이르고 이날에는 종교활동도 펼쳐진다.

티베트족의 린카절은 수도인 라싸뿐만 아니라 르카쩌와 창두 등의 지역에서도 유행이다. 화창한 계절에 르카쩌에서는 성인 남성들이 아침 일찍 당나귀를 타고 교외의 수행동에 설치된 연화생불에 조공하러 가고 부녀들은 음식을 갖고 원교에서 조공하고 돌아오는 친지들을 맞이하면서 린카에서 모임을 가진다. 이것이 바로 최초의 린카절 활동이다. 티베트 동부 일대는 무성한 원시림이 있어 천연적인 생태공원을 이룬다. 부근에서 생활하는 사람들은 여름철이 되면 걷거나 마차를 타고 깊은 숲속을 찾아가 하루 또는 이틀 동안 야영을 즐긴다.

라싸의 가무샤린카(嘎木夏林卡), 니쇠린카(尼雪林卡), 시더린카(喜德林卡)와 르카쩌의 지차이린카(吉采林卡) 등에서는 화려한 복장을 한 남녀노소들이 장막을 세우고 3~5일간 야영을 즐기기도 한다.

목욕주(沐浴周)

목욕주는 농후한 민족풍습과 지방특색을 가진 민속활동이다.

여름철에 계곡에 뛰어들어 미역을 감는 것은 즐거운 일이다. 그러나 설역고원에서의 목욕은 매우 정중한 일이다.

매년 장력 7월 상순이면 티베트고원의 곳곳에서 사람들은 목욕활동을 펼친다. 이때 티베트고원의 우기가 지나고 화창한 날씨가 찾아오며 낮 기온이 상승한다. 따라서 집집마다 남녀노소들이 무리를 지어 계곡을 찾아 마음껏 물놀이를 하면서 몸을 씻는다. 전하는 바에 의하면, 목욕주 기간에 계곡의 물은 '성수'로서 신통한 효과가 있다고 한다. 목욕주 기간의 강물은 평소의 강물과 달리 독특한 위력이 있다. 이런 신념 때문에 사람들은 목욕주에 맞추어 계곡을 찾아 앞다투어 강물에 뛰어든다. 목욕주는 일주일간으로, 그사이에 사람들은 머리를 감고 목욕을 하며 빨래를 한다. 동틀 무렵부터 사람들은 모아두었던 빨래를 들고 계곡에 이르러 하루의 일과를 시작한다. 일부 사람들은 강가에 모여 앉아 차를 마시고 난 뒤 빨래를 시작한다. 빨래가 끝난 뒤 남쪽 하늘에 기산성(棄山星, 금성)이 빛발을 뿌릴 때면 사람들은 강물에 뛰어들어 시원하게 목욕을 마치고서야 집으로 향한다.

이러한 티베트족들의 독특한 목욕활동은 일 년에 한 번씩 일주일간 진행된다. 일주일 동안 대여섯 살 난 아이에서부터 고희를 넘긴 노인들까지 모두 목욕을 하게 된다. 목욕주는 티베트 민중들의 전통적인 세시풍속이 되었다.

목욕주는 티베트에서 이미 700~800년의 역사를 갖고 있다. 11세기에 성상학이 티베트로 전파되면서 사람들은 천체의 운행규칙에 따라 역법을 만들었다. 이때 사람들은 기산성의 출몰로 봄철과 가을철을 가려냈다. 라싸에서 육안으로 남쪽 하늘의 기산성을 바라볼 수 있을 때면 입추를 의미한다. 매년 7월 기산성이 나타날 때면 목욕활동은 고조에 달하고 사라질 때면 목욕활동도 마무리를 짓는다.

티베트족의 역법 서적에 따르면, 초가을의 강물은 달고 시원하며 부드럽고 가볍고 맑고 향기로우며 마실 때 목을 윤활하게 하고 마신 후에는 배가 아프지 않은 8가지 유익이 있다. 따라서 초가을은 강물이 가장 질 좋은 시기이다. 이러한 귀납은 티베트의 자연환경과 계절 변화에 따라 총화된 것으로 상당한 과학적 근거가 있다. 티베트고원은 겨울철이 길고 여름철이 짧다. 봄철의 강물은 빙설이 녹아서 형성되었으므로 살을 에듯이 차갑고 여름철의 강물은 홍수로 인하여 혼탁하므로 목욕하기에 적합하지 않다. 그리고 겨울철에는 기온이 몹시 낮아 계곡에서 목욕을 할 수 없다. 오직 초가을에 기온이 적합하고 강물이 맑고 수질이 가장 좋다. 티베트족들이 7월 상순에 계곡에서 목욕하는 것은 과학적 근거가 있는 것이다. 목욕주에 관한 민요가 오늘날까지 전해지고 있다.

> 뜨거운 햇볕이 강물을 따뜻하게 하고
> 휘영청 밝은 달이 차가운 강물을 비추네
> 기산성이 솟아오를 때면
> 강물이 맑고 온화하여 목욕하기에 딱 좋네

이 민요는 생생하고 형상적으로 티베트족이 지혜롭게 목욕의 계절을 선택하는 정경을 노래하고 있다. 기산성의 출몰은 계절 변화의 징표일 뿐 미신적인 설법은 사람들로부터 날로 배제되었다.

망과절(望果節)

티베트 농촌에서 장력년을 빼고는 망과절이 가장 성대한 명절이다. 장력 7월의 산남시는 칭커와 가을밀로 온통 금빛 바다를 이룬다. 수확을 앞두고 사람들은 망과절을 준비한다. 사람들은 티베트 전통극을 연출하고 친지를 방문하며 바삐 돌아다닌다. 강가에 가면 뱃사공마저 찾아볼 수 없다.

새 옷차림을 한 사람들은 삼삼오오 무리를 지어 현성으로 향한다. 노인과 아이들은 웃음꽃을 피우며 마차를 타고 젊은 청춘남녀들은 짝지어 길을 걷는다. 그들은 칭커주를 등에 이고 수유차와 도시락을 손에 들었는데, 이는 모두 교외에서 풍성한 점심을 먹기 위해서이다.

망과절을 맞이하여 궁가현(貢嘎縣) 중학교의 운동장에는 티베트 전통극을 공연할 무대가 세워졌다. 100제곱미터 되는 흰색 장막이 운동장 중앙에 놓이고 배우와 관중들은 모두 그곳으로 모여든다. 그리고 관중들은 질서정연하게 자리를 찾아 앉고 늦게 온 관중들은 주변의 담벼락이나 나무에 올라 무대를 바라본다.

일 년 동안 쉴 틈이 없는 농민들에게 망과절은 휴식의 한때를 즐길 수 있는 절호의 기회이다. 먹고 노는 데만 시간을 낭비하고 싶지 않은 일부 사람들은 휴식의 틈을 타서 친지를 방문하거나 땔감을 마련하고 부업을 하거나 기타 평소에 하지 못한 일을 처리한다.

망과절 기간에 간부들은 농민들을 위한 여러 활동을 조직하고, 학교에서는 학생들을 위해 다채로운 오락 프로그램을 준비하면서 명절 분위기를 돋운다. 공장 노동자들도 망과절이 닥쳐올 때면 휴식을 취할 수 있다. 그러므로 망과절은 농민들뿐만 아니라 모든 사람들의 명절이다.

망과절은 티베트족이 풍년을 기원하는 명절이다. '망'은 '밭'을 의미하고 '과'는 '맴돌다'는 뜻으로, '망과'는 '밭머리를 맴돈다'는 뜻이다.

망과절은 주로 농업지대에서 유행이며, 고정된 날짜가 없이 일반적으로 곡물이 무르익을 때, 즉 기러기들이 남쪽으로 날아갈 무렵이다. 지방마다 농사 일정에 따라 망과절을 쇠는 날짜가 서로 다르다. 라싸에서는 양력 8월 1일부터, 쨩즈와 르카쩌 등의 지방에서는 양력 7월 중순에 망과절을 쇠기 시작한다. 망과절을 쇠고 나면 분주한 가을걷이가 시작된다.

망과절은 유구한 역사를 갖고 있으며, 최초에 야루짱부강 중하류의 하곡 일대에서 유행하였다. 『본교역산법(苯教歷算法)』 등 사료의 기록에 따르면, 일찍이 5세기 말, 즉 부더굼제 시기에 야룽 지방에서는 관개수로를 만들었고 목제 쟁기로 밭을 갈았으며 농업 생산이 비교적 발달하였다. 이때 양식의 풍작을 이루기 위해 부더굼제찬보는 본교사에게 교의의 가르침을 청했다. 본교사는 본교의 교의에 따라 농민들로 하여금 밭을 맴돌면서 하늘에 풍작을 빌도록 하였다. 이런 의식이 바로 '망과절'이다. 이때의 의식은 아직 정식 망과절이 아니며, 수확하기 전에 신에게 제사를 지내는 활동에 불과하다.

티베트 최초의 망과절 의식은 대체로 다음과 같이 진행된다. 마을을 기본으로 전체 촌민들은 마을의 토지를 둘러싸고 맴돈다. 행렬의 가장 앞머리에는 향불과 깃발을 든 사람이 길을 안내하고 그 뒤에 본교 주술사가 '다다(하다를 감은 방망이)'와 양의 다리를 들고 따라나서는데, 땅의 기운을 받아서 풍년을 기원하는 의미를 담고 있다. 그리고 촌민들이 칭커 이삭과 메밀 이삭을 들고 마지막 행렬에 따라나선다. 토지를 에워싸고 몇 바퀴 돈 다음 곡물 이삭을 창고나 제사대에 꽂고 풍년이 들기를 빈다. 그다음 씨름, 검투, 투창 등 경기를 벌이면서 즐긴다. 경기에서의 승자에게는 상품이 주어진다. 경기가 끝나면 모든 사람들은 한데 모여서 노래하고 춤을 춘다.

본교 교의에 따른 망과 활동은 8세기 중기까지, 즉 츠송더찬 시기까지 지속되었다.

8세기 후기는 연화교주 우잰바이마(烏堅白瑪)가 이끄는 닝마파가 흥성하는 시기로서 망과 활동도 닝마파의 색채가 농후해졌다. 부적을 들고 주문을 읊는 것은 닝마파의 특징으로서 이 시기의 망과 활동은 주술사가 주문을 읊어서 풍년이 들기를 기원하였다.

14세기 이후, 거루파가 티베트의 주요 교파로 자리를 잡으면서 통치적 지위를 차지했다. 따라서 망과 활동도 거루파의 영향을 많이 받게 되었다. 망과 활동을 정식으로 시작하기 전에 행렬의 앞에서 불상을 들고 경문을 외우는 것이 그 특징이다. 이때의 망과 활동은 이미 전통 명절로 되었고, 오락 내용도 예전보다 풍부해져서 경마, 활쏘기, 티베트 전통극 등이 포함되었다.

티베트는 평화적 해방을 맞이하고 민주개혁을 거쳐서 수많은 농노들이 인권을 얻었고 경제적 지위도 달라졌다. 그리하여 망과절의 내용도 근본적인 변화를 가져왔다. 새 옷으로 곱게 단장한 남녀노소들이 칭커 이삭과 메밀 이삭으로 풍년을 상징하는 '풍수탑'을 만들고 북을 치고 노래를 부르면서 밭머리를 돈다. 그리고 경마, 활쏘기, 티베트 전통극, 가무 등 활동이 펼쳐짐과 동시에 연회가 시작된다. 농민들은 마음속의 희열을 도시에서 온 노동자 또는 간부들과 함께 나눈다. 망과절은 단지 농촌에서 풍년을 축하하는 것이 아니라 민족단결을 공고히 하고 도시와 농촌의 교류를 증진하며 사람들 간의 관계를 돈독히 하는 명절로 되었다.

말 타고 활쏘기

말 타고 활쏘기는 티베트족이 보편적으로 즐기는 체육활동으로서 광범한 농업과 목축지역에서 유행한다.

쨩베이초원이 황금 계절에 들어서고 쨩난곡지가 농한기에 들어설 때 용맹한 청춘남녀들이 무리를 지어 말 타고 활 쏘는 경기에 참여한다. 그들은 노란색 마고자를 입거나 붉은색, 초록색, 하늘색 조끼를 상의로 입고 금테를 두른 바지를 하의로 입는다. 그리고 허리에는 화살 주머니를 차고 등에는 활을 메며 하다와 꽃다발 및 동방울로 장식한 준마를 타고 늠름한 기개를 과시하며 경기를 진행한다. 경기장 주변은 흔히 인산인해를 이루고 관중들은 격렬한 경기를 감상하면서 목청을 높여 응원한다. 또한 경기 기간에는 장사를 하기 좋을 때라 경기장 주변의 재래시장은 사람들로 북적인다.

모주궁카현 가마구 가마향의 군중들은 풍년을 경축하기 위해 해마다 말을 타고 활쏘기 경기를 벌인다. 여러 마을에서 선발한 50여 명의 우수한 기수들이 50여 필의 말을 타고 경기에 참여한다. 기수들은 화려한 전용 복장을 하고 날렵한 솜씨로 말안장에 뛰어오른다. 채찍을 휘두르면 말은 미리 설정된 과녁을 향하여 달리기 시작한다. 목표물에 접근하면 기수들은 활을 들고 화살을 뽑으며 겨냥한다. 그리고 자신이 가장 적합하다고 생각하는 시점에 활을 쏜다. 허공 중에서 날던 화살은 순식간에 과녁에 꽂힌다. 쏜 화살이 과녁의 중심에 가까울수록 당연히 득점이 높다. 따라서 말 타고 활쏘기는 말을 타는 요령이 중요할 뿐만 아니라 활쏘기 기술에 대한 요구도 높다. 기수들은 반드시 말 위에서 균형을 유지하며 과녁을 조준하여 재빨리 활을 쏘아야 한다.

경기를 감상하는 관중들은 인산인해를 이루고 자신들의 마을에서 온 기수를 응원하느라 신경을 곤두세운다. 말 타고 활쏘기는 즐거운 분위기 속에서 고조를 이룬다.

말 타고 활쏘기는 티베트에서 500여 년의 역사를 갖고 있다. 경기는 허우짱의 쨍즈 지역에서 시작되었다. 장력 1408년 4월 10일부터 27일까지 쨍즈법왕 로단궁쌍파는 조부를 위해 제사를 올리고 28일이 되어서야 오락활동을 벌이게 했다. 그 오락활동에는 대형 불상화를 전시하는 것과 액땜 춤을 추는 것 외에 경마, 씨름, 끄는 힘겨루기 등 다양한 내용이 포함되었다. 이런 활동에는 주로 법왕의 부하와 사병, 머슴들이 참여했다. 1408년부터 해마다 이 시기는 제사를 지내는 축제 기간으로 정해졌다. 로단궁쌍파가 쩡즈를 통치하는 시기에 이르러 오락활동은 더욱 풍성해졌고 상술한 내용 외에도 말 타고 활쏘기가 추가되었다. 따라서 말 타고 활쏘기는 쩡즈다마절(江孜達瑪節)로 발전하였다.

17세기 중엽, 5세 달라이 라마는 정교합일의 통치제도를 강화하였고 티베트 전역을 통괄한 후 관원을 일제히 파견하여 각지의 종교조직을 관할하게 하였다. 티베트 지방정부는 2명의 승속관원을 파견하여 각기 쩡즈의 종본과 백거사 총관을 담당하게 하여 쩡즈다마절을 주관하게 하였다. 당시 말 타고 활쏘기에 참가하는 인원과 말은 쩡즈 지역의 3대 귀족이 배치하도록 하였다. 이때는 상징적으로 종교의식을 치른 후, 대규모로 말 타고 활쏘기 경기를 진행했으며 기간은 1일에서 3일로 변경하였다. 경기의 첫날은 간단한 종교의식을 치르고 경기에 참가할 마필을 검증하며, 이튿날은 경마, 셋째 날은 활쏘기 시합을 진행한다. 3일의 경기 활동을 마친 후에는 3~4일간 교유와 연회가 펼쳐지는데, 그 형식은 린카절과 흡사했다.

15세기 이후, 말 타고 활쏘기 활동은 점차 쩡즈에서 라싸, 창탕, 궁부 등의 지역으로 전파되었다.

라싸의 말 타고 활쏘기는 5세 달라이 라마 후기에 시작되었는데, 장력 연초의 전소법회가 소집된 후 4일 동안 진행된다. 라싸의 귀족들은 각자 시합에 참가할 인원과 마필을 내보내는데, 그 규모는 쩡즈보다 크다. 첫날과 이튿날의 활동은 쩡즈와 마찬가지로 마필을 검증하고 경마를 치르는 것이다. 셋째 날의 말 타고 활쏘기는 쏘는 거리에 따라 승부가 결정되고, 넷째 날의 활쏘기는 하늘을 향해 쏘는 것으로 누가 높이 쏘는가에 따라 승부가 결정된다.

궁부(린즈현 및 그 동부지역) 지역의 말 타고 활쏘기는 아주 보편적이다. 자연환경과 거주환경의 특징에 따라 시합은 일반적으로 마을 또는 향을 단위로 진행된다. 삼림이 많은 궁부에서는 날짐승들이 자주 출몰하여 농작물을 파괴한다. 따라서 이 지역의 백성들은 말을 타고 활을 쏘면서 수렵하는 습관이 있다. 마을에서 말 타고 활쏘기를 조직할 때면 사람들은 서로 앞다투어 시합에 참가하고, 활쏘기뿐만 아니라 사냥총으로 목표물을 사냥하는 시합을 펼치기도 한다.

창탕의 경마회는 매년 장력 7월 말, 8월 초에 진행된다. 당슝초원의 '당무지런(當姆吉仁)'은 가장 유명한 경마회로서 비록 그 형식은 짱즈와 비슷하지만 매년 5~7일 동안 펼쳐지고 경기보다도 농업과 목축지대의 재래시장이 주체이다. 라싸와 산남 등에서 모여든 농민과 목축민들은 각자 가져온 농산품을 재래시장에서 수요에 따라 교환한다. 그들은 장사를 하는 한편 말 타고 활쏘기에도 참가하면서 분위기를 돋운다. 당슝의 경마는 야크로 말을 대신하는 것이 특색이다. 알록달록하게 꽃단장을 한 야크는 아무런 훈련을 거치지 않고 주인의 외침소리를 듣고 동작을 취하는데 그 모습이 아주 우스꽝스럽다.

해마다 펼쳐지는 당슝의 말 타고 활쏘기는 린즈현에서 규모가 가장 큰 활동으로서 주변 목축지대 사람들뿐만 아니라 나취와 라싸 및 그 인근 지방 사람들도 많이 모여든다. 드넓은 초원 위에 장막들이 수놓은 듯이 골고루 분포되어 있고 사람들은 삼삼오오 무리를 지어 다닌다. 높은 곳에 서서 내려다보면 채색 깃발들이 나부끼고 밥 짓는 연기가 모락모락 피어오르며 소 떼와 말 떼가 줄지어 다니는 야유회 현장이 마치 고대 병영과도 같다.

시합의 개막식은 아주 흥미롭게 진행된다. 붉은 기를 든 기수들이 대열의 가장 앞머리에서 길을 인도하고 곧이어 경기에 참가할 각 팀들이 줄지어 따라나선다. 그들은 특색이 넘치는 복장으로 사람들의 눈길을 모은다. 말을 탄 선수들은 기세가 넘치며 위풍당당한 자태이다. 각 팀이 줄지어 주석단 앞을 지나갈 때는 주목의 예를 올려야 한다. 그다음 재미있는 마술공연이 시작된다. 마술공연은 형식이 다양하여 빨리 달리는 말 등에서 허리 굽히기, 말 타고 바닥에 놓인 하다 줍기, 말 타고 깃발 뽑아 오기, 말 타고 공 때리기와 활쏘기 등이 있다. 각각의 종목이 진행될 때마다 현장은 온통 관중들의 환호 소리로 들썩인다.

시합을 진행하는 기간에 정부는 여러 활동을 구체적으로 조직하면서 현장에서 업무를 처리한다. 휴식시간이 되면 농업지대와 목축지대에서 온 사람들은 상품 교환을 진행한다. 그들은 생가죽, 크바르크, 수유 등으로 포필, 차 및 기타 생필품을 교환한다. 밤이 깊어지면 야유회는 불빛으로 화려한 단장을 한다. 달빛 아래에 초원에서 피어오르는 모닥불, 그리고 그 모닥불을 둘러싸고 춤을 추고 노래하는 사람들, 그야말로 환상의 조합을 이룬다. 사람들은 밤새도록 축제 분위기 속에서 즐긴다. 평소에 자주 만나지 못했던 청춘남녀들은 기회를 타서 축제를 즐기거나 데이트를 한다.

당슝과 궁부 등에서는 집체로 말을 타고 활을 쏘는 연출이 상연되기도 한다. 수십 필의 말이 줄지어서 일정한 규모를 이루고 대열의 앞머리에 선 수령의 지시에 따라 차례로 말 타고 활쏘기를 선보인다. 말을 탄 기수들은 저마다 의기양양한 모습을 드러낸다.

16장 예의, 풍속 및 금기

유구한 역사를 자랑하는 티베트족은 오랫동안 외부세계와 연락하기 불편한 고원지대에서 생활하다 보니 독특한 사회환경 속에서 남다른 풍속과 관습을 형성하였다. 물론 인근의 다른 민족과 교류하면서 영향을 주고받기도 했다. 그러므로 티베트족의 풍속에서는 외래문화의 흔적을 찾아볼 수 있다.

티베트족은 풍부한 세시풍속을 갖추고 있다. 그중에서 가장 기본적인 것으로 출생, 장례, 혼례, 예의범절 등이 있다.

출생

옛날 티베트족 임산부들은 휴식과 보양을 중시하지 않았다. 더구나 종교 습속과 남존여비의 사상으로 임산부들은 제대로 된 보살핌을 받지 못했다. 그리고 낙후한 의료시설은 임산부들에게 안전한 위생조건을 보장하지 못했다. 그러나 오늘날 티베트는 경제와 사회 방면에서 커다란 발전을 이루면서 사람들은 낡은 봉건질곡에서 벗어나 출산에 대한 인식을 크게 제고했다. 또한 의료조건이 점차 좋아지면서 농촌을 망라한 곳곳에서 병원과 위생소를 찾을 수 있고, 출산에 능한 의사들도 대체적으로 갖추게 되었다.

티베트족의 아이는 태어나서부터 특히 남자애일 경우 특별히 우대를 받았다.

남자애는 태어나서 셋째 날부터 그리고 여자애는 태어나서 넷째 날부터 친지와 친구들의 축하를 받는다. 티베트어로 이런 활동을 '팡서(旁色)'라 하는데, 여기서 '팡'은 '혼탁하다'는 뜻이고 '서'는 '청결하다'는 뜻으로 나쁜 기운을 제거함을 의미한다. 이른 아침에 태양이 솟아오르면 부모는 따뜻한 수건으로 갓난아기의 몸을 깨끗이 닦고 새 옷을 입힌다. 그리고 친지들은 쌀보리술과 수유차, 새 옷 등을 들고 축하하러 온다. 손님들은 집 안에 들어서자마자 갓난아기에게 하다를 건네고 산모에게 술을 올리거나 차를 드린다. 또한 갓난아기에게 축복의 말을 전한다.

농촌에서는 친지들이 술과 차를 선물하는 것 외에 양가죽 봉지에 담긴 츠바와 신선한 수유를 예물로 건넨다. 농촌 사람들은 예로부터 전해 내려온 풍속으로 갓난아기의 건강을 축복한다. 사람들은 산모에게 술 또는 차를 올린 후 엄지손가락으로 츠바를 찍어서 갓난아기의 이마에 바른다. 이는 아이를 위한 큰 축복을 의미한다. 그리고 아이를 칭찬하거나 행운의 말로 축복을 빈다. 일부 잘사는 집안에서는 갓난아기를 축복하기 위해 찾아온 손님들을 위해 연회를 베풀기도 한다.

티베트족의 관념에서는 아이가 어머니의 배 속에서 나오는 동시에 여러 가지 혼탁하고 불길한 기운을 가져오므로 반드시 나쁜 기운을 제거하는 의식을 치러야만 아이가 건강하게 자랄 수 있다.

티베트의 편벽한 농촌마을에는 아직도 옛날 모습 그대로의 '팡서' 의식이 존재한다. 사람들은 이른 아침에 출산한 집을 찾아 문어귀에 벽돌을 쌓아놓는다. 남자애가 태어난 집에는 백악돌을 쌓고 여자애가 태어난 집에는 임의로 돌을 쌓아놓으며 송백가지로 불을 피운다. 방문객들은 돌무더기에 츠바를 뿌리고 집 안으로 들어간다. 이는 본교에서 신을 공경하는 행위이다. 때문에 '팡서' 의식은 본교 시기 때부터 전해 내려온 것으로 보인다.

아이가 태어나서 한 달이 되면 부모는 길일을 택하여 아이를 데리고 바깥 구경을 한다. 이날에 부모와 아이 모두 새 옷을 차려입고 친척들과 함께 집을 나선다. 외출의 첫 번째 목적지는 바로 사원이다. 라싸 사람들은 일반적으로 대소사를 찾는다. 그들은 사원을 찾아 아이가 건강하게 자라나고 속세에서 고통을 적게 받도록 기도한다. 그 다음 친지들의 집을 방문하는데 일반적으로 부, 자, 손이 한데 모여 사는 집안을 찾아 앞으로 자식이 이런 집안을 꾸려나가기를 기원한다. 첫 외출을 할 때 사람들은 아이의 콧등에 재를 묻혀 귀신들이 달라붙지 못하도록 한다.

첫 외출을 마친 아이는 이름을 지어야 한다. 아이들의 이름은 보통 활불이나 덕망 높은 어르신을 찾아 지으며 이는 매우 정중한 일이다. 부모들은 자식을 데리고 직접 활불이나 어르신을 찾아 하다와 예물을 드리며 이름을 부탁해야 한다. 활불은 흔히 자시(길상), 츠런(장수), 더지(행복), 핑춰(원만) 등 종교적 색채를 띠는 이름을 짓는다. 어르신이 짓는 이름은 일반적으로 일상생활과 많이 관련된다. 예컨대 아이가 목요일에 태어났다면 '푸부'라 짓고, 화요일이면 '미마', 태어난 날짜가 1일이면 '츠지', 8일이면 '츠제', 30일이면 '랑가'라 짓는 식이다. 물론 부모들이 활불이나 어르신에게 자신의 생각과 염원을 말해서 짓는 이름도 있다. 예를 들자면, '귀지'는 '내가 원했던 아이'라는 뜻이고 '쌍주'는 '꿈을 이루다', '푸츠'는 '동생을 원하다', '최바'는 '마지막 아이' 등을 의미한다. 일부 가정에서는 여러 아이가 태어나자마자 요절했을 경우 '귀신'들이 더 이상 신생아에게 달라붙지 못하도록 일부러 이름을 '치쟈(개똥)'라 짓는다. 아이가 자라면서 자주 아프고 인생이 잘 풀리지 않는다고 느껴질 때 부모는 아이의 이름 때문이라 생각하고 활불을 찾아 이름을 다시 짓는 경우도 있다.

장례

티베트족의 장례식은 여러 가지가 있으며 뚜렷한 특색을 갖고 있다. 죽은 사람의 신분과 지위 및 경제력에 따라 주로 천장(天葬), 수장(水葬), 화장(火葬), 토장(土葬), 탑장(塔葬) 등을 치른다.

천장

티베트에서 천장은 일반 백성들의 장례문화이다. 사람이 죽으면 흰천으로 시신을 덮고 집 안 한구석에다 옮겨놓는다. 시신은 침대 위에 올려놓는 것이 아니라 흙더미 위에 놓는다. 불교에서 사람이 죽으면 시체와 영혼이 분리된다는 설이 있다. 영혼이 속세에서 떠돌지 않고 저승으로 편안히 가기를 기원하는 차원에서 시신을 흙더미 위에 올려놓고 생전에 사용하던 찻잔에 찻물을 부어 머리끝에 공손히 놓는다. 시신을 집에서 옮겨 나가고 나면 그 아래의 흙더미는 반드시 십자로를 찾아 뿌려야만 영혼도 함께 떠난다고 한다. 천장을 하기 전, 3~5일 동안 승려들이 아침부터 저녁까지 경문을 읊으며 죽은 사람의 영혼을 제도하는 의식을 가진다. 이 기간에 친지들은 술, 하다, 수유, 향불 및 일정한 금액을 넣고 표면에 '위문'이라는 글자를 적은 봉투를 들고 죽은 사람을 조문하러 찾아든다. 하다는 죽은 사람에게 드리고 위문금과 기타 물품은 죽은 사람의 가족에게 전한다. 사람이 죽은 후 가족들은 머리를 빗지 못하고 세수도 할 수 없으며 일체의 장신구를 착용할 수 없고 음성을 높여서 말하거나 노래하고 춤을 춰서는 안 된다. 오직 조용하고 엄숙한 분위기에서 죽은 자의 영혼을 보내주어야 한다.

그리고 가족들은 집 문 앞에 붉은색 도기 항아리를 걸어놓고 겉면은 양털이나 흰색 하다로 둘러놓아야 한다. 도기 항아리에는 피, 육류, 지방, 젖, 치즈, 수유 등으로 만들어진 츠바가 들어 있는데, 이는 귀신에게 바치는 음식이다. 가족들은 매일 도기 항아리에 음식을 조금씩 추가해야 한다. 티베트족은 사람이 죽으면 영혼과 육체가 분리되고 사유를 할 수 없으므로 음식을 먹을 수 없다고 판단한다. 때문에 도기 항아리에 음식을 추가하는 방식으로 죽은 자에게 음식을 드린다.

이웃들도 죽은 자의 가족들과 함께 애도해야 한다. 장례를 치르는 기간에 이웃들은 경사를 치르지 못하고 기쁨을 표하는 오락활동도 삼가야 한다. 티베트족은 이웃의 가축이 죽어도 3일을 애도해야 한다고 인식하므로, 더구나 사람이 죽었을 때는 큰 애도를 표한다.

가족들은 죽은 자를 위해 적당한 날짜를 선택하여 출상해야 한다. 출상은 보통 해뜨기 전의 이른 아침에 시작된다. 가족들은 푸루로 죽은 자의 사지를 묶고 츠바로 땅에다 시신에서 집 문까지 이동할 노선을 표시한다. 그리고 죽은 자의 후대가 시신을 업고 노선을 따라 집 문 앞까지 이동하여 마지막 효도를 표한다. 죽은 자의 시체는 문어귀에서 전문적으로 장례를 치르는 사람들에게 전달된다. 이때 가족들은 츠바로 표시했던 이동 노선을 지워버리고 시신을 올려놓았던 흙더미를 광주리에 담는다. 그리고 장례를 치르는 사람들을 따라 밖으로 나가 십자로에 이르렀을 때 광주리에 담은 흙을 뿌린다. 이는 죽은 자의 영혼을 집에서부터 밖으로 내보냄을 의미한다.

출상하는 날 아침, 모든 친지와 이웃들은 손에 향불을 들고 장의 행렬이 마을을 벗어날 때까지 죽은 자를 배웅한다.

죽은 자의 가족들은 천장 의식의 장소를 멀리해야 한다. 시신이 집 문을 나선 후 가족들은 장의 행렬을 따라가지 않고 1~2명의 친구가 행렬을 따라 의식 장소에 이르러 전체 과정을 감독한다. 그리고 장의 행렬 중에서 시신을 업는 자와 장례자는 절대로 고개를 돌려 뒤를 보아서는 안 되고 천장 의식의 사회자와 일꾼들은 의식을 끝낸 후 죽은 자의 집을 방문해서는 안 된다. 이런 금기는 모두 죽은 자의 영혼이 다시 집으로 돌아와 가족들에게 액운을 가져다주는 것을 방지하기 위해서이다.

천장을 치르는 장소에 이른 후 시체를 고정된 천장대에 올려놓고 그 부근에 송백나무 가지로 불을 피우며 츠바를 뿌려놓는다. 불을 피우는 목적은 독수리들을 끌어들이기 위해서이다. 독수리들이 몰려들기 시작하면 천장사는 시신을 등에서부터 해체하기 시작한다. 만약 죽은 자가 생전에 승려였다면 등에 종교적 의미를 나타내는 특수한 무늬를 칼로 긋는다. 그리고 시체의 살과 뼈를 분리하고 뼈를 갈아서 츠바와 혼합하여 덩어리로 만들어 독수리에게 먹인다. 그다음 시체의 살을 먹인다. 만약 독수리들이 시체의 뼈를 깨끗이 먹어치우지 못했다면 그것을 다시 주워 모아 불에 태워 남은 유골을 도처에 뿌린다. 아무튼 시신이 하나도 남지 않고 깔끔히 처리되면 죽은 자는 '승천'했음을 의미한다. 천장 의식을 마친 후 가족을 대표한 감독자는 술과 반첸들을 꺼내어 천장사에게 감사의 뜻을 표한다.

수장

수장은 경제력이 약하고 사회적 지위가 낮은 계층들이 흔히 채용하는 장례방식이다. 수장할 때는 시신을 토막 낸 후 직접 강물에 던져 넣으면 된다. 일부 지방에서는 시신을 흰 천으로 감싼 후 강물에 흘려보낸다. 수장은 방식이 비교적 간단하여 독수리들이 접근할 수 없는 짱난(藏南) 지방의 일부 깊은 골짜기에서 생활하는 사람들이 이용한다.

토장

토장은 티베트족이 예로부터 고수하던 장례방식이다. 토번 시기의 장왕릉묘는 대부분 토장하였기에 오늘날에도 그 유적이 남아 있다. 그러나 불교가 전파되면서 사람들의 장례 관념이 크게 변화되었다. 토장은 문둥병, 탄저병, 천연두 등 전염병에 걸려 죽은 사람이나 강

티베트 풍토지

도, 방화범 등의 시체를 매장할 때 적용된다. 이런 사람들은 천장 또는 수장을 할 수 없고 오직 토장을 해야만 그 화근이 함께 사라지기 때문이다.

화장

활불 또는 신분과 지위가 높은 관리나 귀족이 죽으면 화장을 해야 한다. 그들의 유골은 높은 산에 가져가 바람에 뿌리거나 하천으로 가져가 강물에 흘려보낸다.

탑장

명망 높은 활불이 죽으면 그 시신을 소금물로 깨끗이 씻고 바람에 말린 후 각종 진귀한 약재를 발라 영탑 안에 안치해둔다. 탑장은 달라이, 반첸 및 대활불 등 지극히 유명한 극소수의 사람들에게만 적용되는 장례방식이다. 일부 활불은 유골만 영탑에 보관하는 경우도 있다.

영탑의 종류는 다양하여 금박지로 둘러싼 금영탑이 있고, 은영탑, 동영탑, 목영탑, 흙영탑 등이 있다. 활불의 신분에 따라 다른 영탑이 적용된다. 달라이와 반첸은 무조건 금영탑에 안장되고, 간덴사원의 츠바(赤巴)는 은영탑에 안치된다. 영탑은 사원 안의 크고 작은 전당에 배치된다.

티베트족은 아이가 요절하면 장례식을 치르지 않고 시체를 도기 항아리에 넣은 후 덮개를 덮어 강물에 던지거나 창고에 오래도록 보관해둔다. 그러나 어떠한 장례방식을 채용하든 모두 승려를 찾아 망령을 제도해야 한다.

티베트족의 장례문화는 종교 역사와 밀접히 연관된다. 일찍이 1500여 년 전의 지굼찬보로부터 묘장(墓葬)이 실행되었다. 티베트 사서 『국왕잠(國王箴)』및 그 후의 일부 사료들의 기록에 따르면, 옛날 사람들이 세상을 떠나면 '세운 공훈이 승천한다'는 의미로 능묘를 세우지 않았다. 현존하는 총게현의 장왕묘는 비교적 이른 티베트족의 장례방식을 말해주고 있다. 그 시기 대신들이 죽으면 능묘를 세웠다. 둔황에서 출토된 『고티베트문 역사문서』에는 그에 관한 기록이 적혀 있다. 그러나 불교가 티베트로 전파되면서 많은 민중들이 불교를 신봉하게 되었고 불교의 교리로 장례를 지도하고 해석하게 되었다. 화장은 승려들의 장례방식으로서 시체가 불에 탄 후 불존에게로 제도되며, 그 근거는 불교경전에서 찾을 수 있다. 천장을 할 때 장의 행렬의 가장 앞에는 향불을 켜고 길을 안내하는 사람이 있다. 불교의 해석에 따르면 향불을 켜고 길을 안내하는 것은 채색 길을 펼쳐 공행모들이 강림하기를 기원하기 위해서이다. 시체를 공물로 삼아 여러 신들에게 올려 바치면 속세에서의 모든 죄악이 사라지고 죽은 자의 영혼이 보호를 받아 승천하게 된다는 의미가 있다. 천장 장소의 주변에 있는 독수리들은 죽은 사람의 시체를 먹는 것 외에는 다른 동물들을 해치지 않으므로 신령한 새들이다. 독수리들은 특별한 보호를 받으며 그 어느 사냥꾼도 그들을 잡아서는 안 된다. 독수리들은 인간의 시체를 먹은 후 높은 산속으로 날아들어 배설물을 배출한다. 티베트족은 이런 과정을 통하여 죽은 자가 귀족 집안에서 새롭게 태어날 것이라 믿는다. 수장에도 불교적 색채가 농후하다. 일반적으로 사회 최하층에 적용되는 수장은 죽은 자가 물고기에게 몸을 먹이는 것으로 속죄하고 선행을 베푸는 의미가 된다.

티베트족의 장례는 제사와 연결이 되며, 일반적으로 사람이 죽은 후 가족들은 7일에 한 번씩 모두 7번에 걸쳐 49일간 제도를 해야 한다. 이것이 바로 '칠칠제도'이다. 제도는 일반적으로 승려들의 몫이다. 그러나 첫 번째 7일에는 친지와 이웃들이 죽은 자의 가족을 찾아 그 집안 남녀노소 모두의 머리를 감기는 것으로 애도를 표시한다. 그리고 이튿날 오후에 문에 걸어둔 도자기를 강가에 가져다 버린다. 허우쩡의 일부 지역에서는 도자기를 49일 동안 보관하는 풍습도 있다. 그후 7일마다 경문을 읽고 사원의 램프에 등유를 첨가하면서 죽은 자를 제도한다. 마지막 7일이 되면 친지들은 다시 모여 성대한 제사를 벌이는데, 상갓집에서는 밥상을 차리고 사람들에게 답례를 한다. 제사는 옛날부터 있었던 것이 아니라 금성공주가 티베트로 시집오면서 찬보에게 죽은 자를 추모하자는 제의를 함에 따라 생겼다.

사람이 죽은 지 1주기가 되면 티베트족은 집에 승려들을 초청하여 추모를 한다. 그리고 친지들은 주변의 여러 사원을 찾아가 추모한다. 제삿집 주인들은 풍성한 만찬을 준비하여 친지들을 초대하고 감사의 뜻을 표시한다.

혼례

티베트 봉건사회에서 대부분의 부모들은 자식의 혼인을 책임지고 도맡았다. 부모는 자식을 낳고 기르며 혼인을 주도하고, 자식은 부모에게 효도하고 복종해야 했다. 옛날에 청춘남녀들은 자신의 혼인을 결정할 권리가 없었으므로 결혼하기 전까지 상대방의 용모마저 몰랐다. 그러나 해방이 되면서 젊은이들은 자유연애를 할 수 있게 되었다. 청춘남녀들은 자유연애를 통하여 상대를 이해하고 혼인을 결정한다. 전통혼례에는 여러 가지 봉건규제가 있다.

부귀한 집안과 가난한 집안은 통혼할 수 없다. 남녀 두 집안의 사회적 지위와 경제적 형편이 걸맞아야만 혼인이 성사된다. 따라서 결혼 상대를 고를 때는 가장 먼저 상대방의 지위와 재산을 고려하고 다음으로 품행이나 용모를 본다. 봉건사회에서는 귀족 집안의 자식들끼리 통혼할 수 있고 귀족 집안과 가난한 집안은 절대로 통혼할 수 없다. 농노의 자녀는 영주 집안과 결혼할 수 없다.

결혼하기 전에 두 집안의 자식은 점을 쳐서 배필이 맞는지 판단해야 한다. 중매를 할 때 하다를 상대방에게 건네고 띠를 물어보고 활불이나 점쟁이에게 배필이 맞는지 물어본다. 만약 배필이 맞다면 결혼할 수 있고 맞지 않다면 아무리 좋아하는 사이라 해도 부모들은 반대한다.

농노의 혼인은 영주가 결정했다. 영주의 동의가 없이 농노는 마음대로 결혼할 수 없다. 일반적으로 영주는 자기 밑의 농노들끼리 결혼하는 것에 동의할 수 있지만, 다른 영주의 농노와 결혼하는 것은 농노 수의 변동이 걸리는 문제라 쉽게 동의하지 않는다. 농노들의 결혼은 영주의 동의를 받은 후 부모의 동의를 거쳐 성사된다.

티베트는 봉건제도하의 신분 등급이 엄격하여 백정, 대장장이, 거지 등 사회 최하층인 8, 9등급의 계층들은 다른 계층 사람들과 결혼할 수 없었다.

티베트족은 근친결혼을 방지하기 위해 부계 친족끼리는 절대로 결혼하지 못하고 모계 친족은 4대가 지나야 결혼할 수 있다. 물론 교통이 불편하고 인적이 드문 산골짜기에서는 근친결혼이 존재했다. 린즈, 미린 등 일부 편벽한 산지에서 근친결혼을 찾아보기 쉽다.

청춘남녀들끼리 자유결혼을 할 수 없었기에 아주 나쁜 사회적 결과를 초래하였다. 일부 젊은이들은 자유결혼의 권리를 얻지 못한 울분으로 출가하거나 부모 곁을 멀리 떠나버리기도 했다. 티베트 봉건사회에서는 청춘남녀들이 불합리한 혼인제도를 규탄하고 이에 저항하는 모습을 반영하는 민요가 유행했다.

사랑하는 나의 연인을 위하여
천신만고를 겪었지만
여전히 꿈을 이루지 못하니
칼을 빌려 삭발을 하는구나

사랑하는 연인과 함께라면
맨발로 산을 넘고
가시덤불을 걷는다 해도
만족해하며 달가워할지니라

사랑하는 나의 연인이여

인생의 동반자가 되지 못한다면
살아도 고단하니
일찍 세상을 떠나는 것만 못하다

오늘날의 혼인은 더 이상 부모들이 결정하지 않고 젊은이들끼리 자유연애를 통하여 결정한다. 그러나 혼례에는 여전히 준수해야 할 격식과 절차가 있다.

청혼

청혼은 결혼의 첫 번째 절차이다. 청혼하기 전에 먼저 궁합을 보고 하다를 드리면서 정식으로 청혼해야 한다.

약혼

남녀 쌍방이 결혼을 결정한 후 길일을 선택하여 결혼 날짜를 정하고 혼약서를 작성한다. 혼약서는 흔히 재능 있는 지식인을 초청하여 작성한다. 그 주요 내용은 부부 사이에 서로 공경하고 사랑하며 부모에게 효도해야 한다는 등과 같은 도덕적 약속이고, 때로는 재산상속에 관한 항목을 적어 넣기도 한다. 혼약서는 시가 형식으로 되어 있으므로 낭송할 수 있다.

약혼하는 날에 남자 측은 여자 측 집안의 친지들에게 사람마다 하다를 드리고 부모에게 딸을 양육한 '우윳값'을 드려야 한다. 그리고 차와 술을 준비하여 손님들을 접대해야 한다. 남녀 쌍방 집안의 대표들은 순서에 따라 자리에 착석하고 주인집에서 준비한 체마(切瑪)를 먹으며 차나 술을 마신다. 청혼하는 남자는 약혼자 집안에 선물을 드리는 것과 동시에 티베트족 전통 앞치마인 방뎬(幫典)을 드려야 한다. 물론 약혼식을 올리는 모든 비용은 남자 측에서 부담해야 하고 만약에 여자 측에서 약혼식을 마련했다면 남자 측에서는 그 비용을 계산해서 보상해야 한다. 방뎬을 드리는 것은 주로 여자 측 어머니에 대한 보답을 상징한다. 여자는 어려서부터 어머니가 만들어준 방뎬을 입고 자랐기 때문에 그런 여자를 얻어 가는 남자가 미래의 장모님께 방뎬을 드림으로 고마움을 표시한다. 방뎬을 드린 후 양가 부모님께 차나 술을 올리고 혼약서를 확인한다. 증인이 큰 소리로 혼약서의 내용을 읽고 사람들은 그 내용을 확인한다. 혼약서의 내용을 확인한 후 양가 집안은 도장을 꺼내어 날인하고 남녀 쌍방의 대표가 날인을 한 혼약서를 각기 양가 부모님께 드린다. 양가 부모는 증인에게 하다를 선사하면서 감사의 뜻을 표시한다. 약혼하는 날 당사자는 참여하지 않고 양가 집안의 친지들만 참석한다. 의식이 끝나면 사람들은 기쁨의 장을 펼치고 마음껏 즐긴다. 그리고 모임이 끝나고 헤어질 무렵, 여자 측은 하다를 남자 측에게 돌려주어야 한다.

결혼

결혼하기 전, 여자 측 집안에서는 길일을 택하여 남자 측 집안을 방문하고 혼수를 건네야 한다. 혼수를 건네는 의식은 남녀 쌍방의 대표가 주도하는데, 한 사람이 혼수명세서에 적힌 품목을 하나씩 읽으면 다른 한 사람이 확인하고 남자 측에 건넨다. 혼수의 많고 적음은 구체적인 경제 상황에 따라 다르지만, 그중에는 반드시 동으로 만든 보살상과 경서 및 불탑이 포함되어야만 한다. 이는 문성공주가 송첸감포에게 시집올 때 가져온 혼수이므로 그 후부터 혼수의 필수품으로 오늘날까지 전해지고 있다. 혼수 품목을 모두 점검한 후 증인은 혼수명세서를 접시에 얹어 신랑에게 전하는데, 그 뜻인즉 혼수를 접수하라는 것이다.

결혼식을 올리기 전날, 신랑은 신부가 결혼식에서 차려입을 옷과 바주(巴珠), 가우(嘎烏), 팔찌 등 장식품을 비단에 싸서 신부에게 보낸다. 이튿날 신부는 이런 것들로 자신을 아름답게 단장해야 한다.

결혼식 날 신랑은 현지에서 비교적 명망이 높은 한 사람을 모시고 신부가 탈 말을 준비해서 신부를 맞이하러 가야 한다. 신부가 탈 말은 반드시 임신한 암말이어야 하고 말의 색상이 신부의 띠와 합쳐져야 한다. 동시에 명경, 총옥(璁玉), 진주목걸이 등으로 장식한 채전(彩箭)을 가지고 가야 한다. 신부를 맞이하는 행렬이 도착하기 전에 신부 집 안에서는 부모님에게 '체마'를 올리고 술을 드리는 작별의식을 마쳐야 한다. 신랑은 신부의 집에 도착한 후 채전을 신부의 등에 꽂는데, 이는 한집안이 되었음을 의미한다. 그리고 총옥을 신부의 머리 위에 얹는다. 티베트족의 풍속에 따르면 총옥은 영혼을 상징하므로 신랑이 신부에게 총옥을 드리는 것은 영혼을 맡긴다는 의미이다. 신부가 신랑의 집으로 떠날 때 신부 들러리도 함께 떠나야 한다. 이때 신부 집안에서 한 사람은 채전을 들고 다른 한 사람은 양의 다리를 들며 목청을 높여 "우리 집안의 행운을 가지고 가지 말거라"라고 반복적으로 외친다.

신부 집안에서의 모든 의례가 끝나면 신부를 맞이한 행렬은 신랑의 집으로 향한다. 행렬의 인솔자는 백포를 입고 백마를 타야 하며 손에는 구궁팔괘도(九宮八卦圖)를 들어야 한다. 뿐만 아니라 인솔자의 띠가 신랑, 신부의 띠와 궁합이 맞아야 한다. 인솔자가 가장 앞머리에 서고 그다음 신부맞이 대표, 신부와 신부 들러리, 그리고 수행자의 순서로 행렬을 이룬다. 신랑 집으로 향하는 길에서 신랑 집안 사람들은 신부맞이 행렬에게 모두 3차례 술을 권해야 한다. 길에서 물을 긷거나 땔감을 진 사람을 만나면 아주 길한 것으로 하다를 드려야 한다. 반대로 병자나 빈 바구니를 메고 있는 사람을 만나면 불길한 것이니 승려에게 경문을 읊어달라고 청하여 액땜을 해야 한다. 행렬이 행진하는 과정에서 수행하는 사람들은 소리 높여 노래를 부르고 신부는 울음으로 집을 떠나는 서러움을 나타낸다.

신부가 신랑의 집에 도착하기 전에 신랑의 집안에서는 대문을 곱게 장식해야 하고 신부가 말에서 내릴 때 밟을 방석을 준비해야 한다. 방석은 칭커와 메밀이 담긴 주머니로서 겉에는 오색무늬 비단을 뒤덮고 보리알로 불교를 상징하는 '卍' 부호를 새겨놓는다. 신랑 집안 사람들은 '체마'와 칭커주를 들고 집 문 앞에서 신부를 맞이해야 한다.

신부가 신랑의 집에 들어가는 전통적인 입문 행사는 아주 복잡한 과정이다. 말에서 내려서 대문으로 들어서고 방 안에 이르기까지 각각의 절차마다 사랑 찬가를 부르면서 하다를 드려야 한다. 신부가 방 안에 들어서면 신랑은 신부의 바로 옆자리에 앉고 신부맞이 행렬은 나란히 양옆에 앉으며 '체마'와 술을 드리는 의식을 가진다. 그다음 불상과 부모님께 하다를 드리고 하다를 집안 기둥에 내건다. 혼례에 참석한 사람들은 다 같이 노래를 부르면서 축하를 한다. 신랑의 부모는 하객들에게 하다를 드리며 감사를 표시한다. 모든 절차와 의식이 끝나면 신랑과 신부는 신혼방으로 들어가고 다른 사람들은 술을 마시면서 축제를 열어간다. 일반적으로 혼례는 3일간 치러진다. 3일 동안 친지들은 끊임없이 하다와 선물을 신랑 신부에게 선사하고 신랑 집 안에서는 하객들에게 술과 차를 대접한다. 신부는 방문을 나서지 못한다.

혼례식이 완전히 끝나서야 신부는 방문을 나와 집 식구들과 즐길 수 있다.

예절

티베트족에게는 불교와 밀접히 관련된 여러 가지 지켜야 할 예절이 있다.

하다 드리기

하다를 드리는 것은 티베트족의 가장 보편적인 예절이다. 혼례나 장례 및 기타 명절 때, 그리고 어른들에게 인사를 올리고 불상을 알현할 때, 먼 길 떠나는 사람을 송별할 때 모두 하다를 드린다. 하다는 생사(生絲) 직물로서 일반적으로 비교적 느슨하지만 비단으로 만든 든든한 제품들도 있다. 하다의 길이는 다양하여 긴 것은 3~5미터, 짧은 것은 1~1.5미터이다. 하다를 드리는 것은 순결, 성심, 충성을 표시한다는 의미이다. 예로부터 티베트족은 흰색을 순결과 길상의 상징으로 여겼으므로 하다는 보통 흰색이다. 물론 푸른색, 흰색, 노란색, 녹색 및 붉은색으로 이루어진 오색 하다도 있다. 푸른색은 하늘, 흰색은 구름, 녹색은 하천, 붉은색은 공간호법신, 노란색은 대지를 각각 상징한다. 오색 하다는 보살에게 드리거나, 신부를 맞이할 때 쓰는 채전을 만드는 데 사용하므로 가장 귀중한 것이다. 불교의 교의에 따르면 오색 하다는 보살의 옷과도 같으므로 특정한 시기에만 사용할 수 있다.

하다는 원나라 때 티베트로 전해졌다. 사가법왕 파스파가 원세조 쿠빌라이를 만나고 티베트로 돌아올 때 최초로 하다를 받았다. 당시의 하다는 양 끝에 만리장성이 그려져 있고 '길상여의(吉祥如意)'라는 한자가 쓰여 있으므로 내륙에서 티베트로 전해졌다고 볼 수 있다. 그 후, 사람들은 종교적 의미를 부여하여 하다를 선녀의 리본이라 여겼다.

절

절은 티베트에서 흔히 볼 수 있는 예절로서 불상, 불탑 또는 활불을 알현할 때 그리고 웃어른에게 절을 한다. 절은 오래 하는 것과 짧게 하는 것 그리고 소리 나게 하는 것, 3종류가 있다.

라싸의 대소사, 포탈라궁 및 기타 종교활동 장소에서 절을 오래도록 하는 사람들을 흔히 찾아볼 수 있다. 절을 할 때는 먼저 양손을 합쳐 머리 위로 올렸다가 이마, 가슴 앞으로 내리면서 읍을 3번 한다. 그다음 땅에 엎드리면서 반복적으로 절을 한다. 일부 경건한 불교도들은 쓰촨, 칭하이 등에서 출발하여 수천 킬로미터를 절을 하면서 라싸에 이르러 조배한다. 그들은 삼보일배, 즉 세 걸음 걷고 한 번 절하는

데, 라싸로 조배하러 오는 길에서 죽은 사람도 무수하다. 그래도 아무런 원망이 없이 경건한 불교도들의 이런 수행법은 오늘날에도 이어지고 있다. 대소사 앞에 놓여 있는 석판은 이미 조배하는 사람들로 인하여 빛이 나도록 번들번들해졌다.

사원에서 사람들은 경건함을 표시하기 위해 흔히 이마를 땅바닥에 맞대어 소리 나게 절을 한다. 남녀노소를 불문하고 양손을 합쳐 읍을 3번 하고 그다음 불상의 발끝 앞에서 머리가 땅바닥에 닿아 약간의 소리가 나도록 절을 하면서 경건함 또는 참회의 마음을 표시한다.

국궁(鞠躬)

국궁은 일반적인 예의로서 윗사람이나 관리를 만날 때 하는 것이다. 일반적으로 모자를 벗고 허리를 45도 굽혀서 절을 하며 존경의 의미를 나타낸다.

술과 차를 권하기

명절을 맞아 티베트족의 집에 놀러 가면 주인은 무조건 술과 차를 내와서 권한다. 칭커주를 권하는 것은 농민들의 풍속이다. 칭커주는 증류를 거치지 않고 만든 술로서 내륙지방의 황주와 비슷하며 그 알코올 도수는 12~20도이다. 티베트에서는 남녀노소를 불문하고 거의 모두가 칭커주를 마실 수 있다. 칭커주를 받은 손님은 술을 한 모금에 전부 마셔서는 안 되고 반드시 가볍게 세 모금 정도 목을 적신 후에 모두 마셔야 한다. 차를 마시는 데도 일정한 예절이 있다. 손님이 자리에 착석하고 주인집 주부가 수유차를 내오면 손님은 수유차를 건네

받을 때까지 기다려야 한다. 탁자에 올려놓은 찻잔을 손님이 직접 드는 것보다 주인집 주부가 들어서 건네줄 때까지 기다리는 것이 예의이다.

앞에서 티베트족의 일상생활에서 가장 흔히 볼 수 있는 예절을 소개하였다. 사실 이 밖에도 여러 방면에서 티베트족이 지켜야 할 예의가 있다. 티베트어에서 상대방을 존중하여 부를 때 이름 뒤에 '라'를 붙인다. 티베트어에는 존칭과 비존칭의 구별이 있으며, 존칭은 상대방을 존중하는 의미를 나타낸다. 식사를 할 때는 소리를 내지 말아야하고 다른 사람 앞에 있는 음식을 집어서는 안 된다는 것 등과 같이지켜야 할 규칙이 있다. 그리고 길을 걸을 때는 양보할 줄 알고 앉을때는 단정한 자세를 유지해야 한다는 규칙도 있다. 이러한 것들은 어른들이 집안에서 자녀들에게 흔히 교육시키는 예의범절이다. 이 밖에담배를 건네거나 선물을 드릴 때 지켜야 할 예의들도 있다.

17장 티베트족의 차(茶) 문화

차는 인류가 가장 애용하는 음료 중 하나로 손꼽힌다. 현재 40여 개 나라에서 재배되는 차는 전 세계 사람들의 사랑을 받고 있다. 중국은 찻잎의 원산국으로서 세계에서 가장 먼저 차를 발견하고 음료로 가공한 나라이다. 고원에서 생활하는 티베트족에게 차는 없어서는 안 될 필수품이다.

티베트고원을 유람하면서 도시에서는 물론 목축지대나 시골, 인적이 있는 곳이라면 어디에서나 멀리서부터 풍겨 오는 그윽한 수유차(酥油茶, 티베트의 전통차로 찻잎을 끓인 물에 버터, 소금, 참깨 등을 넣어 만들며 버터차라고도 한다)의 향기를 맡을 수 있다.

세심한 관광객들은 티베트에서 흔히 동이 트기도 전에 늙은이들뿐만 아니라 젊은 사람들까지 종종걸음으로 찻집을 향하는 광경을 목격하게 된다. 그들은 삼삼오오 찻집에 옹기종기 모여앉아 달콤한 수유차 한 잔으로 하루의 일과를 시작한다. 만약 아침 일찍 티베트족의 가정집을 방문하게 되면 대문을 열어젖히는 순간부터 짙은 수유차 향기가 코끝을 쿡 찌르듯 풍겨 올 것이다. 티베트족은 아침을 먹지 않아도 수유차만은 꼭 챙겨 마시는 전통을 가지고 있다.

우리는 역전이나 부두 그리고 공항의 대기실에서도 방모치마(氆麥, 티베트족 여성들이 여름철에 즐겨 입는 장포)를 입은 할머니와 장화를 신은 할아버지들이 수유차나 뜨거운 꿀차를 담은 보온병을 등에 이고 왔다 갔다 하는 모습을 흔히 볼 수 있다. 그들은 길 떠나는 사람들에게 차를 권하며 여정이 평안하고 순조롭기를 기원한다.

티베트족은 멀리서 온 손님이든 가깝게 지내는 친구든지를 막론하고 집으로 초대할 때 무엇보다 먼저 향기로운 차를 끓여 대접한다. 주인이 두 손 모아 건네는 차를 마신 후에야 비로소 인사말을 주고받고 본격적인 이야기를 시작한다.

금방 직장에 취직한 티베트족 간부와 직원들은 한 달 동안 사용할 차와 수유의 양을 가장 먼저 가늠하여 지출 항목으로 적어둔다. 그리고 밭일을 하러 가는 농민이든 방목하러 가는 목축민이든 소지품으로 등에 지는 광주리와 채찍 외에 차를 끓일 때 사용하는 '한양솥(漢陽 鍋)'을 꼭 챙긴다.

목장의 목축민들은 차를 말에게 먹여 살찌우고 젖소에게 먹여 젖 생산량을 높인다.

옛날에는 부유층에게만 차를 음미할 수 있는 자격이 주어졌고 차는 그들만이 누릴 수 있는 소일거리였다. 그러나 지금 음다는 티베트족 사회생활 중 없어서는 안 될 일부분으로 자리 잡고 있다. '세계의 용마루'라 불리는 티베트고원에서 출출함을 느낄 때 수유차 한 잔을 마시면 온몸에 힘이 솟구치고, 힘들고 지칠 때 따끈따끈하고 맑은 차 한 공기를 들이켜면 순식간에 피곤함이 사라지고 의식이 또렷해진다. 질 풍이 몰아치고 빗물이 얼어붙는 겨울철에는 집 안에 들어앉아 향긋한 수유차나 꿀차를 들이켜면서 몸에 훈기가 솟아오르는 느낌을 감촉하는 것보다 아름다운 일이 없다. 심지어 어떤 사람은 병에 걸렸을 때도 농차를 한잔 마시면 병마를 물리칠 수 있다고 믿는다.

차를 마시는 방법은 세계적으로 여러 가지가 있다. 중국 북방 대부분의 지역에서는 사람들이 흔히 찻잎 한 줌을 잔에 넣고 끓인 물을 부어 우려 마신다. 광둥성(廣東省) 차오산(潮汕) 지방과 푸젠성(福建省) 장저우(漳州), 샤먼(廈門) 일대, 그리고 동남아에 거주하는 화교들은 독특한 '궁푸차(功夫茶)'를 마신다. '궁푸차'는 정교한 다호를 화로 위에 얹어 보글보글 끓여낸 물로 10그램의 찻잎을 우려내면 된다. 이렇게 우려낸 찻물은 짙은 갈색을 띠고 그윽한 향기를 풍기는데 소주잔 크기의 찻잔에 담아 한 모금에 한 잔씩 마시므로 그야말로 '궁푸차'이다. 고원에서 생활하는 주민들은 먼저 찻잎을 푹 끓여 농즙을 얻어낸다. 그리고 녹차, 꿀차, 수유차 등 종류에 따라 설탕이나 소금 혹은 우유나 수유를 넣어 섞은 후 데워 마신다. 티베트족의 이러한 음다법은 당나라 때 『다경(茶經)』의 서언을 쓴 작가 피일휴(皮日休)가 '자음(煮飮)'에서 묘파한 것과 일치한다.

중국의 음다 역사는 전하는 바에 의하면 4000여 년 전부터 시작됐다. 티베트의 음다 역사도 1500여 년이 된다고 기록되어 있다. 티베트족의 민간설화에 따르면, 기원후 3~4세기에 토번 사람들이 마신 것은 차가 아니라 일종의 나무껍질을 끓인 즙이라고 전해진다. 이런 즙은 산뜻한 맛은 없지만 맹물보다는 마시기 좋았다. 그 후 토번왕조가 날로 강대해지면서 자주 약탈을 감행하였는데, 중원에 위치한 당나라까지 출병하여 변주(邊州)라는 곳에서 찻잎을 빼앗아 티베트 북부의 유목민들에게 나누어주었다는 이야기가 있다. 그러나 당시 토번 사람들은 찻잎이 무엇인지 잘 몰랐다고 한다. 마치 18세기에 찻잎이 처음으로 영국에 실려 갔을 때 오만한 왕궁 귀족들이 찻잎을 뭐라고 불러야 할지, 무슨 용도로 사용하는지를 전혀 몰랐던 상황과 흡사했다. 당시 영국 귀족들은 차를 고급스러운 냉채로 취급하여 호화로운 칵테일 연회에 올렸다고 한다. 토번의 병사들이 중원에서 차를 가져왔지만 군신과 백성들 중 누구도 그 용도를 아는 사람이 없었다. 그러다가 상로공(常魯公)이라는 당나라의 대신이 사신으로 토번에 오게 되었는데 하루는 장막에서 차를 끓였다. 토번 찬보는 이를 이상히 여겨 상로공에게 가마 속에 든 것이 무엇이냐고 물었다. 상로공은 "이것이 바로 번뇌를 가셔주고 질병을 치유해주는 차란 물건입니다"라고 답하였다. 무엇인가를 깨달은 찬보는 자신도 차를 갖고 있다며 하인을 시켜 7~8가지의 차를 꺼내 상로공에게 보여주었다. 상로공은 차를 짚어가며 "이 차는 수주(壽州)산, 저 차는 서주(舒州)산, 그리고 고제(顧諸)산, 기문(蘄門)산, 창명(昌明)산, 옹호(澮湖)산"이라고 일일이 설명했다. 이는 당시 토번에 이미 차가 들어왔지만 그 특성에 대해 잘 알지 못하고 있었음을 말해준다.

춘추전국시대 중원에서도 차를 아주 귀한 물품으로 인식하여 제수용품이나 약재로 취급하였듯이, 토번에서는 차에 대한 인식이 전혀 없었으며 심지어 이름조차 몰라 뭐라고 불러야 할지 고민이었다. 기원후 400년 이후에야 중원에서 차를 마시는 습관이 생겼다. 고원지대에서 생활하는 주민들은 기원후 7세기 때의 문성공주 그리고 8세기 때의 금성공주가 티베트로 시집온 후부터 정식으로 차를 마시는 생활습관을 길렀다. 티베트족과 한족 사이의 우호관계를 상징하는 인물인 문성공주와 금성공주가 장안을 떠나 티베트로 시집오면서 가져온 100가지 소지품 중의 하나가 바로 차였다. 그들은 당나라의 음다 방법을 티베트에 보급시켰다.『신당서』의 기록에 따르면 중당(中唐) 이후 토번 내에서 온갖 차에 관한 기록을 다 찾을 수 있었다고 한다. 차는 육류와 버터의 소화를 촉진하여 배설에 도움이 되며 느끼함을 해소해준다. 차는 토번에서 사람들의 대환영을 받았으며 티베트 전역에서 널리 유행하였다. 따라서 중원의 차는 끊임없이 티베트로 반입되었고, 사람들은 이런 차를 '변차(邊茶)' 혹은 '장차(藏茶)'라 이름 지었다. '장차'의 역사는 오늘날까지 이어진다.

고원에서 생활하는 주민들에게 차는 양식이나 물, 불과 같이 하루라도 없어서는 안 될 생활필수품이었다. 이에 역대 통치자들은 차를 통치의 수단으로 활용했다. 송나라 시기 거란과의 전쟁을 준비할 때 송나라 황제는 대량의 전마가 필요했지만 중원에서는 구하기 힘든 상황이었다. 이때 희하(熙河) 등 6주를 수복했던 왕소(王韶)라는 장군이, 토번 사람들이 대량의 말을 이끌고 변주로 와서 차와 교환하는 현장을 목격하였는데 차의 공급이 달리는 사실을 발견했다. 이에 왕소는 황제에게 변주에 다시(茶市)를 증설하여 더욱 많은 말과 교환할 것을 건의하였다. 송신종(宋神宗)은 왕소의 건의를 재빨리 채택하였고, 송나라 정부는 '다마사(茶馬司)'라는 기구까지 설립하여 전문적으로 차와 말을 교환하는 사무를 관리하게 하였다. 이것이 바로 역사상 유명한 '다마호시(茶馬互市)'이다.

티베트족에게 차는 마치 중원 사람들이 소금 없이는 못 사는 것처럼 없어서는 안 될 소중한 위치를 차지하고 있다. 백성들에 대한 수탈을 일삼은 봉건군주와 권신들은 차의 이런 중요한 역할을 인식하고 차를 지방 토사(土司)에게 주는 뇌물로, 변방 민족을 봉쇄하고 협박하는 특수무기로 삼았다. 명태조 주원장은 변경지역 찻잎 반입권을 손아귀에 틀어쥐고 한편으로는 차를 뇌물로 삼아 티베트족 관리들을 매수하였고, 다른 한편으로는 차 관련 법안을 수정하여 세금을 높였다. 주원장의 부하 어사 유량경(劉良卿)은 "번인(蕃人)은 차를 목숨과 같이 여기니 법적으로 반입을 금지시켜야 한다"고 헌책하였다. '찻잎 통제로 변방을 다스리는' 방법은 변방 주민들에게 심한 고통과 어려움을 가져다주었다. 그러나 자고로 견인불발의 정신을 소유한 티베트족은 간사한 고압 정책에 타협하지 않고 완강하게 맞서 싸웠다. 찻잎 반입금지 정책으로 인하여 티베트족은 한동안 그냥 차에 대한 상상만으로 갈증을 풀 수밖에 없었다. 그들은 찻잎을 갈아 분말을 만들어 향낭 속에 넣어 목에 걸고 다니면서 차가 생각날 때면 한 번씩 냄새를 맡거나 혀끝으로 향낭을 핥는 것으로 갈증을 달랬다. 그러나 누구도 관가에 머리를 조아리며 차를 요구한 적이 없었다.

국민당 통치 시기에 들어서도 '찻잎 통제' 정책은 여전히 반동정부가 변방을 다스리는 악독한 수단이었다. '변차' 경영은 관영이나 특허를 받은 상인들만이 할 수 있는 무역으로서 엄격한 통제를 받았다. 그러나 이런 상황에서도 티베트족은 마방(馬幫)으로 쓰촨, 윈난 등을 경유하여 티베트로 끊임없이 차를 반입하였다. 티베트족 민요에도 당시 차를 반입하는 어려운 상황을 묘파하는 구절들이 많이 나오고 있다. 차를 얻기 위해 그들은 완강한 투지로 부단히 싸워왔다.

제국주의 세력의 말발굽이 티베트고원을 밟으면서 금전에 혈안이 된 침략자들은 차를 티베트에서 돈벌이하는 주요 수단으로 간주했다. 따라서 그들은 온갖 궁리를 다하여 차 상인을 매수하고 부탄에 차 재배 기지를 만들어 중국 내륙과 티베트의 찻잎 무역을 대체하고 최종적으로는 티베트를 중국에서 분리시키려는 죄악적인 목적을 실현하려 했다. 그러나 양호한 애국전통을 이어받은 티베트족은 제국주의 세력이 경영하는 차를 거부하고 시캉, 시닝 등 먼 곳으로부터 마방으로 차를 들여왔다.

티베트족이 차를 좋아하는 이유는 찻잎에 지방을 분해하고 소화를 돕는 테오필린 성분이 들어 있기 때문이며, 또한 방향유와 카페인 등이 들어 있어 대뇌의 흥분을 일으켜 신진대사를 촉진하며 심장과 혈관을 비롯한 기관의 기능을 강화하는 작용이 있기 때문이다. 사람들은 차에 숨겨진 심오한 과학적인 비밀을 잘 알고 있지 않지만, 흔히 생활 속에서 그 혜택을 톡톡히 받고 있다. 차는 정신을 맑게 해주고 피로를 해소하며 원기회복과 연년익수의 불가사의한 효과가 있다고 믿는 사람들이 있는가 하면, 심지어 장수 노인들의 비결이 바로 매일 차를 마셨기 때문이라 판단하는 사람들이 있다. 그리고 차의 약효를 과대평가하여 감기에 걸려 오한이 나고 기침을 할 때 차를 마시면 치료의 목적에 도달할 수 있다고 보는 견해도 나왔다. 이런 견해는 비록 과장된 부분이 있지만, 과학적인 증명에 의하면 찻잎에 들어 있는 타닌이라는 성분은 확실히 항균, 살균 작용이 있다고 한다.

해발이 낮은 지대에 있다가 고원에 오르다 보면 칼날 같은 찬바람에 살결이 찢어지고 산소 부족으로 인한 어지러움, 호흡곤란, 구토 등의 증상이 나타날 수 있다. 이럴 때면 티베트족은 수유차를 권한다. 그들의 생활 경험에는 상당한 과학적 근거가 내포되어 있다. 찻잎에 함유된 비타민 B_1과 B_2 그리고 비타민 C는 오랫동안 고원지대에서 생활하는 주민들에게 신선한 야채나 과일의 결핍으로 인한 영양실조를 제대로 보충해주기 때문이다.

누구나 알다시피, 차는 고원 주민들에게 아주 많은 혜택을 주고 있다. 그러나 아쉽게도 티베트 주민들은 1000여 년간 차를 마시기 위해 온갖 산전수전을 겪으며 사람이나 가축이 어렵게 찻잎을 운반해야 했고, 자기들이 직접 재배한 차를 마셔보지 못했다. 면적이 120만 제곱킬로미터나 되는 티베트고원에 차를 재배할 수 있는 곳이 단 한 곳도 없단 말인가? 실은 그렇지 않다. 백설이 뒤덮인 산봉우리들이 첩첩이 겹친 티베트고원에도 기후가 따뜻하고 강수량이 풍부한 지역이 있는가 하면 사계절이 봄날 같은 '티베트 강남(江南)'도 있어 이런 곳은 차 재배에 아주 적절하다. 차위의 산속, 이궁후(易貢湖)의 호숫가 그리고 린즈, 모퉈 등의 지역은 기후가 온화하고 강수량이 풍부하여 차나무를 심는 데 아주 적합하다. 오늘날 우리는 이런 곳에서 두건이나 밀짚 모자를 쓴 티베트족 아주머니나 처녀들이 민첩한 손놀림으로 파르스름한 찻잎을 따는 모습을 흔히 보게 된다. 그리고 차밭 한끝에서 티베트족 청년이 기다란 뒤집개로 철가마 속의 찻잎을 부지런히 번지는 모습도 눈에 비친다. 그들은 때로 은근히 풍겨 오는 찻잎의 향에 도취되곤 한다. 아주머니들은 이 지방에서 생산한 퉈차(沱茶)를 꺼내 보이며 즐거움을 감추지 못한다.

18장 티베트 부녀와 혼인가정

티베트가 평화적 해방을 맞이하기 전까지 부녀들은 정권(政權), 족권(族權), 신권(神權), 부권(夫權) 등의 4중 압박을 받으며 사회의 최하층에 처해 있었다. 가정과 사회를 막론하고 여성들은 어떤 면에서든 권력과 지위를 누리지 못했다.

봉건농노제도가 통치하는 낡은 사회에서 티베트의 부녀들은 저속한 사람이라는 의미를 담은 명칭인 '지마이(吉麥)'라고 불렸다. 뿐만 아니라 옛날 티베트 지방정권의 법전에는 "부녀들과 나랏일을 의논하지 말 것", "노예와 부녀는 군사와 정치에 참여하지 못함" 등과 같은 차별적인 내용이 담겨 있었다. 심지어 여성은 남성의 호신부(護身符)와 요도(腰刀)를 만지지 못하였고, 더욱더 황당한 것은 남성이 여성을 강간하였을 때 여성이 처벌을 받아야 했다는 사실이다. 낙후한 정치제도는 기형적인 사회기풍을 조성하였다. 사람들은 여성을 '요괴', '인간과 귀신의 합체', '상서롭지 못한 물건', '재앙의 화신' 등으로 비하하였다. 밭에서 일을 할 때도 부녀들이 큰 소리로 대화를 나누거나 장난을 치면 우박, 서리 등 자연재해가 발생한다는 설이 있었다. 그리고 티베트에는 낡은 시대로부터 전해 내려온 여성 비하와 관련된 속담이 많았다. "개와 부녀는 분쟁을 유발하는 화의 근원이다", "여성의 말을 들으면 지붕에 잡초가 무성해진다", "부녀들의 입에서는 올바른 말이 못 나온다", "여성들은 사교를 잘 못하고 처녀가 활을 쏘는 것은 이상한 일이다" 등과 같은 것이 전형적인 여성 비하의 속담들이다. 이런 속담들로부터 봉건농노제 사회에서 여성들의 사회적 지위가 아주 비천하였음을 느낄 수 있다.

예로부터 티베트에는 "남존여비의 예의를 지켜야 한다"는 사상이 뿌리 깊이 스며 있어 남녀 사이에는 어려서부터 근본적인 차별이 존재했다. 남자아이가 여덟 살이 되면 부잣집에서는 글을 가르치고 지식을 습득하게 하고 가난한 집일지라도 사원으로 보내 지식을 장악하게끔 한다. 그러나 여자아이들은 공부하고 지식을 습득할 권리가 없었다. 사람들이 여자들에게는 지식이 필요 없다고 인식하기 때문이다. 따라서 티베트에서는 95퍼센트 이상의 부녀들이 문맹이고 오늘날에도 목축지대의 많은 노인들은 자신의 나이마저 제대로 계산할 줄모른다. 귀족, 상인 등 비교적 높은 계층의 집안에서도 여성들의 지위는 여전히 낮은 편이었다. 그들은 글을 배운다 할지라도 간단한 서신을 작성하거나 장부를 적는 정도에 불과했고, 진정한 학문에는 손을 댈 수 없었다.

이와 달리 남자아이가 열여덟 살이 되면 집안의 권력을 장악할 수 있고 법률 지식을 습득하고 장사하는 방법을 배울 수 있었다. 여자아이는 열다섯 살이 되면 소젖을 짜고 술을 빚으며 어른을 섬기는 방법을 배워야 했다. 티베트 속담대로라면 "남자는 무법천지로 자유롭게 행동할 수 있고 여자는 말할 줄 아는 공구처럼 순종해야 했다." 이처럼 사회 전반적으로 남녀차별이 심하였다. 남존여비 사상이 농후한 사회기풍은 무형의 족쇄처럼 여성들의 인권을 속박하였다. "여성이 출가하면 3년은 노예생활"이라는 속담처럼 처녀가 시집을 가면 남편의 노예가 되는 것과 다름없었다. 따라서 아내는 남편의 재산을 관할할 권력이 없고 상속권마저 허락되지 않았다. 반대로 남자가 데릴사위가 되면 아내 집안의 주인이 되고 모든 재산을 상속받을 수 있었다.

사원에서도 일부 경당은 여성들이 드나들 수 없으며 반드시 문어귀에서만 참배할 수 있었다. 그리고 소송을 걸 때는 여성이 직접 나설 수 없고 반드시 집안의 남자를 내세우거나 집안에 남자가 없는 경우에는 돈을 주고 남자를 고용해야만 법적 절차를 진행할 수 있었다. 낡은 티베트 사회에서 부녀들은 곳곳에서 시기를 받았고 인간적인 대우를 제대로 받지 못했다.

낡은 티베트 사회에서 부녀들은 사회적 지위가 낮은 동시에 번잡한 노동 임무를 감당해야만 했다. 농사일을 놓고 볼 때 밭갈이, 관개, 집 수리 등을 제외한 파종, 김매기, 수확, 탈곡, 입고, 마당 정리, 칭커 볶기, 츠바 갈기, 장작 패기 등을 부녀들이 담당해야 했다. 그리고 목축지대의 부녀들은 봄에는 새끼 양을 기르고 여름에는 젖을 짜고 양털을 깎으면서 아주 바쁜 세월을 보내야 했다. 그리고 겨울이 되면 밤을 지새우며 탄자를 짜는 일도 여성들의 몫이었다.

부지런하고 지혜로운 티베트 부녀들은 노동 방면에서 확실히 큰 역할을 담당하고 있다. 티베트족 사이에서는 "남자만으로는 하나의 집안을 일으켜 세우지 못한다", "권력은 아버지 손에, 양식은 어머니 손에"라는 여성들의 근면함을 생동하게 표현하는 속담들도 전해진다.

보다시피 부녀는 위대한 사회역량으로서 남자들도 그들을 떠나지 못한다.

티베트의 낡은 사회에서 부녀들의 비천한 지위는 혼인과 가정관계에서 뚜렷이 드러난다.

봉건농노제도의 인신 종속관계로 농노와 노예의 혼인은 우선 영주의 동의를 거친 후에야 부모의 허락을 받을 수 있었다. 농노가 결혼하려면 반드시 주인의 허락을 받아야 하고, 허락을 받기 위해서는 양 20마리를 예물로 바쳐야 했다. 만약 남녀 쌍방이 서로 다른 영주에게 종속되어 있다면 더욱더 많은 예물을 바쳐야 했다. 노예들의 혼인은 아무런 자유가 없었으며 이성과 교제할 권리마저 박탈당하였다. 영주들은 자신의 여성 노예를 마음껏 처분할 수 있었다. 따라서 흔히 18~19세의 젊은 여성이 60~70세의 늙은 남성에게 팔려 시집가는 경우가 많았다.

티베트 평민들의 혼인도 과거에는 부모들이 자녀의 의지와 상관없이 도맡아 결정하는 경우가 많았다. 그 결과 약탈혼, 사기결혼 등 악렬한 풍속이 잔존하게 되었다. 처녀가 결혼 적령기에 들어서면 부모는 몰래 남자가 있는 마을로 데려가서 혼인을 성사시킨다. 이런 기풍은 티베트의 린즈, 르카쩌 등의 지역에서 자주 찾아볼 수 있는 광경이고, 샤얼바인들의 약탈혼은 오늘날까지 지속되고 있다. 혼인매매도 과거의 불량 기풍이다. 쨍베이 목축지대에서는 야크 20마리로 부녀를 바꾸는 현상이 있다.

티베트의 낡은 사회에서 혼인과 가정의 형식은 대부분 일부일처제이지만 일처다부 또는 일부다처와 같은 봉건잔여 풍속도 남아 있다.

일처다부의 가정은 보편적으로 형제 2~3명이 하나의 아내와 결혼하는 현상이다. 빈곤한 가정에서 일처다부는 남성 노동력의 분산을 방지할 수 있고 형제들 사이의 관계를 화목하게 할 수 있는 중요한 방도였다. 만약 하나의 아내가 여러 형제의 화목을 지켜낸다면 사회적으로 대단한 찬양과 존경을 받게 된다. 부유한 가정에서 일처다부의 혼인관계는 가족 재산의 분산을 방지하는 방도였다.

일부다처는 주로 관리와 귀족들 사이에서 유행했다. 이는 지방의 지주나 자본가들이 삼처사첩(三妻四妾)을 거느리고 부화방탕한 생활을 누리는 것과 본질상 다르지 않다. 관리나 귀족 가문에서는 일반적으로 본처가 아들을 낳지 못하면 재산을 물려주기 위해 삼처사첩을 얻어 아들을 낳기를 원한다. 빈곤한 백성들 가정에서도 어쩌다가 일부다처의 현상이 존재하는데, 주로 여러 자매들이 하나의 남편을 데릴사위로 삼는 경우이다.

과거에 티베트의 남녀 비례는 대체로 48대 52였다. 게다가 종교의 성행으로 많은 남성들이 승려가 되면서 결혼할 수 없게 되었고, 더욱이 일처다부로 많은 여성들이 결혼하지 못하고 노처녀로 남는 현상이 많았다. 이는 객관적으로 군혼 현상을 초래하였고 미혼여성들이 아이를 낳는 원인이 되었다. 미혼여성들이 아이를 낳게 되면 스스로 부양해야 했고, 남편이 누군지 모르는 이상 남자들의 책임을 추궁할 수도 없었다.

낡은 시대에 전해 내려온 군혼제도는 1959년 티베트가 민주개혁을 맞이하면서 기본적으로 사라졌다. 다만 일부 낡은 혼인풍속들이 잔여로 남아 있다. 오늘날의 티베트 사회는 일부일처제를 실행하고 자유연애를 통한 혼인이 주류가 되었다. 물론 지역에 따라 약간의 차이를 보인다. 상대적으로 발달한 도시는 시골보다, 교통요지는 편벽한 산지보다, 외지에 노무 수출로 일하는 가정은 목축민들보다 사상의식 방면에서 더욱더 앞서서 혼인 방면에서도 한발 앞섰다고 볼 수 있다. 낡은 혼인제도가 깊게 뿌리박혀 있어서 티베트의 일부 시골이나 목축지대에서는 여전히 일처다부와 군혼 현상을 찾아볼 수 있다.

평화적 해방을 거쳐 티베트 인민들은 인권 방면에서 커다란 변화를 가져왔고, 특히 여성들의 지위가 근본적인 개변을 이루어냈다.

티베트의 부녀들은 자신의 권력을 확보하는 조직을 결성하였다. 1953년 3월 8일, 부녀연의준비위원회가 라싸시에서 성립되었는데, 이는 티베트 역사상 최초의 부녀조직이다. 부녀연의준비위원회는 여러 계층의 부녀들을 단합하여 그들의 권익을 보장하고 남녀평등을 얻기 위해 적극적으로 활동하였다. 부녀조직의 출현은 티베트 사회에서 전례 없는 의의를 가진다. 옛날 티베트 부녀들은 아무런 정치활동에도 참여할 권력이 없었고, 귀족 집안의 여성일지라도 기껏해야 사교장소에서 보조 역할을 했을 뿐 권력 중심에는 관심을 갖기조차 어려웠다. 1956년 8월, 티베트 지방정부는 애국부녀연의회를 성립하였고, 1960년 6월에는 제1차 부녀대표대회가 소집되면서 티베트 애국민주부녀연합회가 정식으로 출범되었다. '부련'의 탄생은 티베트 인구 절반 이상을 차지하는 부녀들을 동원하여 '사권(정권, 족권, 신권, 부권)'의 압박에 반대하는 투쟁에 참여하도록 하였고 각성을 일으키게 하였다. 노동인민이 나라의 주인이 되는 해방운동 속에서 부녀들은 자신의 해방을 쟁취하였다. 이런 현상들은 티베트 부녀들은 조직 능력과 관리 재능을 모두 겸비하였고 정치에 참여할 능력을 갖추었으며 나랏일에 적극적으로 헌신할 수 있음을 충분히 보여주었다.

티베트 부녀들은 농사일을 잘하기로 소문이 났다. 티베트고원의 열악한 환경도 마다 않고 부녀들은 농업, 목축업, 공업, 교통, 지질, 수력 등 여러 분야에서 자신의 총명한 재주를 발휘하며 열심히 일해왔다.

동시에 해방 후 티베트 여성들은 과학연구, 문화교육, 체육위생, 문예창작 등의 분야에도 적극적으로 투신하여 현저한 성적을 거두었다. 전국 '3·8 홍기수(三八紅旗手)'이자 전국등산협회 전임 부주석인 저명한 티베트족 등산운동원 판둬(潘多)는 세계 최초로 주무랑마봉을 정복한 여성이었다. 그리고 저명한 티베트족 가수 차이단줘마(才旦卓瑪)는 국제무대에서도 명성을 떨쳤다. 이들은 모두 해방 후 새롭게 양성된 우수한 여성 인재들이다. 해방을 맞은 티베트 부녀들은 사회의 물질적 재부와 정신적 재부를 창조하는 데 커다란 공을 세웠다.

티베트 부녀들은 문화교육, 노동권익, 위생안전 등 여러 면에서 정부의 중시와 사회의 관심을 받게 되었다.

사회적 진보와 남녀평등의식이 높아짐에 따라 티베트 부녀들은 정치적 지위가 제고되었을 뿐만 아니라, 경제적으로도 남성들과 평등한 대우를 받게 되었고, 평등하게 문화교육을 습득할 수 있는 권리를 확보하게 되었다. 해방 후 숱한 티베트족, 먼바족, 뤄바족 여성 청년들이 중앙민족학원, 서남민족학원, 서북민족학원, 티베트민족학원, 티베트의학원, 티베트대학, 티베트농목학원 등 고등교육기관에 진학하여 공부를 하게 되었다. 오늘날 사회 여러 분야에서 활약하는 티베트족의 우수 인재들은 대부분 이와 같은 고등교육기관에서 배출되었다.

새 시대의 티베트족 부녀들은 더 이상 무지몽매의 대명사가 아니라 문화지식과 과학기술을 장악한 신식 여성으로서 남성들과 동등한 지위에서 사회주의 티베트를 건설하는 중견 역량이 되었다.

해방 후 티베트의 위생보건사업은 커다란 발전을 이루었고, 특히 부녀와 어린이들의 건강이 정부로부터 보장을 받게 되었다. 현재 티베트의 현급(縣級) 이상 병원들에는 모두 산부인과가 설치되어 있고, 일부 지역의 위생부문에서는 정기적으로 부녀들을 위해 건강검진을 마련하고 있다. 그리고 지방마다 위생소가 설치되어 신생아의 출산율을 대폭 높였다.

부녀들의 인신 자유를 진일보 해방하기 위해 지역마다 탁아소를 설치하였다. 탁아소는 어린이들의 건강과 기초교육 문제를 보장해주고 부녀들의 육아 부담을 감소시켜주는 역할을 하였다.

사회의 변혁을 거치면서 사회주의 티베트에서 혼인과 가정구조는 커다란 변화를 겪었고 부녀들은 진정한 해방을 이루었다. 사회의 세포인 가정은 새로운 활력을 띠게 되었다.

19장 티베트족 인명

  처음으로 티베트를 방문하는 사람들은 흔히 티베트족을 보면 "성
함이 어떻게 되십니까?"라고 묻는다. 하지만 이런 질문에 티베트족은
보통 난감한 표정을 짓기 마련이다. 티베트족은 일반적으로 성씨와
이름을 별도로 구분하지 않고 모두 붙여 쓴다. 짜시둬지(紮西多吉), 츠
런왕둬이(次仁旺堆), 거쌍줘마(格桑卓瑪), 바이마양진(白瑪央金) 등과
같은 이름은 티베트족이 흔히 쓰는 이름이다.

  그렇다면 티베트족에게도 성씨가 있는가? 사실 티베트족의 성명도
성씨와 이름으로 구성되었고, 성씨와 관련된 여러 전설들이 전해 내
려오고 있다. 고대 티베트족의 성씨와 관련된 풍속은 티베트 고문헌
에 대량으로 기록되어 있다. 티베트족의 성씨에 관한 아주 재미있는
전설이 있다. 옛날 옛적에 히말라야원숭이가 요녀와 결합하여 모양
이 서로 다른 6마리의 새끼 원숭이를 낳았다. 그 후, 이 원숭이들은 점
차 색(色), 목(穆), 동(董), 동(冬)이라는 4대 씨족으로 변화 발전하였
고, 오랜 세월을 거쳐 4대 씨족은 또 여러 갈래로 나뉘었다. 『티베트
간명통사』의 기록에 따르면, '색'은 제랑지(傑朗吉), 줘랑니와(卓朗尼
瓦), 워궈짠(沃郭贊), 디둥서(迪冬色) 등 4대로 갈라졌고, '목'은 어(俄),

쉬(旭), 수(秀), 먼(門), 가얼(噶爾), 거얼(哥爾), 궈(郭), 녠랑(念朗) 등 8대 자손으로 갈라졌으며, '둥(董)'은 쥐(覺), 쥐즈(覺孜), 쥐루(覺如), 중(仲), 츙부(瓊布), 다와(達瓦), 정(整), 라룽(拉龍), 라즈(拉孜), 창(常), 거바(格巴), 쿠나이(庫納), 녜(涅), 즈빵(慈蚌), 우나이(烏納), 니(尼), 퍼구(坡固), 타쌍(塔桑)의 18대 성씨로 분산되었고, '둥(冬)'은 '4걸8우(四傑八隅)', 즉 쥐싸제(覺薩傑), 챵지둬이거제(强吉堆噶傑), 디쥐녜부제(迪覺涅布傑), 녜지둬강제(涅吉托崗傑) 등 '4걸'과 마얼(瑪爾), 마얼마(麻爾瑪), 녜(涅), 녜원(涅文), 어(俄), 줘(綽), 러(惹), 배(別) 등 '8우'로 나뉘었다. 이는 4대 씨족으로부터 퍼져나간 최초의 42개 성씨였다. 그러나 시대의 변천에 따라 일부 성씨 가문은 사라졌고, 일부 성씨는 글자의 변화 또는 음운 변화로 인하여 달리 불리게 되었다. 토번 시기에 이르러 비교적 명망이 높은 성씨 가문으로는 가얼 둥짠위숭(噶爾 · 東贊玉松), 냥 망지상랑(娘 · 芒吉尙朗), 녜 츠쌍양둔(涅 · 赤桑羊頓), 지 스루궁둔(誌 · 司如貢頓), 친 제스쉬둔(欽 · 傑司旭頓), 궈 츠쌍야라(郭 · 赤桑雅拉), 위 짠씨둬레이(韋 · 贊西多累), 누 쌍제이시(奴 · 桑傑益西), 짱 제자레스(帳 · 傑紮列司), 쿤 루이왕부(昆 · 魯益旺布) 등이 존재했다.

토번왕조가 붕괴되면서 곳곳에서 농노들의 봉기가 일어났고, 토번 사회는 사분오열의 국면을 맞았다. 10세기 이후, 랑다마의 멸불정책으로 크게 타격을 받았던 불교가 다시 살아나면서 티베트 곳곳에 사원이 세워졌고, 불법을 선양하는 활동이 광범위하게 벌어졌으며, 많은 사람들이 불교에 귀의하였다. 따라서 속세의 생사고락에서 탈출하려는 기풍이 사회의 주류로 부상하면서 혈통과 가문을 따지고 족보를 좇는 사람들의 의식이 점차 약화되었고, 성씨도 날로 쇠퇴하고 말았다. 오늘날 티베트의 일부 편벽한 산지에서 소수의 고대 성씨를 가진 가문들의 후예를 찾아볼 수 있는 것 외에 티베트족의 고대 성씨는 거의 사라진 것과 마찬가지이다.

위장 지방의 파죽 정권 시기, 디스자바젠증(第司紮巴堅增)은 파죽 정권을 옹호하는 일부 귀족들을 특별히 우대하여 비세습 벼슬 제도를 세습제로 바꾸어버렸다. 이로부터 이런 귀족들은 자신의 영지와 장원의 명칭을 이름 앞에 붙여 성씨로 사용하면서 혁혁한 지위를 과시하였다. 이러한 풍속은 간덴파장(甘丹頗章) 정권 시기까지 지속되었다. 가시와 단증반줴(噶西瓦·丹增班覺), 아페이 아왕진메이(阿沛·阿旺晉美), 비시와 왕추랑제(比西瓦·旺秋朗傑), 춰궈와 둔주츠런(措郭瓦·頓珠次仁) 등의 성명이 대표적인 것들이다.

승려의 직위가 올라가면 자신의 이름 앞에 직위나 봉호를 붙인다. 예를 들면 칸부 룬주토우카이(堪布·倫珠濤凱)라는 성명 중에서 칸부는 승려의 직위를 가리키고 '룬주토우카이'가 이름이다. 그리고 반첸 어르더니 최지젠짠(班禪額爾德尼·確吉堅贊)에서 '최지젠짠'은 이름이고 '반첸 어르더니'는 봉호이다. '반첸'은 범어로서 반디다의 약어이며 대학자라는 뜻을 품고 있고, '어르더니'는 몽골어로서 보배라는 뜻이다. '반첸 어르더니'는 1713년 청나라 강희황제가 5세 반첸 뤄쌍이시(羅桑益西)에게 봉한 호이다.

활불 이름 앞에는 일반적으로 사원이나 가묘(家廟)의 명칭을 덧붙인다. 동가사(東噶寺)의 활불 뤄쌍츠레(洛桑赤烈)의 성명은 '동가 뤄쌍츠레'이다. 그리고 둬지츠런(多吉次仁)은 러전사(熱振寺)의 활불이 되면서 '러천 뒤지츠런'이라는 성명을 사용하게 되었다. 직함이 있는 승려를 부를 때는 간칭 혹은 존칭을 쓰되 이름을 부르지 않고 사원의 칭호를 부른다. 구체적으로 '동가활불', '러천활불'이 그러하다. 물론 어떤 활불은 사원 대신에 가묘가 있어서 이름 앞에 가묘를 붙이는 경우도 있다. 그리고 일부 활불은 사원과 가묘가 모두 없어서 '전세(轉世)'한 고장의 명칭을 이름 앞에 붙이는 경우가 있다. 라즈 이시취비(拉孜·益西曲比), 중즈 뤄쌍추이성(仲孜·洛桑催誠), 탕비 뤄쌍진바(唐比·洛桑金巴), 궁부 이시추이성(貢布·益西催誠) 등이 그러하다.

한 사람이 출가하여 승려가 되면 나이와 상관없이 일률로 라마사원의 최고 주지인 칸부로부터 체도를 받고 법명을 얻게 되며 속세의 이름은 다시 사용하지 않는다. 칸부와 활불들은 흔히 자신의 이름의 일부분을 따서 새로 입문한 승려에게 법명을 지어준다. 만약 칸부의 이름이 '쟝바이츠레(江白赤烈)'라면 그가 받은 제자의 이름은 '쟝바이둬지(江白多吉)', '쟝바이왕둬이(江白旺堆)', '쟝바이핑춰(江白平措)', '쟝바이거레(江白格烈)' 등으로 지을 수 있다.

티베트족의 이름은 글자 수의 많고 적음에 따라 차이가 있다. 가장 긴 것은 달라이, 반첸 등 후투커투 이상의 대활불들의 이름이다. '아왕뤄쌍투단가춰진저왕추죄레랑제(阿旺羅桑土丹嘉措晉哲旺秋覺列朗傑)'라는 이름은 16글자로 되었고, 일부 고승들의 이름은 8글자 혹은 6글자로 이루어진 것이 보통이다. 예를 들면 '근단뤄쌍단바이젠증(根丹羅桑旦白堅增)', '뤄쌍단바이니마(洛桑旦白尼瑪)' 등이 있다.

일반 평민들의 이름은 대부분 4글자로 구성된다. 둬지츠단(多吉次旦), 쉬랑왕두이(索朗旺堆), 긍두이췬페이(更堆群佩) 등은 흔히 볼 수 있는 이름이다. 호칭의 편의를 꾀하고자 사람들은 흔히 이름의 두 글자를 따서 부른다. 첫 번째 글자와 세 번째 글자를 따서 긍두이츤페이를 '긍츤'으로, '단증취자'를 '단취'로 약칭하는 경우가 있는가 하면, 앞 두 글자 또는 뒤의 두 글자를 약칭으로 하여 '둬지츠단'을 '둬지'로, '쉬랑왕두이'를 '왕두이'로 부르는 경우가 있다. 그러나 두 번째와 네 번째 글자를 합쳐서 이름의 약칭으로 부르는 경우는 없다. 이 밖에 많은 사람들의 이름은 2글자로 되어 있다. 흔히 찾아볼 수 있는 것은 단증, 니마, 츠런, 다와 등이다.

불교의 성행으로 티베트족의 이름은 농후한 종교 색채를 띤다. 단바(丹巴)는 불교, 성교라는 뜻이고, 쟝양(江央)은 묘음(미묘한 소리)을, 둬지(多吉)는 금강을, 거례(格列)는 선과 길상을, 츤페이(群佩)는 법도와 교리의 흥성을, 단증(丹增)은 교리와 불법을 주관하는 사람을, 라무(拉姆)는 선녀를, 줘마(卓瑪)는 구도모(救度母)를 각각 가리킨다.

일반 백성들이 아이에게 이름을 지어줄 때는 자신의 사상 감정과 결합하여 일정한 의미를 부여한다.

자연계의 구체적인 물체로부터 이름을 따는 경우로서, 다와(達娃)는 달을, 니마(尼瑪)는 태양을, 바이마(白瑪)는 연꽃을, 메이둬(梅朵)는 꽃을 각각 의미한다.

태어난 날짜로부터 이름을 짓는 경우로서, 랑가(朗嘎)는 30일, 츠숭(次松)은 초사흗날, 츠제(次捷)는 초여드렛날, 츠지(次吉)는 초하루라는 뜻이다.

태어난 요일을 이름으로 짓는 경우로서, 니마(尼瑪)는 일요일(태양이라는 뜻도 있음), 다와(達娃)는 월요일(달이라는 뜻도 있음), 미마(米瑪)

는 화요일, 라바(拉巴)는 수요일, 푸부(普布)는 목요일, 바쌍(巴桑)은 금요일(금성이라는 뜻도 있음), 벤바(邊巴)는 토요일을 각각 가리킨다.

따라서 티베트족들의 이름만 듣고 우리는 여러 가지 구체적인 의미를 연상할 수 있다.

일부 부모들은 아이의 이름을 지을 때 자신의 희망과 정감을 불어넣기도 한다. '창무죄(倉木決)'라는 이름은 종결이라는 뜻으로 아이가 너무 많아서 더 이상 낳고 싶지 않다는 뜻이다. '부츠(布赤)'는 남동생이라는 뜻으로, 남자애를 원하는 부모는 딸에게 '부츠'라는 이름을 지어준다. 그리고 태어난 남자아이의 목숨을 유지하기 위해서 일부러 '거쌍더지(格桑德吉)'와 같은 여성적인 이름을 지어주기도 한다. 만약 부모가 아이의 장수를 원한다면 '츠런(次仁)', '츠단(次旦)'이라는 이름을 짓는데, 이는 일반적으로 앞의 아이가 요절한 경우가 있기 때문이다. 만약 부모의 나이가 많아 앞으로 아이를 낳을 가능성이 작거나 아이를 힘들게 얻었을 경우, 딸의 이름을 '라저(拉則, 선녀처럼 아름답다)', '눠부(諾布, 보배)', '라무(拉姆, 선녀)' 등으로 짓는다. 뿐만 아니라 어떤 집안의 경우, 태어난 아이들이 많이 요절하고 살아남은 아이가 적을 때 일부러 이름을 '치쟈(其加, 개똥)', '파쟈(帕加, 돼지똥)', '치주(其朱, 강아지)' 등으로 지어 아이들이 건강하게 자라기를 기원하기도 한다.

목축지대나 일부 편벽한 산지의 사람들은 문화수준이 낮아서 아이들의 이름을 대수롭지 않게 짓는 경우도 많다. 마츙(瑪瓊)은 수유 덩어리, 나르(那日)는 검둥이, 나선(那森)은 검은 머리카락, 바이바(白巴)는 청개구리, 궈르(郭日)는 둥근 머리, 가가(嘎嘎)는 귀여움, 쿼디(括

低)는 도기 주전자 등을 각각 의미한다.

따라서 티베트족의 이름은 서로 겹치는 경우가 많다. 츠런, 단바, 바쌍은 가장 많이 사용하는 이름이다. 한 마을에서 동명인 사람을 여럿 찾을 수 있으므로, 서로를 구별하기 위해 이름 앞에 설명을 달아야 한다.

이름 앞에 대, 중, 소를 붙여 대바쌍, 중바쌍, 소바쌍으로 구별하는가 하면, 이름 앞에 지명을 덧붙여 구분할 때도 있다. 두이츙왕두이(堆窮旺堆)와 야둥왕두이(亞東旺堆)라는 이름에서 '두이츙'과 '야둥'은 모두 지명이다. 그리고 런부둬지(仁布多吉), 두이룽둬지(堆龍多吉)라는 이름 중에서 '런부'와 '두이룽'도 지명이다.

또 일부 사람은 신체적 특징을 확대하여 이름에다 붙인다. 거쌍쉬최(格桑索卻)는 절름발이 거쌍이라는 뜻이고, 자시바자(紫西巴雜)는 곰보 자시, 단바궈친(丹巴國欽)은 큰 머리 단바, 둬지샤궈(多吉轄過)는 장님 둬지라는 뜻이다. 바쌍쟈바(巴桑甲巴)는 뚱뚱보 바쌍, 왕친데부(旺欽跌布)는 난쟁이 왕친, 츠단두이구(次丹堆古)는 곱사등이 츠단을 각각 의미한다.

그리고 직업으로 인명을 구분하는 경우도 있다. 마친츠단(瑪欽次旦)은 요리사 츠단, 세번치메이(諧本齊美)는 기와장이 치메이, 씽쉬챵바(興索強巴)는 목수 챵바, 안무지거쌍(安姆吉格桑)은 의사 거쌍이라는 뜻이다.

또한 성별과 나이로 구별되는 경우가 있다. '다와'라는 이름을 남성은 '푸다와', 여성은 '푸무다와'로 사용한다. 그리고 어른과 아이의 이름이 모두 '자시'일 때 어른을 '보자시(자시 할아버지)', 아이를 '푸자시

(자시 어린이)'라고 부른다. '모양진'은 '양진 할머니', '푸무양진'은 '양진 아가씨'라는 뜻이다.

물론 오늘날 사회의 발전에 따라 일부 유지 인사들은 세계의 다른 민족들과 접촉하면서 사회의 주류에 부합되는 신식 이름을 따서 자신의 필명으로 사용하기도 한다.

중국에서 한족과 티베트족이 통혼하여 한족 성씨에 티베트족 이름을 붙여 쓰는 경우도 많다. 강옥진(康玉珍), 구운단(瞿雲丹), 장다와(張達娃), 조런증(趙仁增), 이츠제(李次傑) 등과 같은 성명이 전형적인 것으로 오늘날의 라싸와 창두 일대에서 흔히 찾아볼 수 있는 인명이다.

칭하이성에서 한족 지구와 인접한 일부 티베트족이 모여 사는 곳에서는 한족의 성씨를 모방하여 사용하는 경우가 있다. 만약 가족의 성씨가 '줘창(卓倉)', 즉 '메밀'이라는 뜻일 경우 '메밀'과 비슷한 한자 발음을 가진 '매(梅)' 자를 성씨로 지정하여 '매둬지(梅多吉)', '매퉈미(梅托米)' 등과 같은 이름을 짓는다.

티베트족들의 이름은 대부분이 남녀 공용으로, 다와, 니마, 바쌍, 자시, 거쌍 등이 있다. 그러나 남성 전용과 여성 전용으로 엄격히 구분되는 이름도 있다. 여성 전용으로는 왕무, 줘마, 줘가, 양진, 쌍무, 취진, 라진, 라무, 창줘 등이 있고, 남성 전용으로는 궁부, 파줘, 둔주, 둬지, 진메이, 왕두이, 주제, 뤄주이, 잔두이 등이 있다.

짱베이 지역에서는 방언의 영향을 받아 이름을 부를 때 음절이 생략되는 경우가 있다. '츠런지'는 '츠런더지'로 불러야 하지만 세 번째 음절이 생략되었고, '양자시'는 '양진자시'라고 불러야 하지만 두 번째 음절이 생략되었다. 물론 칭하이성의 일부 티베트족 집거지에서 3

글자로 이름을 짓는 경우도 많다. 예를 들면 '쌍제쟈(桑傑加)', '줘마춰(卓瑪措)' 등이 그러하다.

티베트족의 이름은 의미가 깊고 구성방식이 다양하여 아주 흥미로운 화제이다.

친척 호칭에도 티베트족은 한족과 다른 점이 많다.

한족은 할아버지, 외할아버지, 할머니, 외할머니 등 호칭을 아주 엄격히 갈라 사용하지만, 티베트족은 할아버지와 외할아버지를 모두 '버라'라고 부르고 할머니와 외할머니를 '머라'라고 통칭한다.

한족은 아버지의 형님을 '백부'라고 부르고 아버지의 동생을 '삼촌'이라고 부른다. 그러나 티베트족은 구분하지 않고 아버지의 형제는 모두 '아쿠', 아버지의 자매는 모두 '아니'라고 부른다. 그리고 장인을 '취퍼', 장모를 '취무'라고 하며, 아내의 형제는 '구이부', 아내의 자매는 '구이무'라고 호칭한다.

20장 티베트 민간문화예술

유구한 역사와 문화를 자랑하는 티베트족은 오랜 변화와 발전 속에서 풍부하고 다채로운 민간문화예술을 창출하였다. 설화, 민요, 무용은 물론이고 희곡과 설창 등 독특한 품격을 갖춘 티베트족 민간문화예술이 56개 민족이 함께 모여 사는 중국에서 빛발을 뿌리고 있다.

곳곳에서 피어나는 티베트족 민간설화

티베트족의 유구하고 풍부한 문화유산의 일부분으로서 민간설화는 티베트에 헤아릴 수 없을 정도로 많이 존재한다.

티베트의 민간설화는 내용이 아주 풍부하고 모두 민간에서 생겨난 것으로 일정한 각도에서 티베트 사회의 현실을 반영하고 있다. 사람들은 민간설화를 빌려 내심의 애증을 토로하고 아름다운 생활에 대한 동경과 염원을 표현하며 그로부터 용기와 희망을 얻는다. 따라서 특히 민간에서 생활하는 백성들은 설화를 듣기 좋아하고 설화를 말하기 좋아하며 설화를 창조하기 좋아한다.

티베트족의 민간설화는 대체로 4가지 유형으로 나눌 수 있다.

첫 번째 유형은 지혜로운 인물을 칭송하고 억압과 착취에 반항하는 이야기이다. 티베트에서 아구둔바(阿古頓巴)와 니최쌍부(尼郤桑布)라는 2명의 지혜로운 인물을 모르는 사람은 없을 것이다. 이들은 지혜의 화신으로서 사람들 마음속에서 가장 이상적인 인물이다. 아구둔바에게는 극복할 수 없는 곤란이 없고, 이룰 수 없는 일이 없으며, 무너뜨릴 수 없는 부패한 왕공귀족이 없었다. 아구둔바와 니최쌍부는 가난한 농노로서 굶주림에 허덕이는 아주 궁핍한 환경에서 농노주들을 위해 온갖 노동력을 바쳐야만 했다. 그러나 그들은 굴복하거나 구걸하지 않았고, 지혜와 용기 그리고 낙관적인 정신으로 일련의 곤란을 이겨냈으며, 교묘한 수단으로 흉악하고 탐욕스럽기 그지없는 농노주들을 징벌하였다. 「3가지를 할 수 없는 품팔이」라는 이야기에서 아구둔바는 농노주와 고용조건을 두고 지혜로운 투쟁을 벌였다. 아구둔바는 3가지 할 수 없는 일을 제외한 모든 일을 하겠다고 농노주에게 약속하였다. 그 3가지 할 수 없는 일인즉, 첫째는 산의 머리를 깎을 수 없고, 둘째는 바다를 업을 수 없으며, 셋째는 1년 동안 쌓인 일을 하루에 완성할 수 없다는 것이다. 만약 농노주가 아구둔바를 무단히 해고한다면 1년 동안의 급여를 보상으로 지불해야 했다. 아구둔바의 3가지 할 수 없는 일의 진정한 의미를 이해하지 못한 농노주는 흔쾌히 승낙하고 고용관계를 맺었다. 이윽고 농노주가 아구둔바더러 산에 올라가 땔나무를 해 오라고 하자 아구둔바는 "산의 머리를 깎는 일은 할 수 없다"고 거절하였고, 강가에 가서 물을 길어 오라고 하자 "바다를 업어 오는 일은 할 수 없다"고 거절하였으며, 거름을 실어 오라고 하자 "1년 동안 쌓아온 일을 하루에 완성할 수 없다"고 하면서 거절하였다. 이에 농노주는 노발대발하면서 아무 소용이 없는 아구둔바를 해고하고 말았다. 따라서 아구둔바는 1년 동안의 급여를 보상받았고 지혜롭게 자유를 얻었다.

「지혜롭게 수유를 얻다」라는 설화는 산남 지방 백성들이 산남왕으로부터 수유를 얻어낸 이야기를 다루고 있다. 산남왕의 압박과 착취에 의해 산남의 백성들은 부지런히 일하여 생산한 수유를 모조리 산남왕에게 바쳐야 했고 굶주림에 시달려야 했다. 이 사실을 알게 된 니최쌍부는 자신의 지혜로 산남왕으로부터 백성들의 수유를 얻어내기로 결심했다. 어느 날, 니최쌍부는 산남왕 앞에 당나귀를 끌고 와서 "네 이놈, 당나귀가 젖을 모조리 빨아먹으면 우리가 무엇으로 산남왕에게 공물을 바친단 말인가!" 하며 야단을 쳤다. 이 상황을 목격한 산남왕은 니최쌍부에게 "당나귀 젖으로 만든 수유를 먹으면 사람이 우둔해진다는 사실을 모른단 말이냐?"라고 고함을 치며 화를 냈다. 그러자 니최쌍부는 "할 수 없군요. 소젖과 양젖으로 만든 수유로는 대왕님의 요구를 충족시킬 수 없으니 당나귀 젖이라도 사용해야 하지 않겠습니까. 예전에 공물로 바친 수유도 대부분 당나귀 젖으로 만든 것입니다"라고 대답하였다. 백성들이 바친 수유가 당나귀 젖으로 만든 것이라 인식한 산남왕은 창고에 저장해둔 수유를 모조리 버리도록 명령하였다. 사실 이 모두는 백성들이 소젖과 양젖으로 정성 들여 만든 좋은 수유였다. 산남왕이 버린 수유로 백성들은 배를 채울 수 있었다. 니최쌍부는 총명한 재주로 백성들로부터 공경을 받게 되었고, 그가 지혜롭게 산남왕으로부터 수유를 얻어낸 이야기는 널리 퍼졌다.

반면 산남왕의 탐욕스러운 본성은 길이길이 혐오를 받았다.

지혜로운 아구둔바와 니최쌍부는 총명하고 용감한 티베트족의 대표이다. 그들의 이야기는 사람들에게 희망과 계시를 주고 무궁무진한 생명력을 과시하였다.

두 번째 유형은 신화, 전설 및 대자연과 투쟁하는 이야기이다. 이런 부류의 이야기는 흔히 과장된 수법으로 사람들의 아름다운 환상과 염원을 반영한다. 구체적으로 탕둥제부(唐東傑布)의 이야기는 그가 홍수라는 자연재해와 맞서 싸운 끝에 결국 다리를 놓아 사람들의 출행에 편의를 더해주고 승려와 인민대중의 생명과 재산을 보호한 사실을 묘사하였다. 문성공주와 금성공주에 관한 이야기에도 사람들은 신화적인 색채를 불어넣었다. 전하는 바에 의하면, 문성공주는 티베트로 시집올 때 녹색, 남색, 황색, 흰색 및 검정색 등 5가지 빛깔의 양들을 데리고 왔다고 한다. 그리고 금성공주는 티베트로 오는 길에 신기한 거울을 깨뜨렸는데, 그 거울이 시닝 부근의 일월산이 되어 갈 길을 막았다고 한다. 그러나 금성공주는 간난신고를 무릅쓰고 일월산을 넘어 라싸에 도착하였다. 이처럼 문성공주와 금성공주는 신격화된 인물이다. 이 밖에 「쌀보리 종자의 유래」라는 설화도 신비로운 색채가 농후하다. 옛날 어느 왕자가 산신의 도움으로 사왕(蛇王)으로부터 진귀한 쌀보리 종자를 훔쳐냈다. 그러나 불행하게도 사왕의 마법에 걸려 개로 변하고 말았다. 개로 변신한 왕자는 쌀보리 종자를 물고 하산하여 한 농가 처녀의 도움을 받았고, 두 사람 사이에 사랑이 싹트기 시작하면서 왕자는 인간의 모습을 회복하였다. 왕자와 처녀는 쌀보리 종자를 밭에 뿌리고 열심히 가꾸었다. 이로부터 오늘날 티베트족의 중요한 음식이 된 쌀보리가 탄생하였다. 이러한 이야기들은 신화와 전설의 힘을 빌려 사람들에게 용기를 북돋워줌으로써 설산, 초원, 사막, 한파, 폭우 등에 과감히 맞서 싸우게 한다.

세 번째 유형은 혼인의 자유를 추구하는 이야기이다. 이런 부류의 이야기는 젊은이들의 목소리를 반영하였다. 「차와 소금」이라는 설화는 토사와 원수를 맺은 두 연인이 서로 사랑하지만 부모와 토사의 방해로 부득불 갈라져야 하는 이야기를 다루었다. 결국 남자는 소금이 되었고 여자는 차가 되어버렸다. 그리하여 사람들은 수유를 마실 때 소금과 차를 한데 섞음으로써 두 연인이 다시 결합한다는 의미를 나타내었다. 그리고 「대장장이와 아가씨」는 신분의 벽을 넘어 사랑을 추구하는 젊은 청년들의 이야기를 다루었고, 「귤나무 아가씨」와 「개구리 기사」 등의 이야기는 청춘남녀들이 혼인의 자유를 쟁취하는 내용이다. 이런 이야기들은 아름다운 꿈을 실현하기 위해 추악한 것들과 과감하게 맞서 싸우는 젊은이들의 투쟁 정신을 노래하였다. 물론 투쟁을 거쳐 바람직한 결말에 이르기도 하지만, 비참한 결과를 맞이하는 이야기들도 많다. 이는 사람들로 하여금 불합리한 사회현실을 더욱더 비판하게 만든다.

네 번째 유형은 동물 우화이다. 동물 우화는 의인화의 수법으로 동물에게 사람의 품성을 주입시켜 일정한 주제를 표현한다. 동물을 빌려 인간의 시기와 질투, 교만, 나약, 교활, 변덕 등의 성격적 특징을 잘 드러낸다. 인간의 복잡한 심리와 품성으로 인하여 여러 가지 모순이 생기면서 재미있는 이야기들이 엮어진다. 「자고새 이야기」는 나약하고 선량한 자고새가 교활한 여우의 본성을 알아낸 후 자신의 총명함으로 원수를 갚는 이야기이다. 티베트족의 사상의식 속에서 호랑이, 승냥이 등의 야수들은 잔혹하고 흉악하며 우둔한 형상을 대표하고, 토끼나 양 등의 온순한 동물들은 선량과 지혜 및 용감함의 상징이었다. 이런 이야기들은 동물들을 의인화하여 알기 쉬운 형상으로 사람들에게 천리를 일깨워주고 용기를 북돋워준다.

티베트족의 민간설화는 예술표현 방면에서도 특징을 지닌다. 내용에 따라 여러 주제가 표현되고 신화, 전설, 우화 등 다양한 장르가 있다. 표현수법으로는 함축적인 것, 단도직입적인 것 그리고 비유와 암시 등이 있다. 풍부하고 다채로운 표현수법은 이야기의 생동성을 더해준다.

티베트족의 민간설화에는 민요가 들어 있어 이야기를 하는 과정에서 노래도 부를 수 있으므로, 설창 형식으로 인간의 풍부한 사상과 감정을 생생하게 표현해낼 수 있다. 이는 티베트족의 민간설화가 다른 민간설화와 구별되는 특징 중 하나라고 할 수 있다.

언어를 놓고 볼 때 티베트족의 민간설화는 기타 형제민족들의 민간설화처럼 소박하고 간결하며 단도직입적인 특징을 띤다. 동시에 민간의 속담들이 내포되어 있어서 생활적 분위기가 농후하고 사람들에게 익숙하고 굳센 느낌을 준다.

민간에서 가장 긴 서사시 『거싸얼왕전(格薩爾王傳)』

『거싸얼왕전』은 티베트족이 살고 있는 지역에서 구전설화로 전해 내려온 문학 걸작으로서 티베트족의 고대 영웅을 노래하고 있다. 거싸얼은 뛰어난 신통력을 갖고 있고 백성들을 아끼는 영웅이었다. 티베트의 농업지역이나 목축지역, 그리고 도시와 농촌 어디를 가나 사람들은 거싸얼의 사적을 쉽게 이야기할 수 있다. 거싸얼의 인기는『서유기』의 주인공 손오공에 못지않다.

『거싸얼왕전』은 티베트족의 영웅서사시로서 모두 36부로 구성되었다.

민간문학의 걸작인『거싸얼왕전』은 고대령(古代嶺)과 훠얼(霍爾) 등 나라의 전쟁을 통하여 토번왕조가 붕괴된 후 300~400년간 티베트의 분할과 혼전 국면 그리고 당시 도탄에 빠진 백성들의 모습을 진실하게 반영하고 있다. 서사시에서는 거싸얼을 귀신을 물리치고 약한 자를 도우며 백성들이 태평한 삶을 누리도록 도와주는 인물로 형상화하고 있다. 거싸얼은 일생 동안 수많은 전쟁을 겪었으나 침략자를 모두 물리치고 스스로를 지키기 위한 정의의 전쟁을 했으며 전쟁을 도발한 주범들을 호되게 징벌하나 백성들은 털끝 하나 건드리지 않을 뿐더러 곡창을 열어 빈민을 구제하는 영웅호걸이었다. 동시에 훠얼왕(霍爾王), 강국왕(姜國王) 등은 추악하고 부정한 인물의 대표로 형상화되었다.

『거싸얼왕전』의 예술적 가치도 아주 뛰어나다. 작품은 수백 명의 인물들을 부각하고 있으며, 인물마다 성격이 뚜렷하고 마치 살아 있는 듯이 생생하게 그려냈다.

『거싸얼왕전』은 신화화의 묘사수법을 사용했다. 작품 중에서 말이 거싸얼에게 충고를 하고, 까마귀가 훠얼왕을 위해 왕비를 찾으며, 전투 중에 쏜 화살이 다시 돌아오는 등등의 장면은 진한 낭만주의 색채를 띠고 있다. 따라서 『거싸얼왕전』은 낭만주의와 사실주의가 결합된 우수한 문학작품이다.

수사적 측면에서 『거싸얼왕전』은 과장법을 흔히 사용하였다. 예컨대 거싸얼의 군마는 산처럼 높은 체구에 호수처럼 넓고 큰 눈을 가졌으며, 그 등은 사막처럼 넓고 꼬리 길이는 150미터나 되었으며, 질풍과 같은 움직임에 우레와 같은 울음소리를 소유하였다. 이는 거싸얼의 영웅적 기백을 더욱더 돋보이게 한다. 장비(張飛)를 연상시키는 인물 가찰(賈察)을 묘사할 때도 작가는 아주 세밀한 필치를 적용하였다. 가찰이 달고 다니는 칼을 묘사하는 데만 70행의 시를 지어 독자들에게 아주 깊은 인상을 남겨주고 있다.

『거싸얼왕전』은 풍부한 티베트어 어휘를 보유하고 있어 티베트어의 보고라고도 불린다. 전체 서술 속에 노래를 삽입하였는데, 대부분은 티베트족이 즐겨 부르는 '노(魯)'체 민요의 형식이고, 그 속에는 많은 성구, 속담과 생동한 비유를 포함하고 있다.

한 가지 강조해야 할 것은 위대한 서사시 『거싸얼왕전』이 티베트족의 이야기만이 아니라 한족 등 타민족과의 친밀한 관계도 노래하고 있다는 점이다. 가찰은 한족 공주의 아들로 태어났고 그의 신기한 칼은 한족의 나라에서 만들어진 것이라고 작품은 명백히 밝히고 있다. 게다가 티베트족과 한족 사이의 '다마호시' 장면을 생생하게 그림으로써 우호적인 교류관계를 밝히고 있다.

『거싸얼왕전』은 사상성과 예술성이 높은 민간문학의 걸작일 뿐만 아니라 풍부한 내용을 내포한 역사 저작이기도 하다. 서사시는 전쟁을 생생하게 그려내면서 전쟁으로 인한 사회정치 생활, 군사제도 및 사회생산관계 등을 낱낱이 밝혀내 토번왕조 붕괴 이후의 300~400년간 티베트 지역의 정치, 경제 상황을 상세하게 보여준다.

뿐만 아니라『거싸얼왕전』은 당시의 종교의식, 사회기풍, 혼인제도, 생활습관 등 사회생활 양상을 아주 폭넓게 언급한다. 작품을 통해 우리는 당시 승려들이 다만 경문을 읽고 기도나 드리는 역할을 할 뿐 사회를 관리하는 직책은 없었음을 알 수 있다. 이 외에 당시 사회는 여전히 목축업이 주축을 이루었고, 농업은 나타나기는 했으나 부차적인 위치에 머물러 있었다. 유목 부락은 생산단체 외에 군사조직의 역할을 겸하고 있기에 수령은 생산을 조직하고 부락 사람들을 관리하며 전쟁을 지휘하기도 했다. 이것이 바로 당시의 정치제도였다.

『거싸얼왕전』은 내용이 풍부하고 이야기가 생동하며 언어가 소박하고 아름답기 때문에 티베트족의 사랑을 받고 있으며, 이미 러시아어, 영어, 불어, 힌디어, 몽골어 등 여러 언어로 번역되어 국외에서도 널리 전해지고 있다.

헤아릴 수 없이 많은 티베트 민요

티베트 민요는 티베트 민간문학의 중요한 일부분으로서 사상이 심오하며 비교적 높은 예술성을 갖고 있다. 티베트 민요의 발전과정을 살펴보면 티베트족의 사회역사, 생활풍모, 세시풍속 및 문화예술의 변천을 파악할 수 있다.

티베트 문자가 창제되기 전에 구비문학 형식인 민요는 이미 대중들에 의해 널리 전파되었다. 티베트 문자의 탄생은 티베트족의 사회와 문화 발전을 촉진함과 동시에 민요의 전파와 발전을 촉진하였다. 티베트문으로 된 문헌기록에 의하면 고대의 티베트족은 민요라는 표현 방식으로 언어 교류를 하였다. 둔황에서 출토된 고대 티베트문 사서에는 숨파부락의 대신 위 이처(韋·義策)와 낭 증구(娘·曾古)가 토번부락의 수령 다르넨스(송첸감포의 부친)에게 귀순하고 귀로에 올라서서 민요로 심정을 토로하는 장면이 기록되어 있다.

> 탕문대하의 기슭에
> 야루짱부의 대안에
> 우뚝 서 있는 한 사람
> 그가 바로 천신의 아들이라
> 오직 임금만이 다스릴 수 있고
> 오직 말안장으로만 움직일 수 있으리

귀로에 올라선 이처와 증구는 낮에는 삼림을 건너고 밤에는 촌락을 지났다. 그들을 발견한 백성들은 다음과 같이 노래했다.

> 준마를 탄 영웅들이여
> 낮에는 삼림에 숨고
> 밤에는 촌락에 잠행하니
> 도대체 적이오, 벗이오?

이러한 문자기록으로부터 알 수 있다시피 6세기부터 티베트족의 민요는 의사소통 수단으로 빈번하게 사용되었다. 최초의 민요는 직설적인 화법으로 뜻을 전달하므로 소박하고 간결하며 예술수법이 그다지 뛰어나지 못했다. 그 후 중국 고전시 창작에서의 전통적인 수법인 비흥(比興)의 수법이 운용되면서 민요는 더욱더 생동해지고 예술 감화력도 풍부해졌다. 『둔황본 토번역사문서』에는 676년에 집정하기 시작한 찬보 츠두송찬(赤都松贊)이, 대신이 자기를 살해하고 권력을 탈취하려는 사실을 알고 매우 비분해하면서 다음과 같은 민요를 불렀다는 내용이 적혀 있다.

땅을 기어 다니는 바퀴벌레가
하늘을 나는 새들처럼 교만하구나
하늘을 날아오르고 싶다는구나!
날려고 보니 날개가 없더구나
하늘로 날아오르는 날개가 달렸을지언정
창창한 하늘은 높디높아
구름도 하늘 아래에 있으니
위로 하늘을 벗어날 수 없고
아래로 땅에 닿을 수 없으며
높지도 낮지도 않은 공간에서
바퀴벌레는 매의 먹이가 되고 만다
쟈부(葭布)라는 산골짜기에 사는
어느 평민이 왕이 되고 싶단다

가얼도 왕이 되고 싶단다

두꺼비가 하늘을 날겠구나

평민이 왕이 되려고 하니

샘물이 솟구쳐 오르고

반석이 산으로 굴러 오르는구나

쟈다(葭達) 사람들이 말하기를

마음껏 산으로 굴러 오르거라

제아무리 샹파(香波)산 정상에 올라가도

왕이 될 수 없다

샹파 설산의 기슭에

불꽃을 피워도

샹파 설산은 녹아내리지 못하고

야룽강물은 티 없이 맑고 깨끗하여

관개수로로 흘러들지언정

야룽강은 영원히 메마르지 않으리

　그 후, 유명한 서사시 『거싸얼왕전』에도 대량의 '노체' 민요 형식이
적용되었다. 11세기 말, 밀라레파는 독특한 양식의 '도가(道歌)'를 창
작하면서 '노체' 민요를 한층 더 발전시켜 새로운 단계로 승화시켰다.
　17세기 초엽, 딩칭 츠런왕두이(丁靑·次仁旺堆)라는 사람이 『뉘쌍
왕자(諾桑王子)』라는 티베트족 전통가극의 극본을 개편하였다. 그는
'협체(諧體)' 민요를 많이 인용하여 형식과 격식 및 음절, 구절 등 여
러 면에서 '노체' 민요와 다른 변화를 가져오고 커다란 진보를 이루었

다. 그러므로 17세기 이전에 후세 사람들이 말하는 '협체' 민요 형식이 이미 출현했음을 알 수 있다.

17세기 말, 6세 달라이 창양가춰(倉央嘉措)가 창작한 일련의 연가는 200~300년 동안 전송되면서 대중들로부터 큰 환영을 받았고, 민요에서 빼놓을 수 없는 중요한 일부분이 되었다. 창양가춰가 창작한 연가로 현재 수집된 것은 64수이다. 그의 연가는 언어가 소박하고 솔직한 정감이 묻어 있으며, 형식상 오늘날의 '협체' 민요와 거의 비슷하여 모두 4구 6음절로 되어 있다. 창양가춰 연가의 유행은 상당한 정도로 '협체' 민요의 번영과 발전을 촉진하였다. 이는 티베트족 시가 역사에서도 충분히 인정받을 만한 사실이다.

'노체' 민요 이후에 나타난 '협체' 민요는 구조와 형식 면에서 '노체' 민요를 계승하였으며 '노체' 민요로부터 파생한 한 부류로 볼 수 있다. 역사의 발전에 따라 민요는 더욱더 넓은 범위에서 유행하고 형식도 더욱 완벽해졌으며, 언어가 더욱더 세련되고 음절 변화도 선명하여 읊기에 적절해졌다. 이것이 바로 티베트 민요 중 '노체'와 '협체'의 변화와 발전이며, 일맥상통의 관계라는 것을 알 수 있다.

티베트 민요는 오랜 발전과 자체의 변화를 거쳐 읊고 노래하기 편리하며 무용과도 결합할 수 있는 특징을 가지게 되었다.

기타 민간문학 형식과 비교하여볼 때 민요는 대중성이 강하다. 티베트 민요에서 우리는 인민대중들의 목소리를 들을 수 있고, 그들의 사회정치, 경제 및 전쟁에 대한 견해와 태도를 발견할 수 있으며, 그들의 생활방식, 풍속습관, 추구와 염원 등을 알 수 있다.

티베트 전통민요에는 봉건농노제도 및 종교적 특권의 장기적인 통치와 압박으로 인한 대중들의 피눈물 나는 역사가 스며들어 있다.

　　새하얗고 정교한 츠바는
　　우리들의 피땀으로 갈아내고
　　높디높고 호화로운 별장은
　　우리들의 백골로 쌓았다네

　　밖으로는 병력세 말세
　　안으로는 인력세 토지세
　　콧구멍만 한 땅에서
　　세금 종류는 머릿수보다 많다네

　인민대중들이 반동통치에 반항하는 정신을 노래하고 추악한 사회
현실을 비판하며 과감히 맞서 싸우는 현실을 반영한 민요들도 있다.

　　시자(西劄) 뒷산의 독수리여
　　명성이 자자한 츠런라제(次仁拉結)
　　고기를 먹은들 지나치게 용맹하지 말거라
　　뼈다귀가 목구멍에 걸릴 수 있으니
　　콧구멍만 한 땅일지라도
　　그 누가 짓밟는다면
　　이 여자의 몸으로
　　칼을 들고 맞서 싸울 것이다

또 일부 민요들은 새로운 생활에 대한 갈망과 아름다운 조국과 고향에 대한 칭송이다.

> 고산에 있는 꽃들이여
> 너무 슬퍼하지 말거라
> 구름이 햇살을 가리더라도
> 꼭 갤 날이 있으리

> 마음과 마음이 상통하면
> 부모님도 가로막을 수 없고
> 한마음 한뜻으로 묶인다면
> 악한 관리들도 두려워한다

아름다운 고향산천을 두고 사람들은 흔히 새로운 생활에 대한 무한한 갈망을 그려본다. 특히 고난의 생활에서 벗어난 농노들은 민요로 고향에 대한 그리움과 아름다운 염원을 토로한다.

> 풍요롭고 아름다운 첸짱이여
> 새싹이 바람을 맞으며 하늘거리고
> 두견이 노래를 부르며 춤을 추네
> 보면 볼수록 사랑스럽구나

낡은 티베트 사회는 정교합일의 봉건농노제도의 통치로 온통 암흑으로 가득 찬 세상이었다. 인민대중들은 노래로 통치계급들이 종교를 이용하여 사람들을 마비시키는 사실을 폭로, 비판하였다. 이런 부류의 민요는 수량은 많지 않으나 사상성이 비교적 높다.

누군가 말하기를 하늘 위의 천당은
극락세계가 아니란다
덕망이 높은 활불이여
어찌하여 속세로 돌아왔느냐
누군가 말하기를 땅 아래의 지옥은
끝없는 고해가 아니란다
권세 높고 재산 많은 나리들도
서로 앞다투어 향한단다

낡은 제도에 대한 풍자와 폭로가 한 수의 민요를 통하여 신랄하게 드러난다. 티베트족의 민요에는 사랑을 다룬 연가들도 적지 않다.

당신과 나의 마음은
원앙새들보다 가깝지만
이 속세에 태어난 것이 원한이니
인연을 이어갈 수가 없구나
나와 당신의 운명은
암석을 스쳐 흐르는 유수처럼 괴로워
졸졸 흐르는 소리만 들려오고

만남은 하늘을 오르기보다 못하구나

앞서 소개한 티베트족의 민요들은 모두 시대적 흔적이 남아 있어 전통민요라고 통틀어 말할 수 있다. 시대의 변혁으로 티베트 민요도 변화를 겪었고, 새 시대의 내용과 양식을 열렬히 반영하는 일련의 민요들이 나타났다. 그것이 바로 전통민요와 구별되는 티베트 신민요이다.

「변해가는 내 고향」, 「북두성이 내리비치는 고원」, 「가슴 깊이 스며드는 은혜」, 「억누를 수 없는 기쁨」 등 티베트 신민요는 널리 전송되고 있다. 인민생활의 거대한 변화는 민요의 새로운 주제가 되었다.

티베트 민요 중에 내포된 풍부하고 심각한 사상 내용은 우수한 예술형식으로 체현되었다. 티베트 민요의 군중성, 광범성 및 사상성은 예술성을 부단히 높이는 중요한 요소가 되었다.

티베트 민요는 예술수법상 형상적인 사유방식, 비흥수법의 응용 및 소박하고 세련된 언어 사용 등의 측면에서 다른 민족의 민요와 공통성을 갖고 있다. 그러나 진술방식과 진술대상 면에서 특징을 드러낸다.

티베트 민요는 아래와 같은 5가지 예술표현 수법을 자주 사용한다.

비유

비유는 티베트 민요에서 가장 널리 사용되는 수법으로서 일반적으로 직유와 은유로 나뉜다.

버드나무의 무정을 원망하지 않고
뭇새들의 무심을 원망하지 않으리
오직 관리들이 권세를 믿고
버드나무를 베니 말이다

티베트 민요는 직유와 은유 그리고 차유를 자주 사용한다.
직유는 본체와 비유의 대상이 명확하다.

미인은 대개 팔자가 사납다더니
마치 초봄에 피어난 꽃처럼
봉오리를 활짝 피우기도 전에
서리를 맞아 지고 만다

은유는 비유의 대상이 명확하지 않다.

사냥꾼들이 짐승을 뒤쫓아
짐승들이 비명에 죽어나고
우두머리가 백성을 핍박하니
백성들이 죽어난다

차유는 비유의 또 다른 형식으로 은유와 비슷하게 쓰인다.

의인

의인은 사물을 사람처럼 묘사하는 수법이다.

　물고기처럼

　자유롭게 놀고 싶지만

　조롱에 갇힌 새인 나는

　날고 싶어도 자유가 없구나

　사람 고기를 먹는 독수리들이여

　지나치게 교만하지 말거라

　해가 서산으로 저물면

　너희들도 동굴로 돌아와야 할지니

과장

　아름다운 아쟈(阿佳) 뼈다귀

　그릇 안의 흙은 물처럼 맑고

　거울이 필요 없이

　흙으로 대신할 수 있으리

쌍관

쌍관은 하나의 말이 2가지 의미를 가지는 수법이다. 쌍관수법으로
창작된 티베트 민요는 겉으로 하나의 의미를 가지는 동시에 속으로

또 하나의 의미를 내포하고 있다.

> 초여름의 쐐기풀이 가장 유혹스럽지만
> 찾아보기가 힘들다
> 늦여름에 가서 무성히 자라난 쐐기풀은
> 가시가 사람을 찌른다
>
> 찔레나무에
> 열매가 달리지 않았던들
> 눈앞에 무성히 핀 흰 꽃이
> 떨어지면 금빛 열매가 보인다

연상

한 물체로부터 다른 한 물체 또는 광경을 떠올리는 수법이다.

> 기름 번지르르한 고기를 보고
> 까마귀는 군침을 돌린다
> 고기를 먹고 백골만 남으면
> 까마귀는 눈길을 돌린다
> 검은 장막이 서서히 내리면
> 부엉이가 동굴에서 나오고
> 밥 짓는 연기가 모락모락 피어오르면
> 고향의 어머니 생각이 무척 떠오른다

노래와 춤의 바다

티베트는 예로부터 '노래와 춤의 바다'라는 별칭이 있다. 노래와 춤
에 타고난 재주를 가진 듯 티베트족은 크고 작은 명절이 다가올 때면
남녀노소 불문하고 흥겨운 음악에 맞추어 춤을 춘다. 매년 추수의 계
절이 되면 농민들은 밭에서 일을 하면서 노래를 부르고 때로는 한데
모여 춤을 춘다. 목축지대에서는 재미있는 모닥불 야회를 조직하여
밤을 꼬박 지새우며 노래하고 춤을 추고, 도시에서는 사람들이 따뜻
한 날씨를 찾아 공원에 모여 쌀보리술을 마시고 노래와 춤으로 하루
를 즐긴다. 티베트에서 노래와 춤은 무대 위에서만 표현할 수 있는 예
술이 아니라 누구나 취미로 즐길 수 있는 오락이다. '노래와 춤의 바
다' 티베트는 집집마다 춤을 출 수 있고 사람마다 노래를 부를 수 있
는 곳이다.

혼연일체를 이룬 티베트 가무

티베트족의 노래와 춤은 쌍둥이 형제처럼 서로 갈라놓을 수 없다.
노래가 있는 곳에는 반드시 춤이 있고, 춤을 추기 위해서는 반드시 노
래를 불러야 한다. 그러나 티베트족의 노래와 춤은 엄연히 다른 개념
이다.

최초에 티베트에서 노래와 춤은 엄격히 구별되어 노래가 먼저 시
작되어야 춤을 출 수 있었다. 그러나 민간문예의 발전에 따라 노래 속
에 춤이 있고 춤을 추려면 노래가 있어야 하는 불가분리의 풍속이 이
루어졌다. 문학적으로 볼 때 '루'와 '세'는 노래를 부른다는 개념이고

'줘'와 '샤줘'는 춤을 춘다는 개념이다. 옛날 티베트 지방정부가 큰 행사를 치를 때마다 '줘바세마(卓巴諧瑪)'라는 민간예술인들이 모여 춤을 추었다. 여기서 '줘바'는 앞에서 춤을 추는 사람들을 가리키고 '세마'는 뒤에서 노래를 부르는 사람들이다. 따라서 티베트족의 노래와 춤의 개념은 명확히 구분됨을 알 수 있다.

티베트족은 자유롭고 분방한 성격을 가진 민족으로서 노래가 고조에 이를 때면 무조건 춤을 추기 시작한다. 이것이 바로 노래만으로 흥을 만족시키지 못해 몸을 움직이며 춤을 추는 경우이다. 그러나 티베트족 노래와 춤의 특징으로 인하여 사람들은 흔히 '루', '세', '줘'의 개념을 혼동하기 쉽다. 따라서 '세'를 '가무'로 해석하는 경우가 있는데, 이는 적절하지 못하다. '세'는 티베트어로 '노래'라는 뜻이지 '춤'이라는 의미가 없다. 그러나 '세'가 다른 글자와 결합할 때 의미가 변화된다. '세'와 '궈'를 합친 '궈세(果諧)'라는 명사는 사람들이 둘러싸서 원을 그리며 노래를 부르고 춤을 추는 '가무'를 가리킨다. 반대로 '줘', '가얼', '샤줘' 등은 순전히 무용의 개념으로서 '가무'라고 해석하면 억지감이 들며 타당하지 못하다. 티베트어에서 '줘', '가얼', '샤줘' 등은 '추다'라는 동사와 맞물린다. '루가얼(魯噶兒)'이라고 할 때 '가무'라는 뜻을 가진다.

티베트족의 민간가무는 형식이 다양하다.

'궈세'와 '궈좡'

'궈세'와 '궈좡'은 티베트 3대 지역에서 유행하는 일종의 둘레춤이다. 라싸, 산남, 르카쩌 등 야루짱부강 유역의 지역에서는 둘레춤을

'궈세'라 부르고 창두 및 쓰촨, 윈난 등의 티베트족 집거지에서는 '궈좡'이라 부른다.

궈세와 궈좡은 단체무용이다. 춤을 출 때 사람들은 손에 손을 잡고 어깨를 겯으며 리듬에 맞추어서 노래를 부르고 춤을 춘다. 남녀가 2줄로 갈라선 후 모닥불을 둘러싸고 원을 그리며 왼쪽으로 돌면서 노래하고 춤을 추는 형식이다. 사람들은 노래와 춤으로 피로를 해소하고 고향과 대자연에 대한 사랑을 표현한다. 그리고 청춘남녀는 노래와 춤을 통하여 서로에 대한 호감을 표시하기도 한다.

궈세와 궈좡으로부터 민간가무와 노동의 관계를 알 수 있다. 모닥불을 둘러싸고 원을 그리며 춤을 추는 둘레춤의 형식은 사실상 사람들이 밭에서 메밀을 수확하는 단체노동으로부터 계시를 받았다. 그리고 집을 지을 때 지반을 닦는 과정에서 나타나는 리듬으로부터 무용의 동작이 탄생하기도 한다. 궈세와 궈좡은 사람들이 춤을 추는 스텝에 리듬감이 넘치고 흔히 리듬에 맞추어 발걸음을 움직이므로 아주 질서정연하다.

북춤과 '러바(熱巴)'

티베트 산남 일대에서는 호방하고 경건하며 개인의 표현기교를 중시하는 '줘'라는 북춤이 유행한다. 알록달록한 민족의상을 차려입고 허리에 커다란 북을 멘 무용수는 손에 든 북채를 마음껏 놀리고 리듬에 맞추어 보폭을 옮기면서 춤을 춘다.

티베트의 린즈 그리고 쓰촨, 윈난 등의 티베트족 집거지에서는 방울북춤이 유행이다. 남자는 수중의 동방울을 흔들고 여자는 수고(手

鼓)를 치며 나풀나풀 춤을 춘다. 방울북춤은 동작이 비교적 격렬하여 고조에 이를 때면 남자는 용맹한 독수리처럼 점프를 하면서 회전을 하고 여자는 수고를 머리 높이 쳐들면서 몸을 돌려야 한다. 방울북춤은 티베트어로 '러바'라고 부른다. '러바'는 옛날 사람들이 밥 빌어먹는 기예였다. 기교성이 강하고 호방한 정서를 요구하는 방울북춤은 전형적인 '쥐'류의 무용이다.

또 다른 한 종류의 북춤은 본교에서 나온 무당춤의 변종이다. 이런 춤은 단체춤이지만 이미 대중성을 상실하였고 오직 종교의식에서만 찾아볼 수 있다. 일반적으로 사원에서 연출자를 조직하는데, 그들은 머리에 가면을 쓰고 북을 침과 동시에 주문을 읊조리면서 춤을 춘다. 그 속에는 마귀들을 내쫓고 중생을 구제하려는 염원이 담겨 있다.

'두이세(堆諧)', '러세(勒諧)' 및 기타

'두이세'는 리듬에 맞추어 춤을 추는 농촌의 단체무로서 호방하고 소박한 특징이 있다. 예술인들의 가공을 거쳐 '두이세'의 동작이 더욱더 풍부해졌고 감상력도 훨씬 제고되었다.

'러세'는 노동의 노래라는 뜻이다. 티베트족의 노래는 노동과 긴밀히 결합되어 있다. 흙을 파고 밭을 일구며 메밀을 심을 때 사람들의 손놀림과 노래는 아주 자연스럽게 배합이 된다. 입에서 나오는 노래는 마치 리듬감 있는 구호처럼 힘을 북돋워주고 일하는 효율을 높여준다. 그리고 농업지대와 목축지대에서 사람들이 파종하고 김을 매며 수확할 때, 양털을 깎고 털실을 짜며 우유를 짜고 수유차를 만들 때도 모두 노래를 흥얼거리면서 할 수 있다. 어쩌면 노래는 노동의 효율을 촉진하는 중요한 요소이다.

　티베트의 민간가무는 그 종류가 헤아릴 수 없을 정도로 많고 지방마다 특색이 있어 풍부하고 다채로운 가무의 바다를 이루었다.

21장 티베트 전통극

티베트 전통극은 민족적 특색이 농후한 민간 표현예술로서 민간의 설창과 가무로부터 발전하여온 것이다. 티베트 전통극은 티베트어로 '아지라무(阿吉拉姆)'라고 부르며 티베트족의 집거지에서 유행한다. 티베트 전통극은 극본과 고정된 표현형식 및 다양한 인물의 곡조, 다양한 배우의 복장과 반주 도구 등이 모두 갖추어진 일종의 종합예술이다. 티베트 전통극은 중국문화예술의 중요한 일부분이다.

기원후 1세기에 야룽 지방은 장기간 자연재해의 피해를 입었다. 라퉈퉈르네찬은 백성들의 마음을 위무하기 위해 마귀를 내쫓고 재앙을 없애며 새로운 생활을 동경하는 이야기를 지어 설창하게끔 하였다. 그로부터 생동한 언어와 다채로운 표현으로 구성된 설창은 대중들로부터 관심을 받게 되었다.

오늘날의 티베트 전통극은 14세기 가쥐파 고승 탕둥제부가 창시한 것이다. 탕둥제부는 1385년 르카쩌 지방의 앙런어카라즈(昻仁俄卡拉孜)에서 태어났고, 16세에 승려가 되어 불법 탐구에 꾸준히 몰두하였으며, 마침내 조예가 깊은 고승이 되었다. 탕둥제부는 티베트의 온갖 하천에 다리를 놓아 중생들의 출행에 도움을 주겠다고 결심했다. 그러나 다리를 놓는 데 필요한 경비를 마련하려고 3년이라는 시간을 들였지만 실현하기가 어려웠다. 그 후 그는 경건한 신도들 중에서 용모가 단정하고 재주가 넘치는 7명의 여성을 뽑아 각지에 다니면서 공연으로 경비를 모으기 시작했다. 당시 공연의 내용은 주로 불교 이야기를 중심으로 설창과 춤을 결합한 가무극 형식이었다. 이것이 바로 티베트 전통극의 초기 형식이었다. 따라서 사람들은 탕둥제부를 티베트 전통극의 시조로 보고, 또한 일곱 선녀들이 공연하였으므로 '아지라무'라고 불렀다. 티베트어에서 '아지'는 아가씨, '라무'는 선녀라는 뜻이다. 물론 후세 민간예술인들의 가공과 개편을 거쳐 티베트 전통극의 최초의 형태는 이미 사라졌다.

티베트에서는 민간 연극단들을 아주 흔히 찾아볼 수 있다. 연극단은 수시로 마을 광장에서 천막을 치거나 심지어 아무런 무대 배치가 없이도 연출할 수 있다. 연극 공연의 소식을 듣고 마을 주변 사람들은 분분히 모여들어 물 샐 틈도 없는 광경을 이룬다. 근대사상 티베트 전통극은 지역과 연극단의 구체적인 상황이 다름에 따라 서로 다른 특징과 양식을 이루면서 점차 다양한 유파로 발전하였다. 해방 전 티베트에는 런부(仁布)의 장가얼(江嘎爾), 난무린(南木林)의 샹바(香巴), 라싸의 쥐무룽(覺木隆)과 앙런(昻仁)의 중바(逈巴) 등 유명한 티베트 전통극 연극단들이 있었다. 오늘날 티베트에는 비전문적인 전통극 연극단들이 보편적으로 존재하며, 어떤 지방에는 여러 개가 한데 어울려 있는 상황도 있다. 티베트에서는 전통극의 영향력이 아주 크다고 볼 수 있다.

전통극의 가면 및 그 유파

매년 설돈절 때면 전통풍속에 따라 티베트 각지의 전통극 연극단들은 모두 라싸로 모여 서로 기예를 선보이고 서로 배우는 활동을 가진다. 지리환경, 역사배경, 언어표현 및 공연양식 등의 차이로 각지의 연극단들은 서로 다른 특색을 가진 유파를 형성하였다. 이런 유파들 중에서 총계의 빈둔바(賓頓巴), 두이룽(堆龍)의 랑즈와(朗孜瓦), 나이둥의 자시쇠바 등의 극단은 '흰색 가면파'에 속하고, 줌바, 쟝가얼, 샹바 및 쬐무룽 등 4대 극단은 '남색 가면파'에 속한다.

티베트 전통극의 가면은 일종의 독특한 예술형식이다. 공연할 때 배우들은 화장할 필요가 없이 직접 가면을 쓰고 무대에 오른다. 가면은 붉은색, 노란색, 파란색, 녹색, 검은색, 흰색 등 다양한 색깔들이 있으며, 이는 극중 인물의 다양한 신분과 성격을 나타낸다. 티베트의 저명한 학자 뤄쌍둬지(洛桑多吉)는「티베트 전통극의 가면」이라는 글에서 다양한 색상의 가면의 함의에 대하여 구체적으로 설명하였다.

흰색 가면의 머리카락과 수염은 모두 흰 양털 가죽으로 만들어졌고 노인의 장수를 상징한다. 그리고 흰색은 순결, 온화, 선량, 자비 등의 이미지를 나타내므로 주로 극중의 긍정적 인물들이 흰색 가면을 착용한다. 그리고 흰색 가면 양측의 곱슬곱슬한 구레나룻은 남성미를 돋우며, 나선형의 형태를 갖고 있는 귀걸이는 탕둥제부가 착용하던 것으로 그를 기념하기 위해 흰색 가면에는 모두 나선형 귀걸이가 붙어 있다.

노란색 가면은 왕성한 얼굴 광채를 나타내고 높은 공덕을 의미하며, 고귀한 신분, 해박한 학식 및 중생들을 향한 마음 등을 대표하기도 한다.

빨간색 가면은 권력의 상징이고, 지략과 용기를 겸비하며 처사 능력이 강한 사람을 대표한다.

녹색 가면은 빛나는 업적을 표시하고, 일체 공덕을 나타내는 녹도모(綠度母)와 같은 의미이다.

절반은 빨간색이고 절반은 파란색인 음양가면은 선과 악을 한몸에 지닌 이중인격자를 말한다.

검은색 가면은 분노를 상징한다. 흰색이 선업(善業)을 대표한다면 검은색은 악업(惡業)을 의미한다. 극중에서 일반적으로 어리석은 시종이나 시녀가 검은색 가면을 착용한다.

자홍색 가면은 흉악을 대표하며 인간의 포악무도한 성격을 나타낸다.

말 머리 가면은 용감함을 대표하며 주로 전쟁에 나간 병사들을 의미한다.

짙은 남색 가면은 용맹한 전사들이 착용한다.

티베트 전통극의 공연 형식 및 주요 극목

티베트 전통극은 수백 년 동안 전승되면서 점차 비교적 고정적인 공연 형식이 이루어졌다.

티베트 전통극은 일반적으로 광장에서 공연하지만 일부는 무대 위에서 공연할 수도 있다. 공연할 때 사용되는 악기는 아주 간단하여, 타악기로 북과 동발이 각각 하나씩 있고, 이야기 줄거리를 관중들에게 해석하는 사람이 리듬을 타는 쾌판(快板)이 있다. 배우들의 방백은 아주 적으며 주로 음송으로 생각과 감정을 표현한다. 때문에 광장에서 공연할 때 배우들은 맑고 쟁쟁한 목소리에 씩씩한 기세로 활달한 성격을 표현하기 일쑤다. 그리고 무대 뒤에는 전문적으로 맞장구쳐주는 배역이 있어서 그 형식이 쓰촨의 지방 전통극인 천극(川劇)과 흡사하다.

티베트 전통극의 창법은 대개 9가지 유형이 있으며, 극중의 다양한 인물의 성격과 스토리 전개의 필요에 따라 배치된다. 예를 들면 인물의 선량함, 지혜로움 및 즐거운 정서 등을 나타내는 '긴 소리(長調)'는 리듬이 완만하고 음률이 굴곡적이어서 마치 바다의 파도 소리와도 같다. 그리고 서술은 '짧은 소리(短調)'로, 고통과 슬픔은 '애처로운 소리(悲調)'로, 경쾌함은 '소곡 소리(小曲戲腔)'로 표현할 수 있다. 이런 창법의 전환은 극중 인물의 정감을 세밀하게 표현하고 내면세계를 깊이 그려낼 수 있다.

티베트 전통극은 다른 연극과 마찬가지로 간결한 언어로 복잡한 이야기를 서술한다. 동시에 쾌판을 치며 방백하는 서술자의 입을 빌려 줄거리를 소개하기도 한다.

무술, 무용, 기예 등도 티베트 전통극에서 널리 사용된다. 일반적으로 한 구절 노래하고 그에 맞는 무용이 잇따라 공연된다. 무용의 동작은 다양하며 등산, 비천(飛天), 입해(入海), 금마(擒魔), 예불(禮佛), 말타기, 노 젓기 등의 행동을 모방한 것이다.

티베트 전통극의 공연시간은 딱히 정해져 있지 않고 몇 시간, 하루 이틀, 심지어 연이어 며칠씩 진행될 때도 있다. 공연이 길 때는 매우 상세하게 노래를 부르고 춤을 춘다. 그러나 공연이 짧을 때는 내용을 방백으로 대체하고 줄거리만 노래와 춤으로 표현한다.

일반적으로 공연은 3개 부분으로 구성된다. 첫 번째 부분은 '원바이 사두이(溫白莎堆)'로서 사냥꾼이 장소를 정리한다는 뜻을 담고 있다. 사냥꾼 차림을 한 '원바이'가 손에 채전을 들고 등장하여 공연 장소를 정리하면서 내력을 소개하고 축복의 노래를 부른다. 이어서 '쟈루친 피(加魯欽批)', 즉 태자가 나타나 복을 내려준다. 이는 태자 차림을 한 배우가 등장하여 가지(加持)를 하고 관중들에게 복을 가져다줌을 의미한다. 그다음 장포(長袍) 차림에 노란 모자를 쓴 두 배우가 등장하여 손에 죽편(竹扁)을 들고 제각기 천신과 탕둥제부를 노래한다. 끝으로 '아지라무', 즉 선녀들이 춤을 춘다. 선녀 차림을 한 배우가 등장하여 하늘에서 선녀가 내려온 것처럼 나풀나풀 춤을 춘다. 이러한 공연 형식은 '남색 가면파' 티베트 전통극이 서막을 열 때 진행되는 고정 절차이다. 두 번째 부분은 '슝(雄)'이라고 부르는데 곧 공연의 본론이다. 그리고 세 번째 부분은 공연의 마무리로서 '자시(紮西)'라고 부르며 관중들과 작별하고 축복하는 의식을 가진다. 옛날 극단들은 공연이 마무리 단계에 들어서면 단체무용을 하여 관중들로부터 성금을 거두었다.

티베트 전통극은 200~300년의 창작 발전과정을 거쳐서 오늘날까지 전해 내려왔다. 오늘날 가장 대표적인 티베트 전통극으로는 「문성 공주」, 「낭쌍원뿡(朗薩唯蚌)」, 「된외된둡(頓月頓珠)」, 「디메뀐덴(赤美袞

丹)」, 「수지니마(蘇吉尼瑪)」, 「줘와쌍무(卓娃桑姆)」, 「뤄쌍왕자(洛桑王子)」, 「뻬마윈바(白瑪文巴)」 등이 있다. 이를 통칭하여 8대 장극(八大藏戱)이라 부르기도 한다. 물론 기타 극목들도 존재하지만 8대 장극은 대다수 극단들이 주로 연출하는 극목이다.

22장 민간오락풍속

오락풍속은 일반적으로 경기풍속과 민간오락, 2가지를 포함하며 경기와 오락이 합쳐져서 민간오락활동을 이룬다. 일부 경기풍속은 전통체육활동으로 발전하여 신체단련의 방법으로 전승되고 있다.

티베트 선민들은 대자연과의 투쟁 과정에서 활, 화살과 투석기(티베트어로 '우얼둬')를 발명하였다. 그리고 사회발전에 따라 씨름[티베트어로 '베이가(北嘎)'], 포석[티베트어로 '둬쟈(朵加)'], 투석, 경마, 활쏘기, 마구(馬球) 등 10여 가지의 전통경기 오락종목을 발명하였다. 이런 오락풍속들은 티베트 역사 서적에 기록되어 있을 뿐만 아니라 쌈예사, 포탈라궁 등 사원 및 궁전의 벽화에도 생생하게 반영되어 있다.

위왕기(圍王棋)

티베트족은 바둑 두기를 좋아한다. 그들에게는 티베트어로 '제부젠즈(傑布堅孜)'라고 부르는 병졸이 왕을 포위한다는 뜻을 담고 있는 위왕기가 있다. 위왕기는 장소의 제한 없이 수시로 즐길 수 있다. 바닥에 바둑판을 그려놓고 작은 돌멩이로 바둑알을 대신할 수 있다. 티베트족의 바둑판은 2가지 형식이 있다. 하나는 종횡으로 각각 5줄에 사선 4줄, 그리고 중축선 가장자리에 왕궁을 상징하는 역삼각형을 그려서 이루어진 것, 다른 하나는 종횡으로 각각 7줄에 사선 4줄을 그려서 도합 36칸을 이루고 왕궁을 4변의 가장자리에 각각 하나씩 그려 넣은 것이다. 위왕기의 특징은 병졸이 왕을 포위해서 승리를 거두는 것이다. 허우짱 지방에서는 다즈루즈(達孜魯孜)라고 불리며, 양 무리가 호랑이와 싸운다는 뜻을 내포하고 있다. 왕이 병졸을 먹어치우면 왕이 승리를 거두고, 반대로 병졸이 왕을 왕궁으로 몰아넣으면 병졸이 승리한다.

미망(密芒)

미망은 티베트 전통 바둑으로서 다안기(多眼棋)라고도 한다. 티베트어로 '미'는 눈이란 뜻이고 '망'은 많다는 뜻이다. 미망은 아주 오래 전부터 티베트에서 성행했다. 미망은 바둑알을 흑백 2가지로 나누고 바둑판은 모두 17선, 즉 289개의 거점으로 이루어졌다. 대국을 앞두고 바둑판에 흑백 2가지 바둑알을 각각 6알씩 교차로 놓아둔다. 그리고 흰색 바둑알을 가진 측이 먼저 시작한다. 미망은 두 사람이 둘 수 있고, 여러 사람이 편을 짜서 둘 수도 있다. 승부가 잘 가려지지 않을 때는 대국을 그대로 보존했다가 이튿날에 계속 진행할 수 있다. 과거에 미망은 상류 인사나 승려들만 즐길 수 있었던 오락종목이었다.

주사위 던지기(擲骰)

주사위를 던지는 오락은 티베트 민간에서 흔히 찾아볼 수 있으며 보통 남자들이 자주 한다. 바닥에 깔개를 깔아놓고 그 중앙에 솜이나 양털을 넣어서 만든 탄력 있는 둥근 판을 놓는다. 그리고 나무그릇과 주사위를 하나씩 준비하고 10개 정도의 조개껍질과 서로 다른 제비 3가지를 각기 9개씩 마련한다.

게임은 보통 세 사람이 진행하지만 둘이서도 할 수 있다. 세 사람은 연이어 주사위를 나무그릇에 넣고 몇 번 흔들어서 판에다 엎는다. 주사위에 나타난 점수에 따라 같은 수량의 조개껍질을 내놓고 제비를 뽑아서 승부를 가린다. 그 과정에서 서로 상대방의 조개껍질을 따먹으며, 많이 가진 사람이 최종 승자가 된다. 민간에는 주사위 던지기를 하면서 부르는 전문적인 노래도 있다.

향전(響箭, 소리 나는 화살)

활쏘기는 티베트족이 가장 즐기는 경기종목으로서 린즈와 라싸 일대에서 널리 유행되고 있다. 향전은 '소리 나는 화살'이라는 뜻으로, 화살 끝부분에 구멍을 내어 날아가는 과정에서 소리가 나게 한다. 궁전수와 과녁 사이의 거리는 약 50미터이고, 궁전수는 각각 5~6개의 화살을 갖고 돌아가면서 쏜다. 과녁의 중심은 고정되지 않았으므로 화살이 지날 때마다 펄럭인다.

포석, 씨름, 투석

포석과 씨름은 보통 큰 명절이나 민간축제를 맞이할 때만 진행된다. 이 2가지 경기종목은 티베트족에게 있어서 가장 유구하고 원시적인 오락 형식으로서 많은 사람들이 좋아하고, 보통 힘겨루기와 기교 2가지 유형으로 나눈다. 포석 경기에 사용되는 돌은 150킬로그램이나 되고 표면에 수유를 발라 난이도를 증가시킨다. 포석 선수는 두 손으로 돌을 무릎 위로 들었다가 다시 어깨 너머로 바짝 든 후 신체를 똑바로 멈춰야 한다. 그리고 돌을 온전하게 바닥에 내려놓아야만 성공이다. 힘센 선수는 돌을 들어서 경기장을 한 바퀴 돌기도 한다. 포석은 돌의 무게와 선수가 돌을 든 시간으로 승부를 가린다.

티베트식 씨름은 '베이가'라고 부르며 그 형식은 유도와 비슷하다. 시합에 참석한 두 선수는 장포(藏袍)를 입고 허리에 띠를 매며 상대방의 허리를 잡는다. 심판이 시합의 시작과 종료를 결정한다. 시합 과정에서 선수들은 손과 허리 부분의 힘으로 상대방을 넘어뜨려야 하며 다리를 사용해서는 안 된다.

투석은 민간오락으로 젊은이들 사이에서 흔히 진행된다. 100미터 떨어진 곳에 표적물을 설치하고, 참가자들은 돌을 던져 표적물을 맞히면 된다. 투석은 논밭이나 야외에서 자주 진행된다. '우얼둬'는 투석의 일종이다. 양털로 짠 채찍에 작은 돌멩이를 감아서 표적물을 맞혀야 한다. 우얼둬는 수렵이나 방목에 사용되는 일종의 도구였다. 고대에는 무기로도 사용되었으며 적을 제압하는 데 아주 효과적이었다. 우얼둬의 길이는 약 1.5미터이고, 양쪽은 가늘고 중간 부분이 넓으며, 돌멩이를 감쌀 수 있는 띠가 있다. 시합할 때 선수들은 우얼둬를 마주 접고 중간에 돌멩이를 싸며 끝에 달린 고리를 중지나 약지에 걸어서 목표를 향해 힘껏 뿌린다. 순간 우얼둬 속의 돌멩이는 곡선을 그리며 빠른 속도로 날아간다. 물론 표적물을 가장 정확하게 맞힌 선수가 우승이다. 때로는 표적물을 설치하지 않고 돌멩이가 날아간 거리로 승부를 가리기도 한다. 목축민들은 방목하면서 우얼둬를 자주 사용하기 때문에 표적물을 맞히는 확률이 비교적 높다. 심지어 그들은 달리는 양의 뿔을 맞힐 수도 있다. 꽃무늬로 짠 우얼둬가 진품(珍品)이며, 목축지역의 여성들은 꽃무늬 우얼둬를 만들어서 좋아하는 남성에게 선물한다.

23장 티베트족의 의식주행 풍속 및 생활용품

티베트족은 외부와 연락이 비교적 뜸한 고한지대에서 생활하다 보니 의식주행 풍속 및 생활용품 면에서 다른 민족과 상당히 다른 모습을 보인다. 심지어 다른 민족의 지역과 비교적 가까운 티베트족 거주지역에서도 그들은 풍속 및 생활방식 면에서 이색적인 모습을 드러내고 있다.

티베트족의 의식주행은 그들의 유구한 역사 및 찬란한 문화를 뿌리로 하고 있다. 또한 티베트족의 생활에는 그들만의 철학과 선명한 특색이 있다.

음식

수유

수유는 티베트 곳곳에서 찾을 수 있는 음식이다. 라싸 팔곽거리의 상점들 앞에는 갖가지로 포장된 수유들이 진열되어 있고, 티베트족이 집거하는 도시와 농촌 어디에서든 상점이 있는 곳이면 수유를 찾을 수 있다. 뿐만 아니라 일반 주민들의 집에서도 찬장을 열면 무조건 수유부터 눈앞에 들어오기 마련이다. 이렇듯 티베트족의 생활은 수유를 떠날 수 없다.

수유는 소젖 또는 양젖에서 추출해낸다. 목축민들이 수유를 추출해내는 과정은 아주 흥미롭다. 착유기가 보급되지 않은 목축지대에서 사람들은 여전히 재래식 방법으로 수유를 얻어낸다. 수유를 추출하는 일은 일반적으로 여성들의 몫이다. 우선 소젖을 미지근하게 가열한 후, 수유를 얻어내기 위해 특별히 제작한 '쇠둥(雪董)'이라는 커다란 나무통에 부어 넣는다. 그다음 아래위로 쉴 새 없이 소젖을 휘젓는다. 그렇게 수백 번을 거치고 나면 기름과 물이 자연스럽게 갈라지고 가장 위층에 옅은 노란색의 지방질이 떠오르는데, 그것을 건져 냉각시키면 곧바로 수유가 된다.

수유는 아주 높은 영양가를 갖고 있다. 티베트족 중에서도 특히 목축지대에서 생활하는 목축민들은 일반적으로 야채와 과일을 극히 드물게 섭취할 수밖에 없다. 이들의 일상적인 음식으로는 열량이 높은 고기류 외에 수유를 꼽을 수 있다. 수유를 먹는 방법은 다양하지만 보통 차로 마시거나 참파(糌粑)에 섞어 먹기도 한다. 명절을 맞아 티베트족이 전통 튀김요리를 할 때에도 수유를 조미료로 흔히 사용한다.

수유차

수유차는 티베트족이 매일 마시는 음료이다. 아침에 기상하여 사람들은 먼저 수유차를 몇 잔 들이켜고 나서야 밭에 나가 노동을 하기 시작한다. 그리고 손님이 왔을 때도 티베트족은 수유차를 대접한다.

수유차를 만들 때는 벽돌차를 물에 우려 얻은 찻물을 '둥머(董莫)'라는 수유차 통에 부어 넣고 수유와 소금을 첨가한 다음 방망이를 아래위로 수십 번 휘저어 충분히 뒤섞이게 한다. 그다음 다시 솥에 부어 넣고 가열하면 구수한 수유차가 완성된다. 수유차에는 수유가 함유되어 아주 높은 열량을 내므로 한기를 몰아내는 데 큰 효과가 있다. 때문에 고한지대에 가장 적합한 음료라고 볼 수 있다. 그리고 수유차 속에는 차 성분도 아주 진하게 들어 있으므로 갈증을 덜어주는 효능이 탁월하다.

티베트족이 수유차를 마실 때는 지켜야 할 규칙이 있다. 일반적으로 맛을 음미하면서 천천히 마시는 것이 원칙이다. 그리고 손님의 잔이 비면 안 되므로 한 모금이라도 마셨으면 수유차를 다시 가득 채워주는 것이 티베트족의 예의이다. 때문에 손님이 만약 수유차를 받아들일 수 없다면 잔을 채워두었다가 작별할 때 한꺼번에 들이켜서 잔을 비워주는 것이 올바른 예의이다. 이렇게 해야만 티베트족의 풍속과 예의에 부합된다.

참파

참파는 티베트족이 즐겨 먹는 주식이다. 참파는 쌀보리를 말려서 볶은 후 가루를 내어 만든 것이다. 참파는 중국 북방의 밀가루 음식과 유사하지만 다른 점도 있다. 북방의 밀가루 음식은 대부분 가루를 낸 다음 볶아서 익혀 먹지만, 티베트의 참파는 먼저 볶아서 익힌 후 가루를 낸 것이므로 직접 식용할 수 있다. 티베트족이 참파를 먹을 때는 흔히 참파를 그릇에 담고 수유차를 일정하게 부어 굳어질 때까지 뒤

섞는다. 그다음 직접 손으로 주먹밥처럼 주물러서 덩어리로 만든 참파를 입에 넣어 먹는다. 또 다른 먹는 법이라면 참파를 죽처럼 끓여서 고기와 야채 등을 섞는 것인데, '투바(土巴)'라고 부른다.

참파는 가을밀보다 영양가가 높고 휴대하기 편리한 특징을 갖고 있다. 야외에서 방목하는 목축민들은 허리에 참파를 담은 주머니를 차고 나무그릇과 찻물만 휴대하면 된다. 불을 피워 밥을 짓는 번거로움을 피할 수 있어 참파는 목축민들에게 큰 편의를 가져다준다.

칭커주(青稞酒)

칭커주는 쌀보리로 만든, 알코올 도수가 아주 낮은 술로서 티베트에서 남녀노소 불문하고 누구나 즐겨 마신다. 특히 명절이면 빼놓을 수 없는 음료로 사용된다.

칭커주를 만드는 방법은 아주 간단하다. 깨끗이 씻은 칭커를 삶아 익힌 후 일정하게 식힌 다음 누룩을 섞는다. 그리고 독 또는 나무통에 담아서 밀봉한 후 발효하기를 기다린다. 2~3일이 지난 뒤 물을 부어 넣고 하루이틀 더 기다리면 곧바로 칭커주가 된다.

칭커주는 색깔이 옅고 맛이 새콤달콤하며, 약 15~20도가 되고, 3개 등급으로 나눈다.

티베트족이 손님에게 술을 권하는 방식도 특이하다. 첫 잔은 보통 손님이 세 모금으로 나누어 마셔야 하는데, 한 모금을 마실 때마다 주인은 다시 술을 부어 잔을 채워준다. 세 모금째에서 손님은 반드시 잔을 비워야 하는데, 이를 세 모금에 한 잔을 마신다고 하여 '삼구일잔'이라 부른다. '삼구일잔'을 마친 후, 자유로이 술을 마셔도 괜찮다.

유제품

티베트족이 생활하는 지역에는 소와 양이 많으므로 유제품을 흔히 볼 수 있다. 그중에서도 요구르트와 크바르크는 가장 보편적인 유제품 2가지이다.

티베트족의 요구르트는 2가지가 있다. 하나는 '다쇠(達雪)'라고 하며 수유를 추출해낸 소젖 또는 양젖으로 만든 것이고, 다른 하나는 순수한 소젖으로 만든 것인데 '어쇠(俄雪)'라고 한다. 요구르트는 우유를 발효시켜 만든 식품으로서 영양가가 매우 높으며 소화를 촉진하는 작용이 있어 노인과 어린이들이 식용하기에 적합하다.

크바르크는 수유를 추출한 후 남은 물질로 만든 것이다. 남은 물질을 계속 끓여서 수분이 증발하고 남은 것이 바로 크바르크이다. 크바르크로는 우유과자를 만들 수 있다.

우유를 끓이는 과정에서 부드러운 우유두부를 추출해낼 수도 있다. 우유두부를 티베트족은 '비마(比瑪)'라 부른다. 우유두부는 맛이 좋을 뿐만 아니라 영양도 풍부하다.

유제품은 티베트족의 중요한 식품으로서 정착 또는 방목을 가리지 않고 항상 갖고 다닌다. 또한 간식이 풍부하지 못한 티베트에서 사람들은 크바르크를 아이들에게 간식으로 먹인다.

풍건육(風乾肉)

티베트족은 쇠고기 또는 양고기를 말려 만든 풍건육을 즐겨 먹는다. 다른 사람들이 보기에 풍건육은 비위생적일 수도 있다. 그러나 사실 풍건육은 일반적으로 겨울철인 11월 말에 만든다. 기온이 영하로

떨어질 때 쇠고기 또는 양고기를 그늘지고 서늘한 곳에 걸어두고 자연스럽게 바람을 맞으며 냉동되게 한다. 그렇게 3개월이 지나면 바람에 걸어둔 고기는 탈수됨과 동시에 신선한 육질을 보존하게 된다. 이렇게 만들어진 음식이 바로 풍건육이다.

의복

매우 다채로운 티베트족의 의복은 유구한 역사와 분명한 특징을 갖고 있으며, 그들의 생산활동 및 심미적 취향과 밀접히 연관된다.

장복(藏服)

장복은 긴 소매, 넓은 허리둘레, 큰 옷깃 등으로 인하여 전체적으로 헐거운 느낌을 주는 것이 기본 특징이다. 그리고 농업지대와 목축지대에서 생활하는 사람들의 복장은 환경에 따라 재질과 제작법이 서로 다르다.

농업지대에서 즐겨 입는 장복으로는 장포, 푸마이(普麥), 셔츠 등이 있다. 일반적으로 장포는 야크의 털로 짠 푸루를 원재료로 하는데, 울렌 서지 등으로 대신할 수도 있다. 티베트족의 전통복장은 일반적으로 왼쪽 앞섶이 크고 오른쪽 앞섶이 작으며 오른쪽 겨드랑이에 단추가 하나 달려 있다. 그리고 빨간색, 청색, 녹색, 자주색 등 갖가지 색의 천으로 만든 너비 4센티미터, 길이 20센티미터짜리 리본을 2가닥 달아놓아, 입을 때 단추를 채울 필요가 없다. 장포는 남녀를 불문하고 모두 커다란 앞섶이 있다. 남성들의 장포는 주로 흑색과 흰색 푸루를 원재료로 하는데, 옷깃, 소맷부리, 앞섶 및 밑변이 알록달록한 천이나 견직물로 장식되어 있다. 따라서 장포는 고풍스럽고 우아한 미감을 나타내므로 무대용 복장으로도 자주 사용된다.

티베트족이 장포를 입을 때는 흰색 또는 빨간색, 녹색으로 된 셔츠를 속에 입어 맞춘다. 여름철이나 노동을 할 때는 왼쪽 소매만 끼우고 오른쪽 소매는 뒤로부터 가슴 앞으로 당겨서 오른쪽 어깨에 올려놓는다. 그리고 양쪽 소매를 모두 팔에 끼우지 않고 직접 허리 쪽에 묶어 놓을 수도 있다. 하지만 겨울철에는 일반적으로 양쪽 소매를 모두 끼운다.

장포의 길이는 흔히 사람들의 키보다 길어서 입을 때 허리 쪽에서 옷을 뭉쳐 허리띠로 묶어야 한다. 허리띠는 빨강, 파랑으로 된 것이 보편적이므로 장식용으로도 안성맞춤이다.

여성들의 장포는 대부분 푸루, 모직물, 나사 등을 원재료로 한다. 여성들은 여름과 가을에 소매가 달리지 않은 장포를 입는데, 속에는 꽃무늬가 새겨진 빨간색 또는 녹색 등 화려한 빛깔의 셔츠를 받쳐 입어 아름답기 그지없다. 겨울용 여성 장포는 일반적으로 소매가 달려 있다. 물론 소매가 있든 없든 허리에는 무조건 빨간색, 자주색, 녹색 등의 비단 또는 천으로 허리띠를 둘러매어야 한다.

티베트족 여성들은 흔히 '방뎬(幇典)'이라고 부르는 앞치마를 두른다.

티베트족이 즐겨 입는 셔츠는 남녀가 서로 구별된다. 여성들은 꽃무늬가 새겨진 비단 셔츠를 즐겨 입고, 남성들은 흰색 비단 셔츠를 입기 좋아한다. 그리고 여성들의 셔츠는 일반적으로 열린 옷깃, 남성들의 셔츠는 높은 옷깃으로 되어 있다. 티베트족의 셔츠는 일반 셔츠보다 소매가 40센티미터 정도 긴 것이 특징이며, 평소에는 접어두었다가 춤을 출 때 펼쳐서 무용 동작을 크게 할 수 있다.

목축지대의 의복은 자연환경에 따라 또 다른 특징을 가진다. 일반적으로 목축지대는 해발고도가 높고 모래바람이 크게 불며 추운 곳에 분포되어 있다. 따라서 목축민들의 옷은 단단한 가죽으로 속을 댄 두루마기인 피포(皮袍)가 위주이다. 남성들의 옷은 옷섶과 소매 그리고 밑변에 검정색 무명 벨벳, 코르덴, 모직 등으로 10~15센티미터의 테를 두른다. 그리고 여성들의 옷은 가죽의 외변에 5센티미터 너비의 오색 원단으로 테를 두르고, 빨간색, 파란색, 초록색 등 현란한 색깔로 된 천으로 4센티미터 너비의 꽃무늬를 3~5개 만들어 장식한다. 뿐만 아니라 소매에도 모두 꽃무늬를 새겨놓아 각별한 미를 뽐낸다.

목축지대의 피포는 크고 넓으며 특히 소매가 넓어서 팔을 마음껏 움직일 수 있다. 목축민들은 저녁에 피포를 이불로 덮을 수 있고, 낮에 더울 때는 한쪽 소매 또는 양쪽 소매를 모두 빼어 허리에 묶을 수 있다. 피포는 목축민들의 호방한 성격과 활달한 태도를 잘 나타내기도 한다. 목축민들의 복장에서 허리띠를 빼놓을 수 없다. 허리띠를 허리에 두르면 가슴과 허리 사이의 부분에 행낭처럼 커다란 공간이 생기는데, 숱한 휴대품을 담을 수 있다.

농업지대와 목축지대의 사람들은 옷을 입을 때 모두 허리띠를 두르며, 부시, 손칼, 코담배 병 등을 장식품으로 삼아 허리띠에 달고 다닌다. 이것은 티베트족 복장의 가장 분명한 특징 중 하나로 꼽을 수 있다.

금화모(金花帽)

티베트족은 모자를 쓰기 좋아한다. 모자의 종류도 아주 다양하며 남녀가 다를 뿐만 아니라 지역에 따라 양식도 제각각이다. 라싸와 르카쩌 등의 지역에서는 금화모가 유행이다. 금화모는 금사단, 금빛 또는 은빛 명주끈 등으로 장식되어 햇빛을 받으면 반짝반짝 빛발을 뿌린다.

금화모는 남녀노소 누구나 즐겨 쓰는 민족풍 모자이다. 그러나 사람들 취향에 따라 양식이 다르며 쓰는 방법도 제각각이다.

앞치마

티베트어로 '방덴'이라 부르는 앞치마는 티베트족 여성들이 흔히 입는 옷이며 그들의 상징이라 볼 수 있다.

앞치마는 아주 정교하게 짜였고, 화려한 색채로 우아하고 대범한 느낌을 준다. 앞치마를 생산하는 절차를 보면, 우선 수공으로 실을 뽑고 그다음 염색, 쇄모, 줄기 모양으로 한 가닥 한 가닥 뜨기 등의 과정을 거치며, 마지막에 앞치마 모양으로 짜낸다.

앞치마의 품종은 아주 다양하며, 티베트어로 '세마(斜瑪)'라 부르는 품종이 인기가 가장 높다. '세마'는 여러 가지 염색 모사를 사용하여 정밀하게 짜내기 때문이다.

티베트에서 앞치마 생산으로 명성을 떨친 곳은 바로 산남시 궁가현의 방덴 생산 공장이다. 이곳은 수백 년 동안 앞치마를 생산한 역사를 갖고 있어서 앞치마의 고향이라고도 불리는데, 이곳에서 생산한 앞치마는 중국 국내뿐만 아니라 세계에서도 명성이 자자하다.

숭파신(松巴鞋)과 가뤄신(嘎洛鞋)

티베트족은 남녀를 불문하고 모두 장화를 신기 좋아한다. 티베트족의 장화는 일반적으로 신 바닥의 두께가 약 7센티미터에 달하고 장화목이 종아리까지 이르며, 마치 전통가무를 표현하는 배우들의 장식용 신발과도 비슷하다. 그리고 장화의 표면은 붉은색과 녹색이 갈마든 모직물로 되어 있고 다양한 윤곽이나 꽃무늬들이 붙어 있어 아름답기 그지없다. 티베트족의 장화는 대개 숭파와 가뤄, 2가지 종류가 있다.

숭파신도 구체적으로 나누자면 종류가 아주 많다. 그러나 그중에서 숭파디니마(松巴梯呢瑪)가 비교적 고급스러운 종류로서 디자인이나 박음질 모두 아주 정교하게 되어 있다. 숭파디니마는 흔히 명절 때 자주 신는 장화이다. 숭파신은 소가죽으로 밑바닥을 만들고 굵직굵직한 털실로 촘촘하게 박음질하기에 아주 튼튼하다. 게다가 신발의 양측에는 빨강, 노랑, 파랑, 초록 등 8가지 색깔의 명주실로 갖가지 꽃무늬를 수놓고, 앞머리에는 주로 은빛을 뿌리는 꽃무늬를 수놓아 화려함을 뽐낸다. 또한 검은색 방로로 장화목을 만들고, 장화목과 신발의 표면은 붉은색과 녹색이 갈마든 모직물로 꿰매 이어놓는데, 알록달록한 색상들이 서로 자연스럽게 어울린다. 장화목의 위쪽 끝부분에는 약 10센티미터의 트임을 만들어 신을 때 편의를 더해준다. 숭파신은 장화이므로 고한지대인 티베트 지역의 주민들이 신기에 가장 알맞다.

다른 종류의 숭파신은 대부분 소가죽이 아니라 소털로 짜낸 단단한 모직물로 두께가 약 2센티미터에 달하는 신 바닥을 만드는데, 상대적으로 온화한 계절에 신기에 적당하다. 이 밖에 숭파거둬(松巴朵多)라는 신발은 두터운 소가죽으로 신 바닥을 둘러싸므로, 겨울철에 농업지대 주민들이 즐겨 신는다.

린즈와 산남 하곡지대의 부녀들은 흔히 가뤄신을 신는다. 가뤄신은 소가죽으로 밑바닥을 만들고, 신발의 양측은 3겹짜리 방로로 꿰매며, 뒤꿈치와 앞머리에는 검은색 소가죽을 붙인다. 그리고 표면에는 검은색 소가죽을 덧대고 금빛 명주실로 변두리를 둘러서 신발은 튼튼하면서도 보기가 좋다. 가뤄신의 특징이라면 바로 뱃머리처럼 꼿꼿이 위로 추켜든 앞머리이다. 가뤄신을 신은 여성들은 대범하고 위엄이 있어 보인다.

가뤄신의 뒷목은 검은색 방로와 앞치마를 만드는 천을 원재료로 한다. 약 1센티미터 두께의 검은색 방로 위에 약 2센티미터 두께의 채색 천을 꿰매고, 그 위에 다시 꽃무늬를 수놓는다. 그리고 5센티미터 길이의 트임을 만들고 그 테두리에 붉은색으로 염색한 양가죽을 둘러 견고하게 만든다.

티베트족의 차림새는 생활하는 지역과 구체적인 환경에 따라 서로 다른 모습을 보여준다. 예를 들면, 머리에 쓰는 예모(禮帽)와 파주(巴珠), 그리고 궁부(토번 시기의 린즈를 가리킨다) 일대의 사람들이 즐겨 입는 예스러운 두루마기와 짱난 일대의 남성들이 평소에 입는 두루마기 등은 서로 다른 특색을 뽐낸다.

장식

티베트족은 차림새를 중히 여기며 장식하기를 좋아한다. 이것은 그들의 민족적 특성이기도 하다.

티베트족은 흔히 보석, 금은, 상아, 옥 등의 물품들로 장식하기를 좋아한다.

금, 은, 동으로 된 꽃무늬 팔찌, 반지, 목걸이 및 갖가지 머리 장식품 등은 아주 정교하게 만들어졌다. 그리고 코담배를 피울 때 사용하는 용구, 사람들이 호신부라 믿는 각종 액세서리, 정교하게 만들어진 허리에 차는 칼, 은화와 동전 등도 모두 장식품으로 취급받는다.

티베트족은 머리부터 발끝까지 온통 장식품을 달고 다닐 수 있다. 머리 위는 '파주'로 장식하고 변발에는 은화를 달며, 귀는 커다란 귀고리, 목은 목걸이, 손목은 알락달락한 팔찌 그리고 손가락은 반지 등으로 장식한다. 심지어 등은 금속화폐, 허리는 정교하게 조각한 여러 가지 액세서리들로 장식할 수 있다. 승려나 백성들이 흔히 갖고 다니는 염주도 비취, 마노, 송이석, 녹송석 등으로 만들어졌으므로 장식품이라 볼 수 있다.

주택

티베트족의 주택은 다른 지역 주민들과 비교할 때 확연히 다른 모습을 보인다. 중국 내륙지역의 주민들이 살고 있는 주택은 흔히 인

(人) 자 모양으로 된 지붕을 갖고 있어 배수 효과가 좋다. 그리고 충집들은 모두 철근과 시멘트나 벽돌로 쌓아서 짓는다. 이와 달리 티베트의 집들은 대부분 흙과 벽돌을 주요 원자재로 하고 지붕은 평탄하며 좁다란 창문을 갖고 있다.

누실

누실은 일반 백성들이 거주하는 주택으로서 보통 단층집이며 구조가 비교적 간단하다. 벽돌에 진흙을 발라 담벼락을 쌓고 나무로 지붕을 올리며 그 위에 다시 진흙을 바른다. 이렇게 지어진 누실의 내부는 사람들이 거주하는 공간으로 사용되고, 외부에는 정원을 일구어 가축을 기른다.

또한 벽돌을 쌓아 기초판을 만들고 흙벽으로 2층을 쌓은 후 위층에는 사람들이 거주하고 아래층은 창고나 가축들을 가두는 공간으로 사용하는 2층짜리 누실도 찾아볼 수 있다.

조방

옛날 귀족, 지주 및 대상인들이 거주하는 주택으로서, 일반적으로 3층, 최고 5층으로 되어 있으며, 벽돌로 담을 쌓았고, 나무기둥들이 빼꼭히 세워져 대략 4제곱미터마다 하나의 기둥이 있다. 그리고 각목들을 가지런히 묶어서 서까래를 이루고 나무판을 깔아 각층을 구분하는 것이 특징이다. 2층 또는 3층의 양지 쪽은 마룻바닥까지 닿는 통유리창을 설치하여 일조량이 충분하므로 그곳에서 거주하는 사람들은 겨울에 따로 불을 피울 필요가 없이 따뜻함을 느낄 수 있다. 옥상에는 베란다가 설치되어 물건을 말리거나 산보를 하거나 경치를 감상하는 전망대로 사용할 수 있다. 이와 같은 조방은 4면이 담으로 둘러싸여 있고, 중간에는 정원이 있다. 일반적으로 담벼락의 두께는 30~60센티미터여서 방어 기능을 하기도 한다. 창문은 대부분 정원 쪽을 향하고 좁은 유리창으로 되어 있어 한풍을 막아내는 작용을 한다. 기둥머리와 들보는 회화작품으로 장식하여 아주 화려하고 정교하다. 일반적으로 조방은 2층과 3층에 사람들이 거주하고 1층은 창고로 사용한다.

사원

사원은 티베트에서 흔히 보이며 티베트를 상징하는 건축물이라 할 수 있다. 티베트의 전형적인 사원들은 대부분 규모가 비교적 크고 내부 장식이 화려하다. 사원의 중앙에 위치한 정전에 이르면 황홀함을 느끼는 동시에 그 위엄을 실감할 수 있다. 사원의 지붕은 일반적으로 황금색으로 장식되어 눈부신 빛발을 뿌린다. 규모가 큰 사원은 여러 건축물들로 웅장한 규모를 형성하여 마치 하나의 성곽을 이룬 듯하다. 사원의 내벽에는 흔히 채색회화가 그려져 있다. 그리고 주랑과 기둥들은 정교한 무늬들이 새겨져 있거나 회화들로 장식되어 독특한 화려함을 뽐낸다.

천막

목축지대의 주민들은 소털로 만든 천막에서 생활한다. 소털로 실을 짜서 모직물을 만들고 그것으로 장막을 만들며, 한층 더 가공하여 천막 모양을 이룬다. 천막의 중간 부위를 나무막대로 지탱하고, 사면에는 말뚝을 박고 노끈을 매어 고정시킨다. 그리고 천막 주위에는 마른 풀이나 마른 소똥으로 담장을 쌓는다. 천막 꼭대기에는 기다란 틈새가 있는데 주로 통풍 작용을 하고 천막을 펼치거나 접을 때 편의를 돕는다. 그리고 낮에는 일반적으로 천막을 양쪽으로 펼쳐 출입이 편리하며, 저녁에는 다시 합쳐 거주공간을 이룬다. 천막 출입문 쪽에 벽돌을 쌓고 밥솥을 내걸면 간단한 부엌이 된다.

티베트족의 천막은 구조가 간단하지만 소털을 재질로 사용했으므로 비와 바람을 막아내고 폭설도 견뎌낼 수 있으며, 목축민들의 이동과 방목에 아주 큰 도움을 준다.

오늘날 많은 목축민들이 정착생활을 하게 되면서 방목지대에 정착지를 이루었다. 겨울철에는 주로 노인과 아이들이 정착지에서 생활한다. 정착지의 주택은 주로 토목구조로서 농업구역에서 생활하는 사람들의 주택과 흡사하다.

교통

티베트는 토지가 광활하다. 짱베이방목지는 땅이 넓고 사람이 적으며, 짱난곡지는 높은 산과 큰 강들이 널리 분포되어 있고 꼬불꼬불한 오솔길들이 많다. 지난날 티베트는 교통이 불편하기로 소문났다. 1951년 평화적 해방을 이루면서 티베트의 공로는 날로 증가되었고 교통운수가 점차 편리하게 되었다. 그러나 광활한 농업구역과 방목지에서는 여전히 전통적인 교통 운수수단이 주류를 차지했다.

말 타고 나귀 몰기

티베트는 고원지대이므로 공기가 희박하다. 길을 걷다 보면 흔히 숨이 막히고 어지러운 증상이 나타난다. 따라서 먼 길을 떠날 때 사람들은 말을 타기를 좋아한다. 짐이 많을 때는 나귀 등에 짐을 싣고 말을 타면서 나귀를 몬다.

야크 운송

방목지의 주민들이 소금과 모피를 비롯한 축산물을 운송할 때 흔히 수십 마리, 심지어 수백 마리의 야크를 동원하는 장관을 볼 수 있다. 야크는 '고원의 배'라고 불릴 만큼 운송능력이 대단하다. 야크는 몸에 50여 킬로그램의 짐을 싣고 해발 4000~5000미터의 고산에 오를 수 있고 영하 20~30도의 엄한도 쉽게 견뎌낸다. 야크는 움직임이 느리지만 지구력이 강하여 연속 일주일에서 열흘씩 이동해도 아무런 문제가 없다. 야크 떼를 몰고 운송길에 오른 유목민들은 풍찬노숙의 생활을 이어가야만 한다. 목적지인 농업지역에 도착하면 그들은 필요한 소금과 양식을 교환하고 대부분의 야크를 도살하여 즉시 가죽과 고기로 판다. 귀로에 오를 때는 짐을 실을 몇 마리의 야크만 남아 있다.

지게꾼

티베트의 륵포(勒布), 장목(樟木), 모퉈 등 변경지역은 지세가 험악하고 교통이 불편하여 소나 말과 같은 동물들이 통과할 수 없을 정도이다. 그러나 변경지역은 인도, 네팔, 부탄 등의 나라들과 인접해 있으므로 많은 상인들이 서로 오가면서 국제무역이 활성화되어 있다. 따라서 지게꾼들의 역할이 돋보이게 된다. 지게꾼들은 한 사람당 30~40킬로그램의 짐을 등에 지고 지팡이를 짚으면서 가파른 산길을 따라 서서히 운송길에 오른다. 티베트 변경지역에는 이와 같은 지게 꾼들이 많은데, 그들은 대부분 이를 평생직업으로 삼는다.

소가죽 배

소가죽 배는 티베트에서 가장 보편적으로 찾아볼 수 있는 수상 교통수단이다. 고원지대에 널리 분포된 하천들은 복잡한 지세로 인하여 거석들이 강바닥에 깔려 있고 물살이 급하다. 티베트족은 복잡한 환경에 순응하여 소가죽 배를 발명했다. 강물에 오랜 시간 잠긴 소가죽은 유연성이 좋아 암석에 부딪쳐도 쉽게 파손되지 않는다. 소가죽 배는 적재량이 작고 가벼우므로 수심의 얕고 깊음과 관계없이 자유로이 다닐 수 있다. 상륙할 때는 한 사람의 힘으로도 배를 충분히 끌어올릴 수 있다. 소가죽 배는 단단하면서도 질긴 목재로 뼈대를 만들고, 선체는 온통 소가죽으로 둘러싼다. 이렇게 만든 소가죽 배는 크기에 따라 3~5명에서 10명까지 탈 수 있다. 물론 배의 키를 잡는 데는 1명이면 충분하다.

티베트의 야루짱부강에서는 흔히 소가죽 배를 타고 고기잡이를 하는 광경을 보게 된다. 그리고 녠추하에서는 양식과 생활필수품을 운송하는 소가죽 배 상선대를 볼 수 있다. 뿐만 아니라 일부 크고 작은 항구에서는 소가죽 배를 유람선으로 사용하기도 한다.

생활용품

수유통

티베트족에게 수유통은 집집마다 없어서는 안 될 생활필수품으로서 거의 매일 사용된다.

수유통은 일반적으로 2가지가 있다. 하나는 소젖이나 양젖에서 수유를 추출해낼 때 사용하는 통으로서 티베트어로 '쇠둥'이라 부른다. 쇠둥은 용적이 비교적 커서 높이 120센티미터에 구경이 30센티미터이며, 방목지에서 흔히 볼 수 있는 수유 생산용 도구이다. 다른 하나는 일반 가정에서 사용하는 수유차통으로서 티베트어로 '쟈둥(甲董)'이라 부른다. '쟈둥'은 '쇠둥'보다 작아 높이 60센티미터에 구경은 15센티미터이다. 물론 휴대의 편의를 위해 이보다 용적이 작은 '쟈둥'들도 많다.

수유통은 '쇠둥'이든 '쟈둥'이든 일반적으로 두 부분으로 구성된다. 한 부분은 수유를 담는 본체인 통이고, 다른 한 부분은 통 안의 수유를 반죽하는 데 쓰이는 자루로서 '쟈뤄(甲羅)'라고 한다. 수유통을 만드는 데는 정성 들여야 할 부분이 많다. 목판을 둘러싸서 위아래 구경이 같은 통 부분을 만들고, 바깥쪽에 구리 테를 두른다. 그리고 통 부분의 상단과 하단에 구리로 만든 여러 모양의 꽃무늬를 붙여서 정교하면서도 자연스러운 미를 나타낸다. 반죽 자루 '쟈뤄'를 만드는 방법은 비교적 간단하여 둥근 나무자루에 4개의 구멍을 내면 된다. 액체와 기체가 반죽 자루의 구멍을 통과하면서 수유의 반죽이 잘 이루어진다. 반죽 자루의 윗머리에는 구리로 둘러서 만든 손잡이가 있다.

수유통을 만드는 목재로는 일반적으로 홍송을 사용한다. 야루짱부 강의 중하류 일대에서 자란 홍송은 마디가 없이 곧으므로 수유통을 만들기에 안성맞춤이다. 모뤄 등지에서 자란 모죽도 때로는 수유통을 만드는 재료로 사용되기도 한다.

나무그릇

나무그릇은 티베트족, 먼바족, 뤄바족 등 여러 민족이 수시로 휴대 하고 다니는 물품이다. 사람들은 나무그릇을 자신이 사랑하는 사람에 비유하면서 시종 몸에 지니고 다닌다. 특히 티베트족은 산에서 땔나 무를 하거나 밭에서 일할 때도 나무그릇을 가슴주머니에 넣어두었다 가 차를 마시거나 츠바를 주무를 때 사용한다. 다른 사람의 집을 방문 했을 때 자신의 가슴주머니에서 나무그릇을 꺼내어 집주인이 부어주 는 찻물을 받거나 츠바를 받아도 실례가 되지 않는다.

나무그릇은 일반적으로 자작나무 또는 잡목의 마디를 조각하여 만 든다. 잡목으로 만든 그릇은 튼튼하여 쉽게 깨지지 않을 뿐만 아니라 여러 가지 꽃무늬들이 섬세하게 새겨져 있어 보기에도 좋다.

나무그릇을 만드는 과정은 비교적 복잡하다. 먼저 산에 올라가서 목재를 골라야 하는데 마디가 크고 많은 나무가 좋다. 그다음은 목재 를 대략 열흘 동안 자연풍으로 말리는데, 이는 파열을 방지해준다. 그 리고 목재를 미끈하게 갈고 닦아 그릇 모양으로 조각한다. 마지막 절 차로 그릇 표면에 색칠을 한다. 티베트 산지에서 자라나는 어항마름 이라는 식물에서 액즙을 짜내어 그릇 표면에 칠하면 등황색 빛깔을 내게 된다. 이렇게 만든 나무그릇은 색상이 좋다.

티베트의 나무그릇은 종류가 다양하여 츠바를 담는 큰 그릇이 있고, 수유차만을 부어 마시는 작은 그릇이 있으며, 물품을 넣어 보관할 수 있는 덮개가 있는 그릇도 있다.

나무그릇의 이점이라면 질이 좋아 오래도록 사용할 수 있고, 관상용 가치가 있으며, 음식을 담으면 맛을 보존할 수 있고, 휴대하기 편리하다는 것이다. 특히 잡목으로 만든 나무그릇은 방독 효능도 있다.

옥돌그릇

티베트에서 옥돌그릇이라 하면 사람들은 르카쩌의 런부현(仁布縣)을 떠올린다. 런부현 내에는 풍부한 옥돌 자원이 잠재되어 있다. 이곳의 옥돌은 주로 녹색, 녹백색 및 황색으로 색채가 다양하고 아름답다. 풍부한 옥돌 자원으로 인하여 런부현은 옥돌의 고향이라고도 불린다.

런부의 옥돌은 갈고 닦고 조각하기를 거쳐 빛깔이 좋고 실용성이 강한 그릇으로 만들 수 있다. 게다가 옥돌그릇의 외벽에는 자유로이 여러 가지 꽃무늬를 새겨 넣을 수 있어 그 가치가 더욱 소중하다.

특히 옥돌그릇은 일종의 공예품으로서 실용적 가치 외에도 관상용 가치가 있다. 이 밖에 런부현의 옥돌로 술독, 술잔, 코담배 병, 츠바통 등 10가지 이상의 정교한 생활용품을 만들 수 있다. 런부의 옥돌그릇은 현지 사람들로부터 크게 환영받고 있다. 앞으로 명성이 높아짐에 따라 더욱더 많은 사람들이 런부의 옥돌그릇을 찾게 되어 옥돌그릇은 대외무역 상품으로도 각광받을 것이다.

토도기

티베트의 도기 생산은 유구한 역사를 갖고 있다. 창두 카눠 유적지에서 출토한 신석기시대의 도기는 지금으로부터 4000여 년 전에 만들어졌다. 그러나 티베트의 도기 제조기술은 여전히 낙후되어 있다. 현재 제조할 수 있는 도기의 종류는 매우 제한되어 있고, 아직 수공 단계에 머물러 있다.

흔히 찾아볼 수 있는 도기로는 죽이나 면을 끓이는 '쿼마(括瑪)', 칭커를 삶을 때 사용하는 쌍이호 '자쿼(仔括)', 밥이나 차를 덥히고 보온하는 용도로 쓰는 '메이쿼(美括)', 칭커주를 빚을 때 술 항아리로 사용하는 '자마(仔瑪)', 전을 구울 때 쓰는 '파랑(帕瑯)', 수유차를 담는 '쿼디(括地)', 꽃 재배에 사용하는 '메이둬쿼마(梅朵括瑪)' 및 야채 절임을 담그는 항아리와 각양각색의 술독 등이 있다. 이러한 도기들은 티베트족의 일상생활과 긴밀히 밀착되어 있다.

요도(腰刀, 허리에 차는 칼)

티베트족은 허리에 칼을 차기를 좋아한다. 특히 방목하는 목축민이나 용맹하기로 이름난 캉바인(康巴人)들은 크고 작은 칼을 허리에 차기를 즐기는데, 어떤 사람은 옆구리에 장도(長刀), 허리춤에는 단도(短刀)를 함께 차고 다닌다. 요도는 티베트족의 신물(信物)과도 같다.

목축민들은 방목할 때 맹수들의 공격을 물리치는 방어용으로 장도를 사용하고, 농민들은 장도로 나무나 잡초를 베고 황무지를 개간한다. 때문에 장도는 티베트족이 가장 널리 사용하는 도구이다.

단도는 목축민들의 필수품으로서 주로 가축을 도살하고 소나 양의 가죽을 벗기며 고기와 채소를 썰 때 사용한다.

또한 단도는 생활용품이기도 하지만 장식품으로도 애용한다.

티베트 요도는 천년의 역사와 전통을 자랑하면서 민족적 특색이 명확한 특수품이 되었다. 1670년 전부터 토번부락은 이미 동, 철, 은 등을 발견하고 제련기술에 통달했다. 그로부터 사람들은 요도를 만들기 시작했다.

티베트족이 생활하는 지역에서는 곳곳에서 요도를 생산한다. 라싸, 라즈, 당슝, 딩칭, 이궁(易貢) 그리고 간쯔의 백옥에서 생산하는 장도(藏刀)는 모두 매우 유명하다. 이런 곳에서 생산한 요도는 칼날이 아주 날카롭다. 칼자루는 뼈나 나무로 둘러싼 후 황동이나 백은을 새겨 놓았으며, 칼집에는 용, 봉황, 호랑이, 사자 또는 화초 등 도안이 그려져 있고 보석, 마노 등이 장식되어 있다. 사람들은 각자의 취향에 따라 요도를 정교하게 꾸민다.

금은기명

금은기명은 티베트의 전통 공예품으로서 선명한 민족적 특색을 띤다. 장식품 외에도 티베트의 숱한 일상생활용 기명들이 금과 은으로 만들어졌다. 포탈라궁에는 순금과 순은으로 만들어진 찻주전자, 잔받침 및 덮개가 보존되어 있고, 민간에서는 은으로 된 숟가락, 젓가락, 접시 등을 흔히 발견할 수 있다.

티베트의 금은기명들은 아주 세밀하고 정교하게 만들어져 진귀한 예술품으로서 소장가치가 높다. 대부분의 금은기명은 표면에 용, 호랑이, 사자, 코끼리, 봉황, 공작 및 팔상휘(八相徽) 등의 도안이 정교하게 새겨져서 그 모양새가 마치 살아 있는 듯하다.

티베트에서 금은기명을 만드는 장인들은 세대를 내려오면서 기술을 전수받아 솜씨가 아주 뛰어나다. 오늘날에도 많은 사람들이 금은기명 제작에 종사하고 있다.

탄자

티베트고원의 양털은 굵고 탄력이 좋아 탄자를 만드는 데 적합하다. 티베트에서 가장 이름난 탄자는 바로 짱즈탄자이다.

600여 년의 역사를 가진 짱즈탄자는 정밀하게 잘 짜여 내구성이 좋고, 민족적 전통을 나타내는 무늬와 화려한 색채를 뽐내는 특징이 있기에 사람들의 호평을 받는다.

짱즈탄자는 최초에 강바현(崗巴縣)의 가시(嘎西)에서 유래되어, 그 후에는 짱즈에서 전국 각지로 널리 전파되었다.

짱즈탄자는 무명실과 양털을 가로세로로 엮어 만든다. 염료로는 국산 산성 염료 외에도 야생식물에서 추출한 액즙과 광석, 희토류 등을 사용하여 36가지 다양한 색채를 조합한다. 이렇게 만든 짱즈탄자는 색채가 화려하며 쉽게 퇴색하지 않는다.

짱즈탄자에 새기는 도안은 최초에는 주로 옛날 사원의 벽화를 위주로 용이나 새, 화초, 짐승, 산수풍경 등을 그렸다. 최근에 와서 짱즈탄자의 도안은 색채와 내용 면에서 모두 큰 변화를 가져왔으며, 포탈라궁, 주무랑마봉, 만리장성, 남경장강대교 등 중국의 명승지들이 대형 화폭으로 새겨진다.

티베트 이불

양털로 짜는 티베트 이불은 지역적 특색이 선명하다. 고한지대에 위치한 티베트는 목화를 재배할 수 없지만 소나 양 등 가축들로부터 털을 얻을 수 있다. 현지의 소털이나 양털로 만들어진 이불은 기후에 맞게 아주 실용적이다.

티베트 이불은 일반적으로 크기에 따라 4가지 종류로 나뉘는데, 가장 가벼운 것은 약 5킬로그램, 가장 무거운 것은 약 13킬로그램이며, 대부분 수십 년을 사용할 수 있다.

티베트 이불은 부드럽고 탄탄하며 두툼하고 보온 효과가 강하다.

티베트 탄자

티베트 탄자는 티베트어로 '녠슨(年森)'이라 부른다. 티베트 탄자는 보통 3종류가 있다. 하나는 야크와 양으로부터 얻어낸 털실로 만든 최고급 탄자로서 짱난 지역의 비교적 온화한 곳에서 흔히 사용된다. 이런 탄자는 양식이 다양하고 재질이 부드러우며 모양새가 아름답다. 그다음으로는 면양의 잔털로 짠 탄자로서 색소와 꽃무늬로 된 2종류가 있다. 꽃무늬 탄자는 채색 털실로 짠 것이다. 이런 탄자는 비교적 얇고 가벼워 도시 주민들이 선호한다. 이 밖에 야크 털과 양털을 섞어서 짜낸 혼합직물 탄자가 있다. 이것은 비교적 두터워 내마모성이 강하고, 흑백이 분명하여 보기에 좋으며, 여행하기에 적합하여 목축민들이 선호한다.

목축지에서는 평탄하고 두터우며 보온성이 강한 티베트 탄자를 이불과 담요로 널리 사용한다.

방석

티베트족은 의자나 걸상 대신 방석을 많이 깔고 앉는다.

티베트어로 '버뎬(蒱墊)'이라 부르는 방석은 보통 높이가 15센티미터, 길이가 1미터이며, 가는 범포에 노루털이나 마른 풀, 쌀보리 줄기 등을 채워 만든다. 비교적 고급스러운 방석은 금사단 커버 속에 노루털을 채워 만든 것이다.

방석은 여러 개를 이어 침대를 만들 수 있다. 그리고 얇은 방석은 말 등에 얹었다가 바닥에 펴서 침대로 사용할 수 있다. 방석은 재질이 부드럽고 든든하며 습기를 방지하고 보온효과가 좋아 고한지대에서 사용된다. 따라서 티베트에서 생활하는 사람들은 방석을 떠나지 못한다.

목재가구

티베트족의 목재가구는 민족 전통 수공예품으로서 역사가 유구하고, 대체로 티베트식 궤짝과 티베트식 탁자 2가지로 나뉜다.

티베트식 궤짝은 책장으로 쓰이는 '바이강(百崗)'이 있으며, 상하 2칸으로 되어 책이 많지 않을 때는 아래칸에 옷을 넣어둘 수 있다. 그리고 '챠강(治崗)'은 음식과 다구를 올려놓는 궤짝으로서 일반적으로 길이 1.2미터, 너비 45센티미터, 높이 1.2미터의 규격으로 되어 있고, 표면에는 각종 무늬들이 새겨져 있어서 매우 화려하다. 사람들은 흔히 양식이 똑같은 2개의 궤짝을 나란히 배열해놓고 사용한다.

티베트식 탁자는 용도에 따라 4가지 종류가 있다. 밥을 먹거나 차를 마실 때 사용하는 '죄저(覺則)', 식탁으로만 사용하는 '쟈죄(加覺)', 접어서 휴대하기에 편리한 '더부죄(德不覺)', 카드 게임 전용으로 쓰는 '바죄(八覺)' 등이 있다. 티베트식 탁자의 특징이라면 상다리가 아주 짧아 높이가 0.5미터 정도이며, 3면이 나무판자로 막혔고 나머지 1면에는 손잡이가 없는 문이 달려 있어 마치 네모난 궤짝처럼 보이는 것이다.

티베트식 목재가구들에는 대부분 티베트족의 민족적 습관과 풍속을 반영하는 화초, 짐승, 인물 등으로 구성된 도안들이 그려져 있고, 변두리에 균형 잡힌 무늬들이 새겨져 있다. 따라서 색채가 황홀하고 아름답다.

죽기

티베트의 린즈, 미린, 러부, 모퉈, 차위 등에서는 대나무가 많이 자란다. 이런 곳에서 생활하는 티베트족, 먼바족, 뤄바족 및 샤얼바인, 등바인(僜巴人)은 대나무를 엮어 죽기를 만드는 데 능하다.

티베트의 죽기들은 품종이 다양한데, 대체로 죽합, 칼집, 소기(대나무 소쿠리) 등의 생활용품과 체, 대바구니, 광주리, 채롱, 닭장, 어롱 등의 생산도구들이 있다. 뤄바족은 대나무로 활을 만들기도 한다.

티베트의 죽기는 정밀한 가공과 편법으로 여러 가지 모양의 꽃무늬들을 엮어 넣을 수 있다.

풍낭

풍낭은 불을 지필 때 바람을 넣어주는 역할을 하는 공기주머니이다. 티베트족의 풍낭은 일반적으로 양가죽으로 만들어졌고 부피가 작아 휴대하기에 편리하다.

티베트족의 풍낭은 전체적으로 둥근 모양이고, 공기주머니에 송풍관이 달려 있다. 두 손을 모아 공기주머니를 누르면 바람이 송풍관을 따라 불어 나온다. 풍낭은 주로 석탄이나 짐승 똥에 불을 지필 때 사용된다.

우얼둬

일반적으로 유목민족들은 방목할 때 채찍으로 소 떼나 양 떼를 몰고 간다. 그러나 티베트족은 채찍 대신 '우얼둬'를 사용한다.

우얼둬는 야크털로 짠 털실을 엮어 만든 채찍이다. 우얼둬의 한쪽 끝에는 지름이 약 10센티미터인 커버 모양의 손잡이가 있고, 다른 한쪽에는 양털로 만든 편초가 붙어 있다.

소몰이 또는 양몰이를 할 때 우얼둬에 조그마한 돌덩이를 싸서 휘날리면 수십 내지 수백 미터 앞에서 행진하던 가축들이 신호를 알아채고 방향을 돌린다. 우얼둬를 다루는 솜씨가 좋은 목축민들은 흔히 수백 미터 밖에 떨어진 목표를 백발백중으로 맞힐 수 있다. 때문에 우얼둬는 가축을 이끄는 채찍의 기능이 있을 뿐만 아니라 맹수를 쫓아내는 무기이기도 하다. 실제로 전쟁 중에 티베트족은 침략자를 물리치는 데 우얼둬를 무기처럼 사용했다.

티베트 풍토지

초판 1쇄 발행 2019년 12월 20일

지은이 | 츠레취자
옮긴이 | 김향덕
펴낸이 | 지현구
펴낸곳 | 태학사
등 록 | 제406-2006-00008호
주 소 | 경기도 파주시 광인사길 223
전 화 | (031)955-7580
전 송 | (031)955-0910
전자우편 | thaehaksa@naver.com
홈페이지 | www.thaehaksa.com

ISBN 979-11-6395-088-2 03980